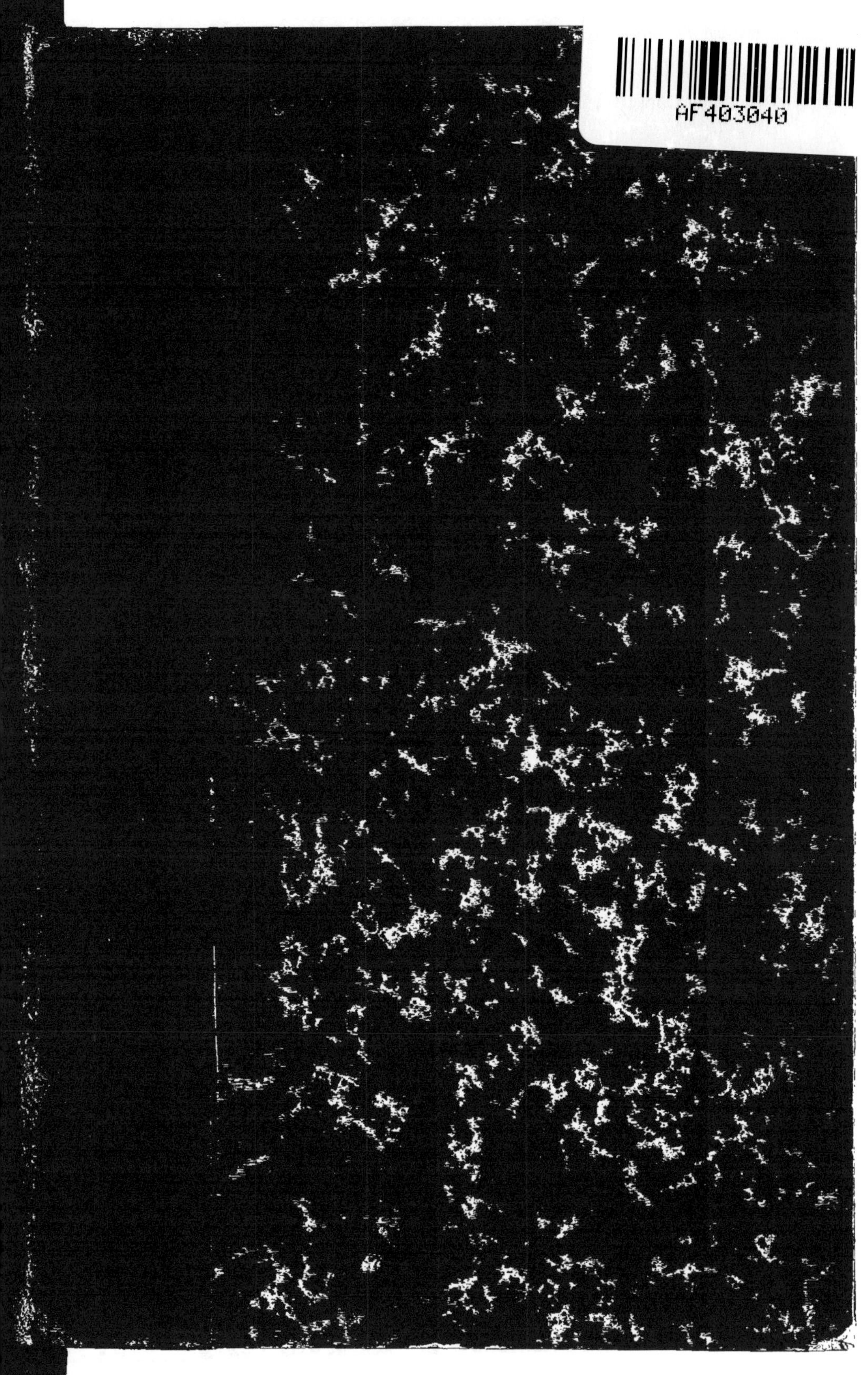
AF403040

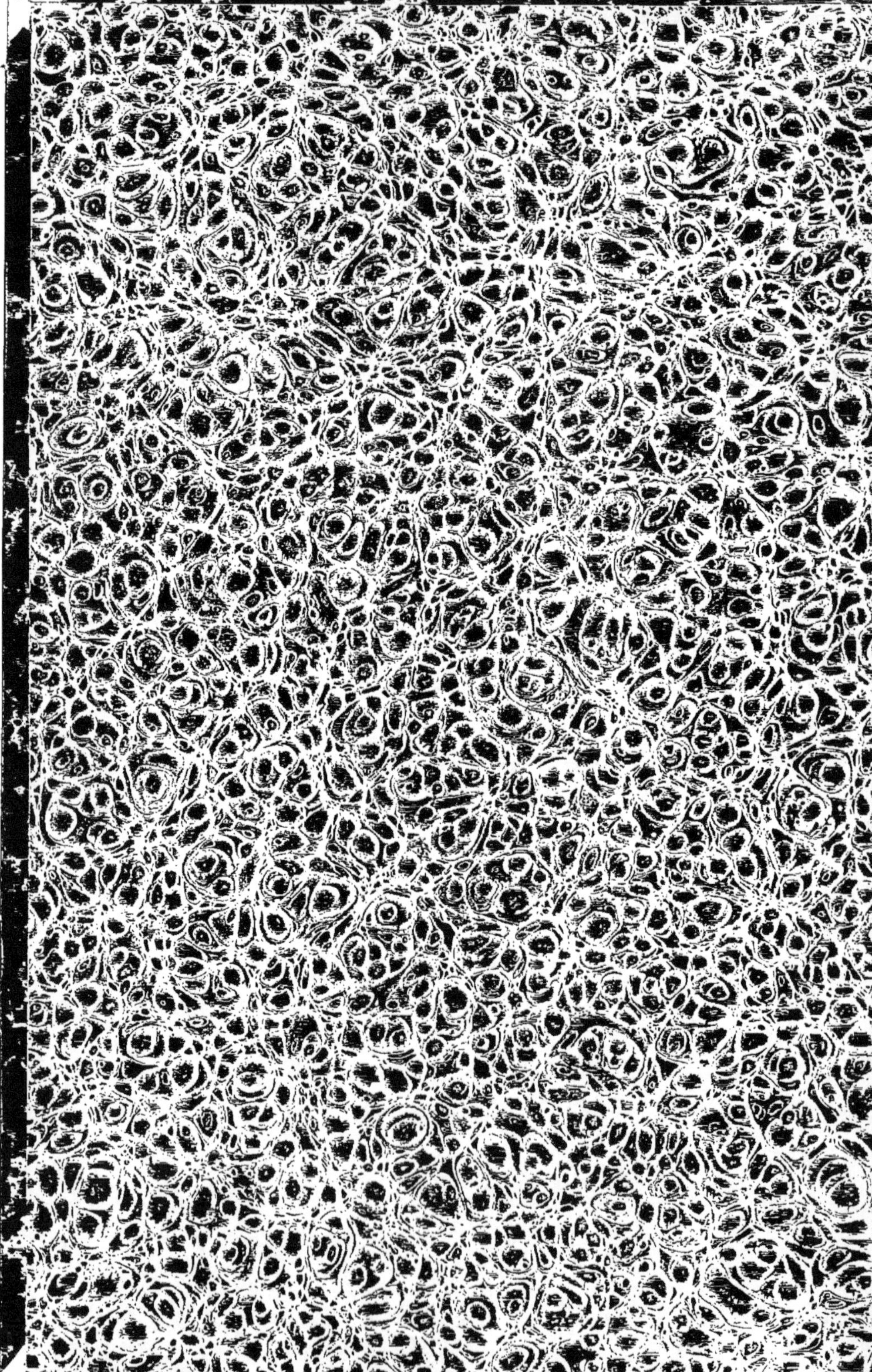

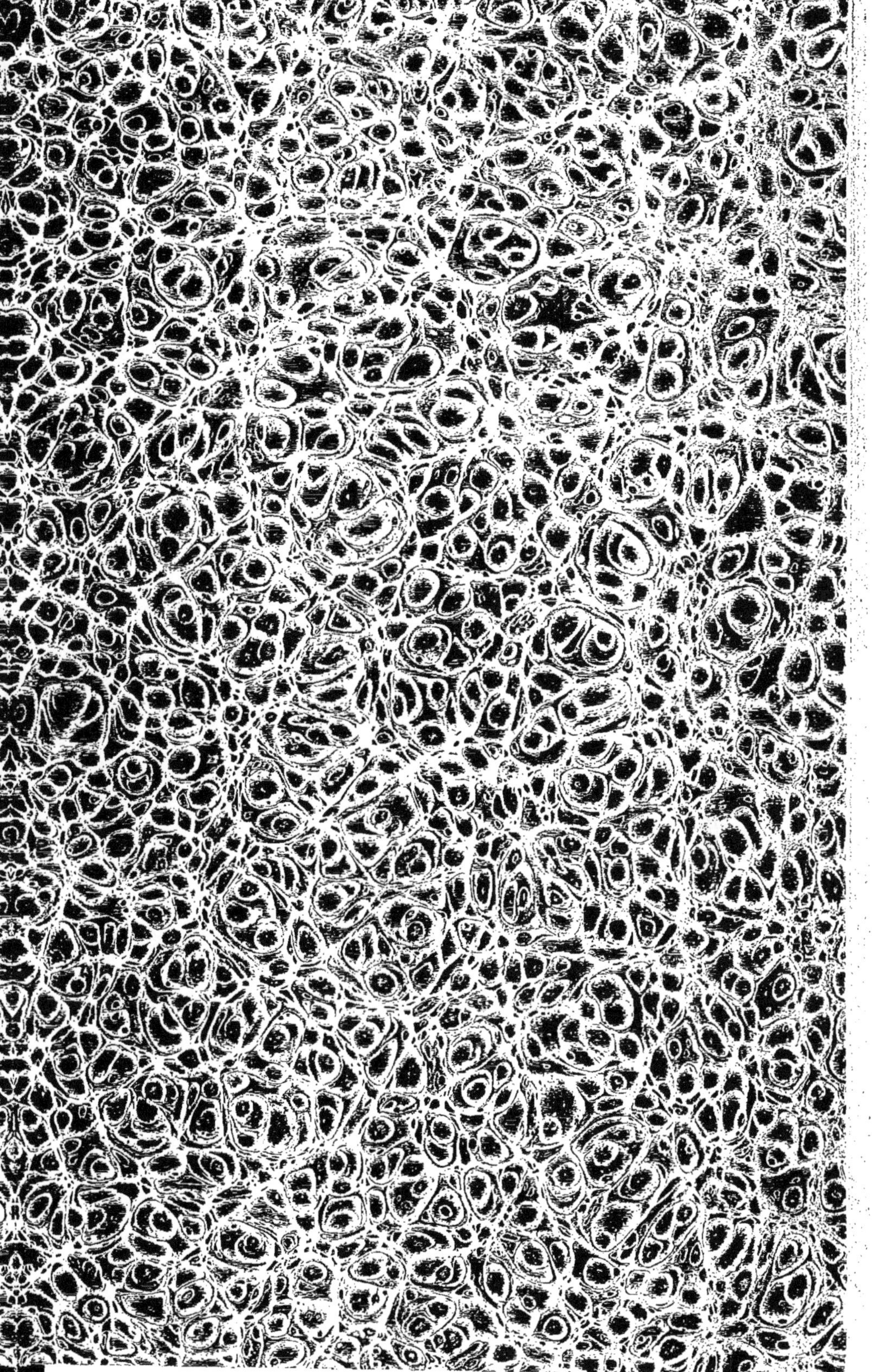

LEÇONS

NOUVELLES

D'ARITHMÉTIQUE

Tout exemplaire non revêtu de notre griffe sera réputé contrefait.

Paris—Imprimerie Bonaventure et Ducessois, 55, quai des Augustins.

LEÇONS

NOUVELLES

D'ARITHMÉTIQUE

PAR CH. BRIOT

DOCTEUR ÈS-SCIENCES,

PROFESSEUR DE MATHÉMATIQUES AU LYCÉE BONAPARTE,
A PARIS.

PARIS,

DEZOBRY ET E. MAGDELEINE, LIBRAIRES-ÉDITEURS,

RUE DES MAÇONS-SORBONNE, 1.

—

1849

PRÉFACE.

—

J'ai essayé de réunir, dans ces leçons, la simplicité et la rigueur.

Les trois premiers livres, qui comprennent l'arithmétique usuelle, sont à la portée de tous les commençants.

Les trois derniers sont plus difficiles ; la plupart des professeurs n'enseignent cette seconde partie qu'après avoir donné à leurs élèves quelques notions d'algèbre.

Je crois avoir apporté des perfectionnements au procédé de *la division* et à ceux de l'*extraction de la racine carrée* et de la *racine cubique*. J'ai développé avec soin ce qui concerne le *plus grand commun diviseur* et la *mesure des quantités*. J'ai adopté l'idée de limite afin de définir nettement les racines et les logarithmes incommensurables.

La petite table suivante fera saisir d'un coup-d'œil tout le plan de mon livre.

Ch. B.

DIVISION DE L'OUVRAGE.

1re Partie.

Livre. I. Des quatre opérations.
Livre II. Propriétés des nombres.
Livre III. Des fractions.

2me Partie.

Livre IV. Puissances et racines.
Livre V. Proportions et progressions.
Livre VI. Compléments.

ERRATA

Malgré tout le soin que nous avons mis à la révision de nos épreuves, quelques fautes nous ont encore échappé. Nous les relevons ici, et nous invitons les élèves A LES CORRIGER AVEC UN CRAYON, AVANT DE SE SERVIR DE NOTRE LIVRE.

pages lignes

36   11   *au lieu de* : « 4 centaines », *lisez* : « 3 centaines ».

38   24   *au lieu de* : « plus petit que le dividende », *lisez* : « plus petit que le diviseur ».

45   8   *au lieu de* : « 5 : 3 », *lisez* : « 5.3 ».

65   7   *au lieu de* : « les grands communs diviseurs », *lisez* : « les communs diviseurs »

100   33   *au lieu de* : « $\frac{5\times5+5+5}{7}$: », *lisez* « $\frac{5+5+5+5}{7}$ ».

108   18   *au lieu de* : « le dividende par un même nombre », *lisez* : « le dividende et le diviseur par un même nombre ».

111   10 et 11   *au lieu de* : « est un plus grand commun diviseur », *lisez* : « est un commun diviseur ».

133   19   *au lieu de* : « $\frac{27}{10000\times99}$ », *lisez* : « $\frac{27}{1000000\times99}$ ».

Id.   12   *au lieu de* : « $\frac{27}{1000000\times99}$ », *lisez* : « $\frac{27}{100000000\times99}$ »,

135   9   *au lieu de* : « 138—0,000027 », *lisez* : « 38142—0,000027 ».

Id.   21   *au lieu de* : « nombre entier 138 », *lisez* : « nombre entier 38142 ».

Id.   16 et 21   *au lieu de* : « fraction $\frac{138}{99000}$ », *lisez* : « fraction $\frac{38142}{99000}$ ».

137   24   *au lieu de* : « $\frac{77}{88}$ », *lisez* : « $\frac{57}{88}$ ».

145   2 en montant, *au lieu de* : « qui dans le vide pèserait un gramme », *lisez* : « qui dans le vide pèserait un kilogramme ».

153   11   *au lieu de* : « nous trouvons 360 jours », *lisez* : « nous trouvons 260 jours ».

Id.   23   *au lieu de* : « produit une rente de 854^f,2 », *lisez* : « produit une rente de 854^f? ».

174   5   *au lieu de* : « $\sqrt{64}\times8$ », *lisez* : « $\sqrt{64}=8$ ».

178   14   *au lieu de* : « 130×4 », *lisez* : « 30×4 ».

Id.   15   *au lieu de* : « 124×4 », *lisez* : « 24×4 ».

189   5   *au lieu de* : « $(a+1)^2$ », *lisez* : « $(a+\frac{1}{2})^2$ ».

201   11   *au lieu de* : « le chiffre des unités 7 », *lisez* : « le chiffre des unités est 7 ».

pages	lignes	
205	20	*au lieu de :* « cubse »*, lisez :* « cubes ».
206	17	*au lieu de :* « $\frac{147}{7}$ »*, lisez :* « $\frac{147}{73}$ ».
Id.	23	*au lieu de :* « 12^2 »*, mettez partout :* « 12^3 »,
219	23	*au lieu de :* « $(A+B)^2$ »*, lisez :* « $(A \times B)^2$ ».
225	2	*au lieu de :* « combien de fois l'une contient de fois l'autre »*, lisez :* « combien de fois l'une contient l'autre ».
Id.	17	*au lieu de :* « rapport a à b »*, lisez :* « rapport de a à b ».
230	1	*au lieu de :* « désignons x »*, lisez :* « désignons par x ».
254	24	*au lieu de :* « nous obtenons la racine »*, lisez :* « nous obtenons la raison ».
287	22	*au lieu de :* « 35520332 »*, lisez :* « 3,55203320 ».
296	7	*au lieu de :* « qui rapporte »*, lisez :* « que rapportent »
308	21	*au lieu de :* « (base 12) »*, lisez :* « (base 10) ».
331	15	*au lieu de :* « αB »*, lisez :* « eB ».

LEÇONS NOUVELLES

D'ARITHMÉTIQUE

LIVRE I

DES QUATRE OPÉRATIONS

CHAPITRE I

NUMÉRATION

1. CONSIDÉRATIONS PRÉLIMINAIRES. L'idée du *nombre* naît de la pluralité des objets considérés simultanément, ou de la répétition des phénomènes que nous observons. Ainsi les arbres qui bordent une avenue forment un *nombre*; un régiment se compose d'un certain *nombre* de soldats ; la succession des jours, les battements d'une horloge, forment des *nombres* de plus en plus grands. On appelle *unité* l'objet ou le phénomène dont la répétition constitue le nombre.

On dit habituellement que le nombre est *concret*, lorsqu'on désigne l'espèce des unités; et qu'il est *abstrait*, si l'on ne désigne pas l'espèce des unités.

Par analogie, on comprend aussi sous la dénomination de nombre l'unité seule, et l'on considère *un* comme le plus petit de tous les nombres.

L'Arithmétique est la science des nombres.

2. Formation des nombres. Si à l'unité on ajoute une autre unité, on forme un nombre que l'on nomme *deux ;* en ajoutant une nouvelle unité au nombre deux, on obtient un nouveau nombre que l'on nomme *trois,* et en continuant de la sorte on forme successivement les nombres *quatre, cinq, six, sept,* etc.

Si l'on ajoute ainsi sans cesse l'unité au dernier nombre obtenu, on formera la série croissante et indéfinie des nombres.

On a donné un nom particulier à chacun des dix premiers nombres. Ces noms sont : *un, deux, trois, quatre, cinq, six, sept, huit, neuf, dix.*

On aurait pu continuer de la même manière, et donner un nom particulier à chacun des nombres suivants ; mais il eût été très-difficile d'apprendre cette multitude de noms, et la mémoire en eût été surchargée. On a donc cherché un moyen de nommer tous les nombres, à l'aide d'un petit nombre de mots ; c'est le but de la numération parlée. Je vais exposer le système de numération universellement adopté, en n'employant d'abord que le nombre de mots strictement nécessaire ; puis je ferai connaître les irrégularités que l'usage a introduites.

Numération parlée.

3. Supposons, pour fixer les idées, qu'il s'agisse de compter les noix contenues dans un sac. Retirons-en les noix une à une, en disant : une, deux, trois, quatre, cinq, six, sept, huit, neuf, dix ; nous formons ainsi un premier monceau de dix, ou une *dizaine.* Recommençons, en disant : une, deux, trois, ... dix ; nous formons une seconde dizaine à côté de la première. Recommençons encore et répétons la même opération jusqu'à ce que nous ayons vidé le sac, nous aurons alors un certain nombre de dizaines rangées sur une même ligne et quelques noix restantes. On peut représenter la disposition des choses par la figure suivante,

dans laquelle les points désignent des noix simples et les cercles des dizaines. On dira alors que le nombre des noix contenues dans le sac est

SEPT *dizaines* et QUATRE *unités.*

Si le nombre des dizaines obtenues de la sorte est plus grand que neuf, nous réunirons les dix premières dizaines en un seul monceau, que nous appellerons une *centaine;* réunissons les dix suivantes pour former une autre centaine et ainsi de suite ; nous aurons alors un certain nombre de centaines, puis quelques dizaines et quelques noix restantes, ainsi que le représente la figure suivante, dans laquelle les points désignent les noix simples, les petits cercles les dizaines, et les grands les centaines.

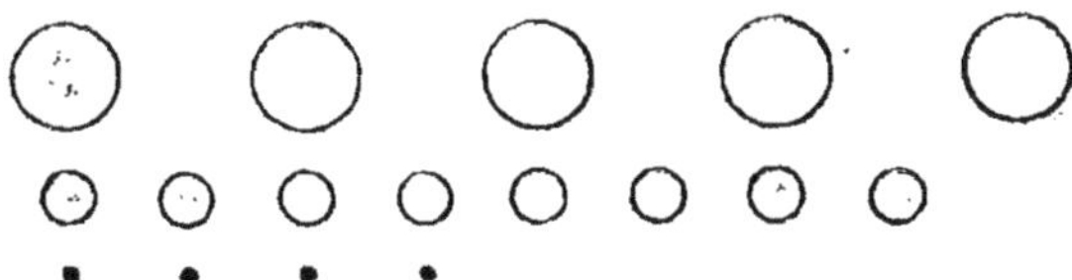

On énoncera le nombre des noix en disant :

CINQ *centaines,* HUIT *dizaines,* QUATRE *unités.*

Si le nombre des centaines était plus grand que neuf, on les réunirait dix par dix, d'une manière analogue, pour en former des *mille,* et ainsi de suite.

Notre procédé de numération consiste donc à former des collections de dix en dix fois plus grandes qui s'appellent unités de différents ordres. Dix unités simples ou du premier ordre forment une dizaine ou une unité du second ordre; dix dizaines forment une centaine ou une unité du troisième ordre; en général, dix unités d'un certain ordre forment une unité de l'ordre suivant.

4. Tableau des ordres d'unité,

. . . .		
. . . . — *Dix trillions.*	}	5e classe.
. . . . — *Un trillion.*		
. . . . — *Cent billions.*	}	
. . . . — *Dix billions.*	}	4e classe.
Dixième ordre. — *Un billion.*		
Neuvième ordre. — *Cent millions.*	}	
Huitième ordre. — *Dix millions.*	}	3e classe.
Septième ordre. — *Un million.*		
Sixième ordre. — *Cent mille.*	}	
Cinquième ordre. — *Dix mille.*	}	2e classe.
Quatrième ordre. — *Mille.*		
Troisième ordre. — *Cent.*	}	
Deuxième ordre. — *Dix.*	}	1re classe.
Premier ordre. — *Un.*		

Il faut lire ce tableau de bas en haut, en disant : *un, dix, cent, mille :* on aurait pu donner un nom nouveau à chacun des ordres suivants ; mais, afin d'éviter un trop grand nombre de mots, on a conservé pour l'unité du cinquième ordre la dénomination *dix mille ;* l'unité du sixième ordre vaut dix fois dix mille ou *cent mille ;* on a conservé également cette dernière dénomination. Quant à l'unité du septième ordre, qui vaut dix fois cent mille ou mille mille, on lui a donné un nom nouveau, *million.* Puis viennent la *dizaine de millions* et la *centaine de millions ;* l'unité suivante, qui vaut dix centaines de millions ou mille millions, a été appelée *billion* ou *milliard.*

De cette manière, les ordres ont été groupés en classes de trois en trois. L'unité simple, en s'assemblant par dizaines et centaines, forme la première classe. Le mille s'assemble, comme l'unité simple, par dizaines et centaines, et forme ainsi la seconde classe. Le million, s'assemblant de même par dizaines et centaines, forme la troisième classe, et ainsi de suite.

Nous voyons que, par la formation des classes, un mot nouveau seulement est nécessaire pour nommer le premier ordre de chaque classe ; les deux autres se désignent à l'aide des mots dix et cent. Remarquons aussi que les unités des classes successives sont de mille en mille fois plus grandes ; ce sont : l'*unité simple*, le *mille*, le *million*, le *billion*, le *trillion*, le *quatrillion*, le *quintillion*, etc.

On appréciera tout l'avantage de ce système de numération, en observant que tous les nombres, depuis un jusqu'à un milliard exclusivement, sont nommés au moyen de quatorze mots seulement.

5. Quand on a ainsi disposé les objets que l'on veut compter par collections de dix en dix fois plus grandes, pour énoncer le nombre des objets on dit combien il y a d'unités de chaque ordre (et il y en a au plus neuf), en commençant par l'ordre le plus élevé et descendant progressivement. Nous aurons, par exemple : QUATRE *dizaines de millions*, SEPT *millions*, HUIT *centaines de mille*, SIX *dizaines de mille*, DEUX *mille*, NEUF *centaines*, TROIS *dizaines*, CINQ *unités*.

6. IRRÉGULARITÉS. Nous avons exposé le système de numération décimale dans sa perfection théorique et en n'employant que les mots strictement necessaires ; nous allons maintenant faire connaître les modifications que l'usage a consacrées.

1° Les nombres deux dizaines, trois dizaines, quatre dizaines,........ neuf dizaines, ont été nommés : *vingt, trente, quarante, cinquante, soixante, septante, octante, nonante*.

L'usage a même introduit quelques irrégularités dans ces dénominations. Au lieu de septante, on dit habituellement *soixante-dix*, abréviation de soixante-et-dix ; au lieu d'octante, on dit *quatre-vingts*, c'est-à-dire quatre fois vingt ; au lieu de nonante, on dit *quatre-vingt-dix*, c'est-à-dire quatre-vingts plus dix.

2° Les nombres dix-un, dix-deux, dix-trois, dix-quatre, dix-cinq, dix-six, portent les noms spéciaux : *onze, douze, treize, quatorze, quinze, seize*. Au-delà commence la nomenclature régulière : dix-sept, dix-huit, dix-neuf, vingt, vingt-un, vingt-deux, vingt-trois, etc.

Numération écrite.

7. On pourrait se servir de l'écriture ordinaire pour écrire les nombres que nous avons appris à nommer. Ainsi on écrirait :

QUATRE diz. de millions SEPT millions HUIT cent. de mille SIX diz. de mille DEUX mille NEUF centaines TROIS dizaines CINQ unités.

Mais si nous remarquons que les mots un, deux,........ neuf, qui indiquent le nombre des unités de chaque ordre, se répètent sans cesse, il nous viendra naturellement à l'idée, afin d'abréger l'écriture, de représenter chacun de ces mots par un signe simple et facile à former. Les caractères ou chiffres que l'on a adoptés pour représenter les neuf premiers nombres sont :

$$1 \quad 2 \quad 3 \quad 4 \quad 5 \quad 6 \quad 7 \quad 8 \quad 9.$$

A l'aide de ces caractères le nombre précédent s'écrira :

4 diz. de millions 7 millions 8 cent. de mille 6 diz. de mille 2 mille 9 cent. 3 diz. 5 unités.

Remarquons maintenant que le chiffre 5, qui est au premier rang à partir de la droite, représente des unités du premier ordre, le chiffre 3 qui est au second rang représente des unités du second ordre, le chiffre 9 qui est au troisième rang représente des unités du troisième ordre ; en un mot, le rang de chaque chiffre, à partir de la droite, indique l'ordre des unités qu'il représente. Il est donc inutile d'écrire le nom de l'ordre, le rang du chiffre l'indique suffisamment. De cette manière, le nombre précédent s'écrit simplement

$$4 \; 7 \; 8 \; 6 \; 2 \; 9 \; 3 \; 5.$$

Comme il arrive souvent que certains ordres d'unités manquent, on a imaginé un nouveau caractère, le chiffre 0, que l'on nomme *zéro*, et qui, n'ayant aucune valeur par lui-même, sert uniquement à remplir les places vacantes. Le nombre QUATRE *dizaines de millions* SIX *centaines de mille* DEUX *mille* CINQ *unités* s'écrira donc

$$4\ 0\ 6\ 0\ 2\ 0\ 0\ 5.$$

Notre manière d'écrire les nombres repose, comme on le voit, sur deux idées : 1° Invention de neuf caractères ou chiffres servant à désigner les neuf premiers nombres; 2° indication de l'ordre des unités par le rang qu'occupe le chiffre à partir de la droite. On a coutume d'exprimer cette seconde convention, en disant qu'un chiffre placé à la gauche d'un autre représente des unités dix fois plus grandes.

8. De ce qui précède, nous pouvons conclure les deux règles pratiques suivantes :

RÈGLE I. *Pour écrire en chiffres un nombre énoncé en langage ordinaire, on place successivement à la suite les uns des autres, en allant de gauche à droite, les chiffres qui expriment les nombres de centaines, de dizaines et d'unités de chaque classe, en commençant par la classe la plus élevée et descendant progressivement, et remplaçant par des zéros les ordres d'unités qui manquent.*

RÈGLE II. *Pour énoncer en langage ordinaire un nombre écrit en chiffres, si le nombre n'a que trois chiffres au plus, on énonce successivement chaque chiffre à partir de la gauche, en indiquant immédiatement après l'ordre des unités.* Ainsi les nombres

$$38,\quad 60,\quad 897,\quad 240,\quad 601,\quad 700,$$

s'énoncent :

TRENTE-HUIT, SOIXANTE, HUIT CENT QUATRE-VINGT-DIX-SEPT, DEUX CENT QUARANTE, SIX CENT UN, SEPT CENT.

Lorsque le nombre donné a plus de trois chiffres, on le partage d'abord en tranches de trois chiffres à partir de la droite, sauf à n'en laisser qu'un ou deux dans la dernière tranche.

Puis, commençant par la gauche, on énonce successivement cha-que tranche comme si elle était seule, en indiquant après le nom de la classe. Ainsi les nombres :

$$28,459,037,060$$
$$1,070,000,307$$

S'énoncent :

Vingt-huit BILLIONS, *quatre cent cinquante-neuf* MILLIONS, *trente-sept* MILLE, *soixante.*

Un BILLION, *soixante-dix* MILLIONS, *trois cent sept.*

9. EXERCICES.

1° Lire les nombres suivants :

42, 71, 99, 153, 207, 101, 999, 200, 1267, 2075, 2060, 5000, 41274, 235628, 10020, 100000, 1050003.

L'élève dira d'abord la signification de chaque chiffre en allant de droite à gauche; puis il lira les nombres.

2° Lire les nombres suivants :

245187236 — 4062007 — 100000400 — 3000000000 — 70541009000.

3° Écrire en chiffres les nombres suivants :

Vingt-cinq, vingt, dix, douze, octante, quatre-vingts, soixante, nonante-neuf, soixante-quinze, quatre-vingt-dix-sept, deux cent quarante-six, cent, cent un, huit cent cinquante, neuf cent neuf, mille quatre cent trente-huit, trois mille neuf cent soixante, cinq mille dix, quatre cent mille deux cents, neuf cent mille, neuf cent huit mille sept; trois millions quatre cent cinquante-deux mille neuf cent cinquante-sept, cent millions vingt mille trois, un billion vingt.

CHAPITRE II

ADDITION

---

10. Définition. *L'addition est une opération qui a pour but de réunir plusieurs nombres en un seul.* Le résultat s'appelle *somme* ou *total.*

Considérons plusieurs monceaux de noix ; si nous les réunissons en un seul, nous faisons une addition ; sachant les nombres de noix que renferment les différents monceaux, il s'agit de calculer combien de noix renferme le monceau total.

Nous allons examiner différents cas, en commençant par les plus simples.

11. Addition de deux nombres d'un chiffre. On veut, par exemple, additionner les nombres 4 et 5 ; il est évident que nous arriverons au résultat en ajoutant au nombre 5 chacune des unités qui composent le nombre 4. Supposons une main fermée, et, partant de cinq, ajoutons successivement l'unité, en ouvrant un doigt à chaque unité ajoutée ; quand nous aurons ouvert quatre doigts, nous nous arrêterons. Partant de cinq, nous dirons donc : six, sept, huit, neuf ; nous avons ouvert quatre doigts, la somme est neuf.

Soit encore à ajouter 8 et 9 ; fermons les deux mains, et, partant de neuf, ouvrons les doigts successivement en disant : dix, onze, douze, treize, quatorze, quinze, seize, dix-sept. Nous avons ouvert huit doigts, arrêtons-nous, la somme est 17.

A force d'habitude et la mémoire aidant, on finit par dire tout d'un coup

$$5 \text{ et } 4 \text{ font } 9,$$
$$9 \text{ et } 8 \text{ font } 17,$$

et, pour abréger encore,

$$5 \text{ et } 4\ldots\ldots\ 9,$$
$$9 \text{ et } 8\ldots\ldots\ 17.$$

On pourrait suivre ce procédé élémentaire pour faire l'addition de deux nombres quelconques, en ajoutant successivement à l'un d'eux chacune des unités qui composent l'autre ; mais l'opération deviendrait fort longue si les nombres donnés étaient considérables. Nous allons indiquer le procédé au moyen duquel on abrége l'opération.

12. ADDITION D'UN NOMBRE D'UN CHIFFRE A UN NOMBRE DE PLUSIEURS CHIFFRES. Ajouter 3 à 54. Puisque trois unités ajoutées à quatre unités donnent sept unités, la somme est 57.

Ajouter 8 à 37. Huit et sept font 15 unités, c'est-à-dire cinq unités et une dizaine ; cette dizaine ajoutée aux trois dizaines donne quatre dizaines ; la somme se composant de quatre dizaines et cinq unités est 45.

Avec l'habitude, on dira tout d'un coup

$$54 \text{ et } 3\ldots\ldots\ 57,$$
$$37 \text{ et } 8\ldots\ldots\ 45.$$

13. ADDITION DE NOMBRES QUELCONQUES. On veut additionner les nombres 7658, 5703, 947, et 799.

Plaçons les nombres proposés les uns au-dessous des autres, de manière à ce que les unités soient sous les unités, les dizaines sous les dizaines, ..., en un mot, de manière à ce que les unités de même ordre soient dans une même colonne verticale.

$$
\begin{array}{r}
7\,6\,5\,8 \\
5\,7\,0\,3 \\
9\,4\,7 \\
7\,9\,9 \\
\hline
1\,5\,0\,8\,7
\end{array}
$$

Traçons sous le dernier nombre un trait horizontal, nous placerons au-dessous le résultat.

Pour additionner ces nombres, il suffit d'ajouter successivement les unités simples avec les unités simples, les dizaines avec les dizaines, les centaines avec les centaines, ..., etc. Additionnons donc les unités contenues dans la première colonne de droite, nous dirons : 8 et 3 font 11, 11 et 7 font 18, 18 et 9 font 27; nous avons 27 unités, soit : 7 unités que nous écrivons au-dessous de la colonne des unités, et 2 dizaines que nous reportons à la colonne des dizaines. — Additionnons les dizaines contenues dans la seconde colonne, nous dirons : 2 dizaines reportées et 3 font 5, et 4..... 9, et 9.... 18. Ces 18 dizaines donnent 8 dizaines que nous écrivons au-dessous des dizaines, et 1 centaine que nous reportons à la colonne des centaines. — Additionnons les centaines contenues dans la troisième colonne, nous dirons : 1 centaine reportée et 6 font 7, et 7... 14, et 9..... 23, et 7..... 30. Ces 30 centaines donnent 3 mille; nous écrivons donc 0 sous les centaines, et nous reportons 3 mille à la colonne antérieure. — Additionnons les mille : 3 et 7..... 10, et 5..... 15. Ces 15 mille donnent 5 mille que nous écrivons sous les mille, et une dizaine de mille que nous écrivons à gauche du 5. L'addition est terminée et la somme cherchée est 15087. Ainsi :

Règle. *Pour additionner plusieurs nombres, on les écrit les uns au-dessous des autres, de manière à ce que les unités de même ordre soient placées dans une même colonne verticale ; on trace un trait au-dessous du dernier nombre ; puis, à partir de la droite, on fait successivement la somme des chiffres contenus dans chaque colonne verticale ; si cette somme ne surpasse pas neuf, on l'écrit au-dessous telle qu'on l'a trouvée ; si elle surpasse neuf, on n'écrit au-dessous que le chiffre des unités et on reporte les dizaines à la colonne suivante.*

Comme il importe d'opérer aussi rapidement que possible, on effectuera l'addition en disant simplement :

8 et 3....... 11 et 7....... 18 et 9....... 27; je pose 7, et retiens
2 et 3......... 5 et 4.......... 9 et 9....... 18; je pose 8, et retiens
1 et 6......... 7 et 7........ 14 et 9....... 23 et 7.... 30, je pose 0,
et retiens 3 et 7........ 10 et 5....... 15; je pose 15.

14. Remarque. L'addition d'une colonne fournit généralement un report pour la colonne de gauche, c'est pour cela qu'il faut commencer par la droite. Si on opérait au contraire en allant de gauche à droite, lorsqu'une colonne donnerait une somme plus grande que 9, on serait forcé d'effacer le chiffre précédemment écrit pour l'augmenter du report de la colonne suivante. Ainsi, dans l'exemple précédent, commençons par la gauche, nous dirons 7 et 5... 12, je pose 12; la colonne suivante donne pour somme 29, j'écris 9, et, comme il faut reporter les 2 dizaines, j'efface le 2 que je remplace par 4. La troisième colonne donnant 16, je pose 6, et je suis obligé d'effacer non-seulement le chiffre 9 que je remplace par 0, mais encore le chiffre 4 que je remplace par 5. On voit donc combien il est utile pour la simplicité de l'opération de commencer par la droite.

15. Preuve. On appelle preuve d'une opération une seconde opération servant à vérifier l'exactitude de la première. Nous avons additionné chaque colonne verticale en allant de haut en bas ; recommençons l'opération en allant de bas en haut ; nous devons retrouver le même résultat. Dans l'exemple précédent, la vérification a lieu ; cependant, on ne peut affirmer d'une manière absolue l'exactitude du résultat, car on aurait pu commettre dans les deux opérations la même erreur; mais comme cette circonstance est tout-à-fait exceptionnelle, nous regarderons comme très-probable l'exactitude du résultat.

16. Exercices.

1° Un homme a reçu d'une part 7435 francs, d'autre part 1890 francs. Combien a-t-il reçu en tout?

2° On a mélangé 150 kilogrammes de nitre avec 25 kilogrammes de charbon et 25 kilogrammes de soufre, pour faire de la poudre à canon. Combien a-t-on obtenu de poudre?

3° Quelle est la population de toute la terre, sachant que l'Europe contient 168 millions d'habitants, l'Asie 580 millions, l'Afrique 92 millions, l'Amérique 150 millions, et l'Océanie 10 millions?

4° Une propriété se compose de quatre parties, un pré de 1750 ares, un champ de 937 ares, un autre champ plus grand que le premier de 120 ares, et enfin un jardin de 89 ares. Quelle est l'étendue totale de la propriété?

CHAPITRE III

SOUSTRACTION

-----

17. Définition. *La soustraction est une opération par laquelle on retranche d'un nombre donné un nombre plus petit.* Le résultat s'appelle *reste.*

Oter 4 noix d'un monceau qui en contient 9, c'est faire une soustraction. La soustraction est, comme on le voit, l'opération inverse de l'addition.

Le reste s'appelle aussi *différence,* parce qu'il exprime la différence des deux nombres donnés, ou *excès,* parce qu'il exprime l'excès du plus grand sur le plus petit. Une maison a 20 mètres de hauteur, une autre 12 ; si de 20 mètres on retranche 12 mètres, le reste exprimera la différence des deux maisons, ou l'excès de la plus grande sur la plus petite.

Si au reste on ajoute le nombre retranché, il est évident que l'on reproduira le plus grand des deux nombres donnés. Dans le premier exemple, si aux 5 noix qui restent on ajoute les 4 noix retranchées, on forme de nouveau le monceau primitif de 9 noix. La soustraction peut donc être définie de cette manière : *étant donnés deux nombres, trouver le nombre qu'il faut ajouter au plus petit des deux nombres donnés pour reproduire le plus grand.*

Nous allons, comme pour l'addition, considérer différents cas, en commençant par le plus simple.

18. Cas ou le plus petit nombre n'a qu'un chiffre et ou le plus grand est moindre que le plus petit augmenté de dix. Soit à retrancher 4 de 9. Il est clair que nous arriverons au résultat en ôtant de 9 chacune des unités qui composent le nombre 4.

Une main étant fermée, ôtons successivement l'unité, en ouvrant un doigt à chaque unité retranchée ; quand nous aurons ouvert quatre doigts, nous nous arrêterons. Partant de neuf, nous dirons donc : huit, sept, six, cinq ; nous avons ouvert quatre doigts, le reste est 5. Mais il est plus simple de chercher dans notre mémoire quel est le nombre qui ajouté à 4 donne 9 ; ce nombre est 5.

De 15 ôtez 8. Otons d'abord 5 il reste 10 ; ôtons encore 3, il reste 7. Si nous cherchons dans notre mémoire le nombre qui ajouté à 8 donne 15, nous trouvons immédiatement le reste 7.

On pourrait effectuer une soustraction quelconque par le procédé que nous venons d'employer, en retranchant successivement du plus grand nombre donné chacune des unités qui composent le plus petit ; mais comme cette opération serait très-longue, on l'abrège de la manière suivante.

19. Cas général. De 8496 ôter 1432. Écrivons le plus petit nombre au-dessous du plus grand, de manière à ce que les unités de même ordre soient dans une même colonne verticale ; traçons un trait horizontal au-dessous duquel nous mettrons le résultat.

$$\begin{array}{r} 8496 \\ 1432 \\ \hline 7064 \end{array}$$

Retranchons successivement les unités des unités, les dizaines des dizaines, et généralement retranchons les unités des différents ordres qui composent le nombre inférieur, des unités de même ordre qui composent le nombre supérieur. Nous dirons : 2 unités ôtées de 6 unités, il reste 4 unités que nous écrivons au-dessous de la colonne des unités ; — 3 dizaines ôtées de 9 dizaines, il reste 6 dizaines que nous écrivons au-dessous des dizaines ; — 4 centaines ôtées de 4 centaines, il ne reste rien, nous mettons 0 à la colonne des centaines ; — 1 mille ôté de 8 mille, il reste 7 mille que nous écrivons à la colonne des mille. Toutes les parties du nombre inférieur ayant été retranchées du nombre supérieur, la soustraction est effectuée, et le reste est 7064.

Soit à ôter 2739 de 3276.

$$\begin{array}{r} 3276 \\ 2739 \\ \hline 537 \end{array}$$

Ici se présente une difficulté : on ne peut ôter 9 unités de 6 unités. Pour éviter cet inconvénient, on s'appuie sur ce principe évident, que, quand on augmente deux nombres d'un même nombre, la différence ne change pas. Au nombre supérieur ajoutons une dizaine ou dix unités, nous aurons alors 16 unités; 9 unités ôtées de 16 unités, il reste 7 unités. Nous avons ajouté une dizaine au nombre supérieur; pour que la différence ne soit pas changée, il faut ajouter une dizaine au nombre inférieur, et nous dirons : 4 dizaines ôtées de 7 dizaines, reste 3 dizaines. Comme on ne peut ôter 7 centaines de 2 centaines, nous ajouterons de même au nombre supérieur 10 centaines ou un mille, nous aurons alors 12 centaines, et nous dirons : 7 ôtées de 12, reste 5 centaines. Pour ne pas changer la différence, il faut ajouter aussi dix centaines ou un mille au nombre inférieur, et nous dirons 3 mille ôtés de 3 mille, il ne reste rien ; le reste est donc 537.

Afin d'effectuer la soustraction aussi rapidement que possible, on dira :

9 de 16..... 7; 4 de 7..... 3; 7 de 12..... 5; 3 de 3..... 0.

Effectuons encore la soustraction suivante :

$$\begin{array}{r} 340070 \\ 39096 \\ \hline 300974; \end{array}$$

nous dirons : 6 de 10..... 4; 10 de 17..... 7; 1 de 10..... 9, 10 de 10..... 0; 4 de 4..... 0; 0 de 3..... 3.

Règle. *Pour trouver la différence de deux nombres, on écrit le plus petit au-dessous du plus grand, de manière à ce que les unités de même ordre soient dans une même colonne verticale; on souligne; puis, à partir de la droite, on retranche successivement chaque chiffre du nombre inférieur du chiffre supérieur correspondant, et on écrit la différence au-dessous. Lorsqu'un chiffre inférieur est plus grand que le supérieur correspondant, on ajoute dix à ce dernier, en ayant soin d'augmenter, par la pensée, d'une unité le chiffre qui suit immédiatement à gauche dans le nombre inférieur.*

20. **Remarque.** Si chacun des chiffres inférieurs était moindre que le chiffre supérieur correspondant, il serait indifférent d'opérer de gauche à droite ou de droite à gauche; mais, comme il n'en est pas toujours ainsi, il faut aller de droite à gauche. Si on allait de gauche à droite, et qu'on rencontrât un chiffre inférieur plus grand que le chiffre supérieur correspondant, on serait forcé d'effacer le chiffre précédemment écrit au résultat pour le diminuer d'une unité.

21. **Preuve.** En additionnant le nombre inférieur avec le reste obtenu, on doit reproduire le plus grand nombre. Si cette vérification a lieu, il est probable que la soustraction a été bien faite. Dans le dernier exemple que nous avons traité, l'addition de 39096 et 300974 donnant 340070, il est très probable que le résultat est exact.

22. **Exercices.**

1° Une personne part pour un voyage avec 584 francs; à son retour elle n'a plus que 157 francs. Combien a-t-elle dépensé?

2° Une personne, née en 1789, est morte en 1832. Quel était son âge?

3° Un vase vide pèse 408 grammes; plein d'alcool, il pèse 2015 grammes. Quel est le poids de l'alcool contenu dans le vase?

4° Le rayon allant du centre de la terre au pôle est de 6356324 mètres ; celui qui va à l'équateur est plus grand, il est de 6376984 mètres. Calculer la différence, ou l'aplatissement de la terre à chaque pôle.

5° La terre, dans son mouvement annuel autour du soleil, n'est pas toujours à la même distance du soleil ; la plus grande distance est de 35183000 lieues, la plus petite de 34017200 lieues. Quelle est la différence ?

CHAPITRE IV

MULTIPLICATION

---

23. Définition. *La multiplication consiste à répéter un nombre nommé* MULTIPLICANDE *autant de fois qu'il y a d'unités dans un autre nombre nommé* MULTIPLICATEUR. Le résultat s'appelle PRODUIT.

Ainsi, multiplier 9 par 5, c'est répéter le nombre 9 cinq fois. 9 est le multiplicande ou le nombre que l'on multiplie; 5 est le multiplicateur, ou le nombre qui indique combien de fois il faut répéter le multiplicande.

Formons par exemple 5 monceaux renfermant chacun neuf noix, et réunissons en un seul ces 5 monceaux égaux, nous aurons fait une multiplication. Le monceau total est le produit de la multiplication.

La multiplication, comme on le voit, n'est autre chose que l'addition de plusieurs nombres égaux; écrivons donc le nombre 9 cinq fois,

$$
\begin{array}{r}
9 \\
9 \\
9 \\
9 \\
9 \\
\hline
45
\end{array}
$$

et additionnons, nous obtenons le produit 45.

Mais, s'il s'agissait de multiplier 258 par 36, l'addition deviendrait très-longue, car il faudrait écrire 36 fois le multiplicande. Nous allons expliquer comment on parvient à simplifier l'opération.

24. Table de multiplication. Il est nécessaire d'abord de savoir par cœur les produits des neuf premiers nombres multipliés les uns par les autres ; tous ces produits sont réunis dans la table suivante, dont on attribue l'invention à Pythagore.

1	2	3	4	5	6	7	8	9
2	4	6	8	10	12	14	16	18
3	6	9	12	15	18	21	24	27
4	8	12	16	20	24	28	32	36
5	10	15	20	25	30	35	40	45
6	12	18	24	30	36	42	48	54
7	14	21	28	35	42	49	56	63
8	16	24	32	40	48	56	64	72
9	18	27	36	45	54	63	72	81

Voici comment on forme cette table :

Écrivons sur une même ligne horizontale les neuf premiers nombres. Ajoutons chacun de ces nombres à lui-même, en disant : 1 et 1 font 2, 2 et 2 font 4, 3 et 3... 6, ..., 9 et 9... 18, et écrivons les résultats dans une seconde ligne horizontale au-dessous de la première. Cette seconde ligne renferme, comme on le voit, les neuf premiers nombres répétés deux fois, c'est-à-dire les produits des neuf premiers nombres multipliés par 2.

A la seconde ligne ajoutons la première en disant : 2 et 1.... 3, 4 et 2..... 6, 6 et 3..... 9, ..., 18 et 9..... 27 ; et écrivons les résultats dans une troisième ligne horizontale. A deux fois chacun des neuf premiers nombres, nous avons ajouté une fois ces mêmes nombres, nous avons ainsi trois fois ces nombres ; la troisième ligne contient donc les produits des neuf premiers nombres par 3.

A la troisième ligne ajoutons la première : 3 et 1..... 4, 6 et 2..... 8, ..., 27 et 9..... 36, et écrivons les résultats dans une quatrième ligne horizontale. A trois fois chacun des neuf premiers nombres, nous avons ajouté une fois ces mêmes nombres, nous avons ainsi quatre fois ces nombres ou leurs produits par 4.

On continuera de la sorte à ajouter aux nombres de la dernière ligne obtenue les nombres correspondants de la première, jusqu'à ce qu'on soit arrivé aux produits des neuf premiers nombres par 9. Alors on s'arrêtera ; la table est complète, elle renferme tous les produits des neuf premiers nombres multipliés les uns par les autres.

Les nombres contenus dans une même colonne verticale sont les produits du nombre placé en tête par chacun des neuf premiers nombres ; les nombres contenus dans une même ligne horizontale sont les produits des neuf premiers nombres par le nombre placé en avant. Si donc on veut trouver dans la table un produit, le produit de 7 par 3, par exemple, on regardera la ligne verticale qui commence par 7 et la ligne horizontale qui commence par 3 ; le nombre 21 placé au point où se croisent les deux lignes est le produit cherché.

Par analogie, on dit qu'on multiplie un nombre par l'unité quand on écrit ce nombre lui-même ; de cette manière, la première colonne horizontale contient les produits des neuf premiers nombres par l'unité.

Il est nécessaire, avons-nous dit, d'apprendre par cœur la table de multiplication ; on l'énonce ainsi :

2 fois 1.... 2, 2 fois 2.... 4, 2 fois 3.... 6, ... 2 fois 9.... 18.

3 fois 1.... 3, 3 fois 2.... 6, 3 fois 3.... 9, ... 3 fois 9.... 27.

. . . .

. . . .

9 fois 1... 9, 9 fois 2... 18, 9 fois 3... 27, ... 9 fois 9... 81.

25. MULTIPLICATION D'UN NOMBRE DE PLUSIEURS CHIFFRES PAR

UN NOMBRE D'UN CHIFFRE. Soit à multiplier 497 par 6. L'opération consiste à répéter le multiplicande six fois; nous répéterons d'abord les unités, puis les dizaines, etc. Écrivons le multiplicateur au-dessous du multiplicande

$$
\begin{array}{r}
4\,9\,7 \\
6 \\
\hline
2\,9\,8\,2
\end{array}
$$

et soulignons. Nous dirons : six fois 7 unités font 42 unités, j'écris 2 unités sous la colonne des unités, et je retiens 4 dizaines; six fois 9 dizaines font 54 dizaines, et 4 dizaines retenues font 58 dizaines, j'écris 8 dizaines sous la colonne des dizaines et je retiens 5 centaines; six fois 4 centaines font 24 centaines et 5 centaines retenues font 29 centaines, j'écris 9 centaines et 2 mille. Le produit est 2982.

RÈGLE. *Pour multiplier un nombre quelconque par un nombre d'un chiffre, on multiplie successivement, en allant de droite à gauche, chacun des chiffres du multiplicande par le multiplicateur; on écrit le chiffre des unités de chaque produit partiel, et on retient les dizaines pour les ajouter au produit suivant.*

On effectuera l'opération en disant : 6 fois 7.... 42, je pose 2 et retiens 4; 6 fois 9.... 54 et 4... 58, je pose 8 et retiens 5 ; 6 fois 4.... 24 et 5... 29, je pose 29.

On commence l'opération par la droite à cause des retenues; la raison en est la même que pour l'addition.

26. MULTIPLICATION D'UN NOMBRE PAR 10, 100, 1000,.....

Soit à multiplier 487 par 10 ; nous effectuerons cette multiplication en répétant dix fois chacune des unités du multiplicande ; or une unité répétée dix fois donne une dizaine; les 487 unités du multiplicande donneront donc 487 dizaines ou 4870.

De même on multiplierait 487 par 100, en répétant cent fois chacune des unités du multiplicande ; or une unité répétée cent fois donne une centaine; les 487 unités du multiplicande donneront donc 487 centaines ou 48700.

Ainsi, *pour multiplier un nombre par l'unité suivie d'un certain nombre de 0, il suffit d'écrire à la droite du multiplicande les 0 du multiplicateur.*

27. MULTIPLICATION D'UN NOMBRE QUELCONQUE PAR UN NOMBRE FORMÉ D'UN CHIFFRE SIGNIFICATIF SUIVI D'UN CERTAIN NOMBRE DE ZÉROS. Soit à multiplier 487 par 30 ; supposons que nous ayons écrit le multiplicande 30 fois, comme pour faire l'addition ;

$$
\left.\begin{array}{l} 487 \\ 487 \\ 487 \end{array}\right\} 1461
$$

$$
\left.\begin{array}{l} 487 \\ 487 \\ 487 \end{array}\right\} 1461
$$

$$
\left.\begin{array}{l} 487 \\ 487 \\ \cdots \end{array}\right\} \cdots
$$

Si nous partageons ce tableau en tranches de trois en trois, nous aurons 10 tranches, puisque 30 est égal à 10 fois 3. Chaque tranche se composant du multiplicande répété trois fois, nous obtiendrons sa valeur en multipliant 487 par 3, ce qui donne 1461 ; or le tableau tout entier renferme dix tranches, il faudra donc multiplier 1461 par 10, ce qui donne 14610 pour le produit cherché.

Soit encore à multiplier 487 par 300. Imaginons de même un tableau renfermant 300 fois le multiplicande, et partageons-le en tranches de trois en trois, nous aurons 100 tranches, puisque 300 est égal à 100 fois 3. Chaque tranche vaut encore 1461. Comme nous avons 100 tranches, il faut multiplier ce nombre par 100, ce qui donne 146100 pour le produit cherché.

Ainsi, *pour multiplier par un nombre formé d'un chiffre significatif suivi d'un ou plusieurs zéros, il suffit de multiplier le multiplicande par le chiffre significatif, et d'ajouter à la droite du produit autant de zéros qu'il y en a dans le multiplicateur.*

28. MULTIPLICATION DE DEUX NOMBRES QUELCONQUES.

Soit à multiplier 5637 par 258. Écrivons le multiplicateur au-dessous du multiplicande, et tirons un trait horizontal,

$$
\begin{array}{r}
5637 \\
258 \\
\hline
45096 \\
28185 \\
11274 \\
\hline
1454346
\end{array}
$$

Multiplier 5637 par 258, c'est répéter le multiplicande 258 fois, ou bien c'est le répéter 8 fois, plus 50 fois, plus 200 fois. Multiplions d'abord le multiplicande par 8, nous obtenons le produit partiel 45096, que nous écrivons au-dessous du trait horizontal.

Pour répéter le multiplicande 50 fois, nous avons vu qu'il fallait le multiplier par 5, ce qui donne 28185, puis mettre un zéro à droite de ce nombre, ce qui revient à considérer ce nombre comme exprimant des dizaines ; nous écrirons donc ce second produit partiel de manière que son premier chiffre 5 se trouve placé dans la colonne des dizaines.

Pour répéter le multiplicande 200 fois, nous avons vu qu'il fallait le multiplier par 2, ce qui donne 11274, puis mettre à droite de ce nombre deux zéros, ce qui revient à considérer ce nombre comme exprimant des centaines ; nous écrirons donc ce troisième produit partiel de manière que son premier chiffre 4 soit placé dans la colonne des centaines.

En additionnant ces trois produits partiels nous obtenons le produit demandé 1454346.

RÈGLE. *Pour multiplier deux nombres quelconques, on écrit le multiplicateur sous le multiplicande; on souligne; puis on multiplie le multiplicande successivement par chacun des chiffres du multiplicateur, en ayant soin d'écrire le premier chiffre de chaque produit partiel sous le chiffre du multiplicateur qui l'a fourni.*

Effectuons d'après cette règle la multiplication suivante :

$$
\begin{array}{r}
9\,2\,4\,7\,0\,8\,4\,6 \\
3\,0\,5\,0\,0\,7\,0 \\
\hline
6\,4\,7\,2\,9\,5\,9\,2\,2 \\
4\,6\,2\,3\,5\,4\,2\,3\,0 \\
2\,7\,7\,4\,1\,2\,5\,3\,8 \\
\hline
2\,8\,2\,0\,4\,2\,5\,5\,3\,2\,5\,9\,2\,2\,0
\end{array}
$$

29. REMARQUE I. Quand on effectue un produit partiel, il est nécessaire, comme nous l'avons vu, de multiplier successivement les différents chiffres du multiplicande, en allant de droite à gauche ; mais on peut prendre les chiffres du multiplicateur dans un ordre quelconque. Cependant, pour plus de régularité, on s'avance aussi dans le multiplicateur de droite à gauche.

30. REMARQUE II. *Pour multiplier deux nombres terminés par des zéros, il suffit d'effectuer le produit de ces deux nombres, abstraction faite des zéros qui les terminent ; puis d'écrire à la droite du produit autant de zéros qu'il y en a dans le multiplicande et le multiplicateur proposés.*

Soit à multiplier 246000 par 54. Il s'agit de répéter 246 mille 54 fois ; le produit de 246 par 54 étant 13284, nous aurons 13284 mille ou 13284000.

Soit à multiplier 246000 par 5400. Supposons le multiplicande écrit 5400 fois, nous aurons 100 tranches composées chacune de 54 fois le multiplicande ; chaque tranche est donc égale au produit de 246000 par 54, ou à 13284000 ; il faut ensuite répéter 100 fois la valeur d'une tranche, ce qui nous donne 1328400000. On voit donc que pour multiplier 246000 par 5400, il suffit de multiplier 246 par 54, et d'ajouter cinq zéros au produit.

31. REMARQUE III. *Si on augmente le multiplicande ou le*

multiplicateur, le produit augmente. Si on diminue le multi-
plicande ou le multiplicateur, le produit diminue.

Ceci résulte de la définition même de la multiplication. Car, si on augmente le multiplicande sans changer le multiplicateur, on répète le même nombre de fois un nombre plus grand, ce qui donne évidemment un produit plus grand. De même, si on augmente le multiplicateur sans changer le multiplicande, on répète le même nombre un nombre de fois plus grand, ce qui donne aussi un produit plus grand. A plus forte raison, si on augmente à-la-fois le multiplicande et le multiplicateur, le produit sera-t-il plus grand.

On démontrerait par un raisonnement semblable que, si on diminue le multiplicande ou le multiplicateur, le produit diminue.

32. REMARQUE IV. *Si l'on rend le multiplicande ou le multi-plicateur un certain nombre de fois plus grand ou plus petit, le produit devient le même nombre de fois plus grand ou plus petit.*

D'abord, si, le multiplicateur restant le même, on rend le multiplicande deux, trois, ... fois plus grand, comme on répète un même nombre de fois un nombre deux, trois, ... fois plus grand, il est clair que l'on obtient un produit deux, trois, ... fois plus grand.

Supposons maintenant que le multiplicande restant le même, on rende le multiplicateur, deux, trois, ... fois plus grand, on répète le même nombre un nombre de fois deux, trois, ... fois plus grand ; le produit devient donc deux, trois, ... fois plus grand.

Ainsi :

Le produit de 21 par 4 est trois fois plus grand que le produit de 7 par 4 ;

Le produit de 7 par 12 est trois fois plus grand que le produit de 7 par 4.

33. REMARQUE V. *Le produit renferme autant de chiffres qu'il* *y en a au multiplicande et au multiplicateur, ou autant moins un.* Ainsi on peut dire d'avance, que le produit de 5637 par 258 aura ou 7 ou 6 chiffres. En effet, le multiplicande et le multiplicateur étant plus grands, l'un que 1000, l'autre que 100, le produit cherché sera plus grand que le produit de 1000 par 100 ou 100000 ; par conséquent, ce produit aura au moins 6 chiffres. D'autre part, le multiplicande et le multiplicateur étant plus petits, l'un que 10000, l'autre que 1000, le produit cherché sera plus petit que le produit de 10000 par 1000 ou 10000000, par conséquent, il aura au plus 7 chiffres. Ainsi, le produit renferme 6 ou 7 chiffres. Dans l'exemple précédent le produit a 7 chiffres ; mais le produit de 3547 par 275 n'a que 6 chiffres.

34. Remarque VI. *Le produit de deux nombres ne change pas, quel que soit celui des deux que l'on prenne pour multiplicande ou pour multiplicateur.* Par exemple, le produit de 5 par 3 est le même que le produit de 3 par 5 ; en effet, on peut compter les unités contenues dans le tableau suivant de deux manières, soit par colonnes horizontales soit par colonnes verticales.

$$1 \quad 1 \quad 1 \quad 1 \quad 1$$
$$1 \quad 1 \quad 1 \quad 1 \quad 1$$
$$1 \quad 1 \quad 1 \quad 1 \quad 1$$

1° Chaque ligne horizontale renferme 5 unités, il y a trois lignes, donc le tableau se compose de 3 fois 5 unités. 2° Chaque colonne verticale renferme 3 unités, il y a 5 colonnes, on a donc en tout 5 fois 3 unités. Ainsi, le même tableau, évalué d'une manière ou de l'autre, donne 3 fois 5 ou 5 fois 3 ; ces deux produits sont donc égaux.

35. Preuve de la multiplication. Pour vérifier si une multiplication a été bien faite, on fera une seconde multiplication, en prenant pour multiplicande le multiplicateur de la première et pour multiplicateur le multiplicande de la première ; on doit retrouver le même produit.

36. EXERCICES.

1° Combien coûtent 6 mètres de drap à raison de 25 francs le mètre ?

Il faut répéter six fois le prix du mètre ; c'est une multiplication dans laquelle 25 est le multiplicande, 6 le multiplicateur.

Réponse : 150 francs.

2° Un employé reçoit 247 francs par mois. Quel est son traitement annuel ?

Le traitement de l'année est égal à 12 fois le traitement d'un mois ; il faut donc multiplier 247 par 12.

Réponse : 2964 francs.

3° Une locomotive parcourt 13 lieues par heure. Quelle distance parcourra-t-elle en 7 heures ?

Il est clair qu'elle parcourt en 7 heures une distance 7 fois plus grande que celle qu'elle parcourt en une heure ; il faut multiplier 13 par 7.

Réponse : 91 lieues.

4° On sait que le son parcourt 340 mètres par seconde. Le bruit du tonnerre a été entendu 27 secondes après l'apparition de l'éclair. On demande à quelle distance est situé le nuage orageux ?

Nous négligerons le temps qu'emploie la lumière produite par l'éclair pour venir du nuage jusqu'à l'œil de l'observateur, temps qui est extrêmement petit ; la distance cherchée est le chemin que parcourt le son en 27 secondes ; il faut multiplier 340 par 27.

Réponse ; 9180 mètres.

5° On sait qu'il y a 24 heures dans un jour, 60 minutes dans une heure, 60 secondes dans une minute. On demande combien il y a de minutes et de secondes dans un jour ?

Réponse : 1440 minutes ou 86400 secondes.

6° Combien y a-t-il de secondes dans 8 heures 42 minutes et 56 secondes ?

On réduira d'abord les heures en minutes ; puisqu'une heure vaut 60 minutes, 8 heures valent 8 fois 60 minutes ou 480 minutes ; ajoutant les 42 minutes, nous avons 522 minutes. Nous réduirons ensuite ces minutes en secondes de la même manière, et nous ajouterons les 56 secondes.

Réponse : 31376 secondes.

7° Une roue d'une usine fait 4 tours par seconde. On demande combien de tours elle fait en 8 heures 42 minutes et 56 secondes?

En réduisant le temps en secondes, comme nous venons de le dire, on trouve 31376 secondes ; il faut ensuite multiplier 4 tours par 31376 ; mais ici il est plus simple de multiplier 31376 par 4.

Réponse : 125504 tours.

8° Une fontaine donne 15 litres d'eau par minute. Combien en donne-t-elle par jour?

Réponse : 21600 litres.

9° La circonférence de la terre contient 360 degrés et chaque degré vaut 25 lieues communes ou 20 lieues marines. On demande combien il y a de lieues de l'une et l'autre espèce dans le tour de la terre.

Réponse : 9000 lieues communes ou 7200 lieues marines.

10° Le soleil est 1384500 fois plus gros que la terre, tandis que la lune est 80 fois plus petite que la terre. Combien de fois le soleil est-il plus gros que la lune?

Réponse : 110760000 fois.

11° Le rayon du globe terrestre est de 1450 lieues; la distance du soleil à la terre est de 24000 rayons terrestres. Quelle est la distance en lieues de la terre au soleil?

Réponse : 34800000 lieues.

CHAPITRE V

DIVISION

---

37. Définition. *La division a pour but, étant donnés deux nombres nommés, l'un* dividende, *l'autre* diviseur, *d'en trouver un troisième qui, multiplié par le diviseur, ou qui multipliant le diviseur* (ce qui est la même chose), *reproduise le dividende.* Le nombre cherché s'appelle quotient.

Ainsi diviser 28 par 4, c'est chercher un nombre qui multipliant 4 donne 28. Le nombre 28 est le dividende, 4 le diviseur. Puisque 7 fois 4 font 28, le quotient cherché est 7.

Mais il n'existe pas toujours un nombre qui multipliant le diviseur reproduise exactement le dividende ; dans ce cas, on se borne à chercher le plus grand nombre qui multiplié par le diviseur, ou qui multipliant le diviseur, donne un produit contenu dans le dividende.

Soit à diviser 31 par 4, il n'existe pas de nombre qui, multipliant 4, donne exactement 31 ; alors on cherchera le plus grand nombre qui, multipliant 4, donne un produit contenu dans 31. Puisque 7 fois 4 font 28, nombre plus petit que 31, et que 8 fois 4 font 32, nombre plus grand que 31, le quotient cherché est 7.

38. Nous remarquons immédiatement que chercher le plus grand nombre qui, multipliant le diviseur, donne un résultat contenu dans le dividende, c'est chercher le plus grand nombre de fois que le dividende contient le diviseur. Ainsi, dans le premier exemple, le diviseur répété 7 fois reproduit le dividende ; donc le dividende contient 7 fois exactement le diviseur. Dans le second exemple, le dividende 31 est plus grand que 7 fois le diviseur et plus petit que 8 fois le diviseur ; donc le dividende contient 7 fois le diviseur. Ainsi nous pouvons considérer *la division comme ayant pour but de chercher combien de fois le dividende contient le diviseur.*

Lorsque le dividende ne contient pas exactement le diviseur, si du dividende on retranche le produit du diviseur par le quotient, on a un reste plus petit que le diviseur. Car, si le reste était plus grand que le diviseur, le dividende contiendrait au moins une fois encore le diviseur, ce qui est impossible, puisque nous avons retranché du dividende le plus grand nombre de fois que le diviseur y est contenu. Ainsi généralement, *le dividende est égal au produit du diviseur par le quotient, plus un reste moindre que le diviseur.*

39. Puisque la division revient à chercher combien de fois le dividende contient le diviseur, il s'ensuit qu'on peut effectuer la division par une série de soustractions successives ; retranchons en effet du dividende le diviseur autant de fois qu'il sera possible, nous trouverons ainsi le quotient. Divisons de cette manière 31 par 4 ;

$$
\begin{array}{r}
31 \\
4 \\
\hline
27 \\
4 \\
\hline
23 \\
4 \\
\hline
19 \\
4 \\
\hline
15 \\
4 \\
\hline
11 \\
4 \\
\hline
7 \\
4 \\
\hline
3
\end{array}
$$

Nous voyons que le dividende 31 contient sept fois le diviseur. Le quotient cherché est donc 7, et il y a un reste 3.

Mais, si le dividende contenait un grand nombre de fois le diviseur, ce moyen deviendrait extrêmement long ; il importe donc de chercher un procédé plus rapide pour effectuer la division ; nous allons indiquer ce procédé en commençant par les cas les plus simples.

40. CAS OU LE DIVISEUR N'A QU'UN CHIFFRE ET OU LE DIVIDENDE EST MOINDRE QUE DIX FOIS LE DIVISEUR. Ce cas n'offre aucune difficulté ; sachant par cœur la table de multiplication, on cherchera dans sa mémoire le plus grand nombre de fois que le diviseur est contenu dans le dividende, et l'on dira immédiatement

20 divisé par 5 donne 4,
63 divisé par 7 donne 9,
32 divisé par 6 donne 5, et il reste 2,
77 divisé par 8 donne 9, et il reste 5.

41. DIVISION D'UN NOMBRE DE PLUSIEURS CHIFFRES PAR UN NOMBRE DE PLUSIEURS CHIFFRES, LORSQUE LE DIVIDENDE EST MOINDRE QUE DIX FOIS LE DIVISEUR. Examinons d'abord à quel caractère on peut reconnaître que le dividende contient le diviseur et ne le contient pas dix fois ; et afin de fixer les idées, supposons que le diviseur soit un nombre de trois chiffres, par exemple 485. Le dividende doit être au moins égal à 485, et plus petit que 4850 ; ce sera par conséquent ou un nombre de trois chiffres au moins égal au diviseur, ou un nombre de quatre chiffres ne renfermant pas 485 dizaines, c'est-à-dire un nombre de dizaines égal au diviseur. Ainsi le dividende a autant de chiffres que le diviseur, ou autant plus un.

Soit à diviser 2963 par 485 :

$$\begin{array}{c|c} 2963 & 485 \\ \hline 53 & 6 \end{array}$$

Le dividende contenant le diviseur et ne le contenant pas dix fois, le quotient est l'un des neuf premiers nombres. Pour déterminer lequel, il faut faire des essais ; or on peut effectuer les essais de deux manières, soit en commençant par 9 et descendant progressivement jusqu'à ce qu'on obtienne un produit contenu dans le dividende, soit en commençant par 1 et montant jusqu'à ce qu'on arrive à un reste moindre que le diviseur.

Nous diminuons le nombre des essais, et par conséquent nous abrégeons l'opération, en considérant que le diviseur 485 est plus grand que 400 et plus petit que 500, et en cherchant combien de fois chacun de ces nombres est contenu dans le dividende. Pour déterminer combien de fois le nombre 400 est contenu dans le dividende, il suffit de voir combien de fois 4 centaines sont contenues dans les 29 centaines du dividende. Or 4 est contenu 7 fois dans 29. Le nombre 400 est donc contenu 7 fois dans le dividende. Il est évident que le diviseur proposé, qui est plus grand que 400, y sera contenu au plus 7 fois ; mais il est possible qu'il ne soit pas contenu ce nombre de fois. Ainsi le quotient cherché est ou 7 ou l'un des nombres inférieurs ; il suffit dès lors de commencer les essais à 7, en descendant jusqu'à ce qu'on obtienne un produit contenu dans le dividende. Essayons 7 ; sept fois le diviseur donnant un produit 3395 plus grand que le dividende, le chiffre 7 est trop fort. Essayons 6 ; six fois le diviseur donnant un produit 2910 contenu dans le dividende, le quotient cherché est 6. Si du dividende nous retranchons le produit 2910, nous trouvons un reste 53.

1ʳᵉ Règle. Pour faire la division lorsque le dividende est moindre que dix fois le diviseur, on sépare sur la gauche du dividende la partie de même ordre que le premier chiffre de gauche du diviseur ; on divise le nombre séparé par le premier chiffre du diviseur, et l'on essaie le chiffre ainsi obtenu ; si le produit du diviseur par ce chiffre est moindre que le dividende, ce chiffre est bon ; sinon, on essaie le chiffre inférieur d'une unité, et on continue les essais jusqu'à ce qu'on trouve un produit moindre que le dividende.

42. Mais on aurait pu procéder d'une autre manière; cherchons en effet combien de fois le nombre 500 est contenu dans le dividende; pour cela il faut chercher combien de fois 5 centaines sont contenues dans les 29 centaines du dividende; en un mot, il faut diviser 29 par 5, le quotient est 5. Le nombre 500 est donc contenu 5 fois dans le dividende. Il est évident que le diviseur proposé, qui est plus petit que 500, sera contenu au moins 5 fois dans le dividende; mais il est possible qu'il y soit contenu un plus grand nombre de fois. Ainsi le quotient cherché est ou 5, ou un chiffre plus grand. Essayons 5; si le reste obtenu est moindre que le diviseur, le dividende ne contenant que 5 fois le diviseur, le quotient est 5; si le reste est plus grand que le diviseur, on en conclut que le chiffre 5 est trop faible. Mais on n'essaiera pas 6, en faisant une nouvelle multiplication; on cherchera simplement combien de fois ce reste contient encore le diviseur, et en ajoutant à 5 ce second quotient on obtiendra le quotient cherché. Dans l'exemple actuel, le chiffre 5 donne un reste 538 plus grand que le diviseur; or ce reste contient encore une fois le diviseur, plus un reste 55 moindre que le diviseur; donc le dividende contient 6 fois le diviseur; le quotient cherché est 6. Nous déduisons de là un second procédé pour effectuer la division, et ce second procédé est plus simple que le premier.

2ᵉ Règle. *Pour faire la division, lorsque le dividende est moindre que dix fois le diviseur, on sépare sur la gauche du dividende la partie de même ordre que le premier chiffre de gauche du diviseur; on divise le nombre séparé par le premier chiffre du diviseur augmenté d'une unité. On multiplie le diviseur par le chiffre ainsi obtenu, et on retranche le produit du dividende; si le reste est plus petit que le diviseur, le chiffre que l'on essaie est bon; si le reste est plus grand que le diviseur, on divise ce reste par le diviseur et on ajoute au chiffre essayé ce nouveau quotient.*

Quel que soit d'ailleurs le procédé qu'on emploie, il est impossible, en général, de déterminer immédiatement le quotient;

mais, si l'on combine les deux procédés, on restreint beaucoup l'incertitude. Divisons en effet la partie séparée sur la gauche du dividende, alternativement par le premier chiffre du diviseur et par ce premier chiffre augmenté d'une unité, nous trouvons deux nombres qui comprennent le quotient cherché. Ainsi, dans l'exemple précédent, le quotient ne peut être ni plus grand que 7 ni plus petit que 5 ; c'est donc l'un des trois nombres 5, 6, 7. Il y a incertitude entre ces trois nombres ; deux essais au plus décideront. Appliquons encore à quelques exemples :

Diviser 5280 par 687. La division de 32 par 6 et 7 donne 5 et 4 ; le quotient est l'un des deux nombres 4 et 5. Un essai décidera.

Diviser 55845 par 8936. La division de 55 par 8 et 9 donne le même nombre 6 ; il n'y a pas d'incertitude, le quotient est 6.

Diviser 17325 par 1936. La division de 17 par 1 donne 17 ; mais, puisque le dividende ne contient pas dix fois le diviseur, nous savons déjà que le quotient ne peut surpasser 9 ; cette première division ne nous apprend donc rien. D'autre part, 17 divisé par 2 donne 8 ; ainsi le quotient est 8 ou 9.

Diviser 1815 par 197. La division de 18 par 2 donne 9, le quotient est 9.

43. Division de deux nombres quelconques. Soit à diviser 1735547 par 738.

$$
\begin{array}{r|l}
1735547 & 738 \\
1476 & \overline{2351} \\
\hline
2595 & \\
2214 & \\
\hline
3814 & \\
3690 & \\
\hline
1247 & \\
738 & \\
\hline
509 & \\
\end{array}
$$

Cherchons d'abord combien il y a de chiffres au quotient ;
pour cela, séparons sur la gauche du dividende autant de chiffres qu'il en faut pour former un nombre qui contienne au
moins une fois le diviseur et qui ne le contienne pas dix fois.
Comme les trois premiers chiffres forment ici un nombre 173
moindre que le diviseur, nous prendrons un chiffre de plus, ce
qui fait 1735. Ce nombre séparé 1735 exprime des mille ; le
dividende proposé renferme donc au moins 738 mille, c'est-
à-dire au moins 1000 fois le diviseur; en outre il ne contient pas
738 dizaines de mille ou 10000 fois le diviseur. Ainsi, le quotient
est un nombre de quatre chiffres et par conséquent son premier
chiffre est de l'ordre des mille, comme la partie séparée à la
gauche du dividende.

Déterminons ce premier chiffre. Le produit du diviseur par
le chiffre des mille du quotient, exprimant des mille, doit être
évidemment contenu dans les 1735 mille du dividende. Cherchons combien de fois le nombre 1735 contient le diviseur, c'est
une division qui rentre dans le cas précédent et que nous savons
effectuer : nous trouvons 2. Il en résulte que le dividende contient 2 mille fois le diviseur et ne le contient pas 3 mille fois ;
donc nous avons 2 mille au quotient. Ainsi, on obtient exactement les mille du quotient en divisant les mille du dividende
par le diviseur.

Retranchons du dividende le produit du diviseur par le chiffre des mille que nous venons de déterminer ; nous remarquons
que cette soustraction est déjà faite ; car, en divisant 1735 par le
diviseur nous avons obtenu un quotient 2 et un reste 259 ; nous
avons donc retranché des 1735 mille du dividende le produit
du diviseur par les 2 mille du quotient, et il nous reste 259
mille; si nous retranchons du dividende lui-même, nous aurons
pour reste 259547. Le dividende contient déjà 2 mille fois le diviseur; il faut chercher maintenant combien de fois le reste
259547 le contient encore. Nous considérerons donc ce reste
259547 comme un nouveau dividende sur lequel nous raisonne-

rons comme sur le dividende proposé. Puisque le dividende proposé ne contient pas 3 mille fois le diviseur, et que nous en avons retranché 2 mille fois, le second dividende ne contient pas 1000 fois le diviseur, et par conséquent le premier chiffre du quotient correspondant est de l'ordre des centaines. Le produit du diviseur par ce chiffre des centaines, exprimant des centaines, doit être contenu dans les 2595 centaines du dividende ; en cherchant combien de fois le nombre 2595 contient le diviseur, nous trouvons le chiffre 3 des centaines du quotient. En effet, le second dividende contient 3 cents fois le diviseur, il ne le contient pas 4 cents fois ; donc nous avons 4 centaines au quotient.

La division du nombre 2595 a donné pour reste 381 ; nous avons donc retranché des 2595 centaines du second dividende le produit du diviseur par les 3 centaines du quotient, et il reste 381 centaines ; si nous retranchons du second dividende lui-même, il nous reste 38147. Il faut chercher combien de fois ce nouveau reste contient encore le diviseur ; nous considérerons donc ce reste 38147 comme un troisième dividende sur lequel nous raisonnerons comme sur le précédent. Puisque le second dividende ne contient pas 4 cents fois le diviseur, et que nous en avons retranché 3 cents fois, le troisième dividende ne contient pas 100 fois le diviseur, et par conséquent le premier chiffre du quotient correspondant est de l'ordre des dizaines. Le produit du diviseur par ce chiffre exprimant des dizaines doit être contenu dans les 3814 dizaines du dividende ; en cherchant combien de fois le nombre 3814 contient le diviseur, nous trouverons le chiffre 5 des dizaines du quotient ; en effet, le troisième dividende contient cinquante fois le diviseur, il ne le contient pas soixante fois, nous avons donc 5 dizaines au quotient.

La division du nombre 3814 a donné pour reste 124 ; nous avons donc retranché des 3814 dizaines du troisième dividende le produit du diviseur par les 5 dizaines du quotient ; si nous retranchons du troisième dividende lui-même, il nous reste 1247.

Il faut chercher enfin combien de fois le diviseur est contenu dans ce reste 1247 que nous considérerons comme un quatrième dividende. Puisque le troisième dividende ne renferme pas 60 fois le diviseur, et que nous en avons retranché 50 fois, le quatrième dividende ne renferme pas 10 fois le diviseur, et par conséquent le quotient correspondant n'a qu'un chiffre. En cherchant combien de fois le nombre 1247 contient le diviseur, on trouve le chiffre 1 des unités du quotient. Nous voici arrivés à un reste 509 plus petit que le diviseur, la division est terminée ; le dividende proposé contient le diviseur 2000 fois, plus 300 fois, plus 50 fois, plus 1 fois, en tout 2351 fois ; le quotient cherché est 2351.

44. Résumé. En résumant tout ce qui précède, nous voyons que l'on obtient les mille du quotient, en cherchant combien de fois le diviseur est contenu dans les 1735 mille du dividende proposé ; les centaines du quotient, en cherchant combien de fois le diviseur est contenu dans les 2595 centaines du second dividende ; les dizaines, en cherchant combien de fois le diviseur est contenu dans les 3814 dizaines du troisième dividende ; et enfin les unités, en cherchant combien de fois le diviseur est contenu dans le dernier dividende. Les nombres 1735, 2595, 3814 et 1247, qui, divisés par le diviseur, donnent ainsi les chiffres successifs du quotient, s'appellent *dividendes partiels*. Comme il est inutile dans l'opération de considérer les dividendes complets, on n'écrira que les dividendes partiels. Nous savons comment s'obtient le premier dividende partiel ; c'est en prenant sur la gauche du dividende proposé autant de chiffres qu'il en faut pour former un nombre qui contienne au moins une fois le diviseur et qui ne le contienne pas dix fois. Si à la droite du reste 259, fourni par la première division, on abaisse le chiffre suivant 5 du dividende proposé, on forme le second dividende partiel 2595. De même si à la droite du reste 381, fourni par la seconde division, on abaisse le chiffre suivant 4 du dividende, on forme le troisième dividende partiel 3814, et ainsi de suite jusqu'à ce qu'on ait abaissé tous les chiffres du dividende.

Nous pouvons énoncer maintenant la règle générale :

RÈGLE. *Pour diviser un nombre par un autre, il faut séparer ur la gauche du dividende autant de chiffres qu'il en faut pour former un nombre au moins égal au diviseur. Cette partie séparée, ou premier di vidende partiel, divisée par le diviseur donne le premier chiffre du quotient à partir de la gauche. A la droite du reste, fourni par cette première division, on abaisse le chiffre suivant du dividende, ce qui donne le second dividende partiel; en le divisant par le diviseur on obtient le second chiffre du quotient. A la droite du second reste, on abaisse le chiffre suivant du dividende proposé, ce qui donne le troisième dividende partiel. On continue de cette manière jusqu'à ce qu'on ait épuisé tous les chiffres du dividende. Chaque dividende partiel donne un chiffre au quotient.*

45. REMARQUE I. Les dividendes partiels sont tous plus petits que dix fois le diviseur ; ceci résulte de nos raisonnements mêmes, et d'ailleurs nous pouvons nous en assurer directement. D'abord le premier a été pris tel ; ensuite chacun des autres a été formé en plaçant un seul chiffre à la droite d'un reste plus petit que le diviseur : donc le nombre de ses dizaines est moindre que le diviseur, et par conséquent il ne contient pas dix fois le diviseur.

Mais il peut arriver qu'un dividende partiel, autre que le premier, soit plus petit que le dividende, dans ce cas le chiffre correspondant du quotient est 0, et pour avoir le dividende partiel suivant il suffit d'abaisser encore un chiffre.

46. REMARQUE II. Pour avoir le second dividende partiel, il faut multiplier le diviseur par le premier chiffre du quotient 2, et retrancher le produit du premier dividende partiel 1755. On abrége un peu en effectuant la soustraction en même temps que la multiplication. 2 fois 8 unités font 16 unités; on ne peut ôter

16 unités de 5 unités; mais ajoutons au nombre supérieur 20
unités ou 2 dizaines, nous aurons 25 unités, et nous dirons :
16 unités ôtées de 25, il reste 9 unités que j'écris. 2 fois 3 dizaines font 6 dizaines; nous avons ajouté 2 dizaines au nombre
supérieur; pour ne pas changer la différence, il faut ajouter
2 dizaines au nombre inférieur : nous avons donc 8 dizaines
à retrancher. Ajoutons 10 dizaines au nombre supérieur, 8 dizaines ôtées de 13 dizaines, il reste 5 dizaines que j'écris..., etc.

L'opération devient ainsi

$$
\begin{array}{r|l}
1\,7\,3\,5\,5\,4\,7 & 7\,3\,8 \\
\cline{2-2}
2\,5\,9\,5 & 2\,3\,5\,1 \\
3\,8\,1\,4 & \\
1\,2\,4\,7 & \\
5\,0\,9 & \\
\end{array}
$$

On opère en disant : 17 divisé par 7.... 2 ; 2 fois 8.... 16, de
25.... 9 et retiens 2 ; 2 fois 3.... 6 et 2.... 8, de 13.... 5 et retiens 1 ; 2 fois 7..., 14 et 1.... 15, de 17.... 2.

25 divisé par 7.... 3 ; 3 fois 8.... 24, de 25.... 1 et retiens 2 ;
3 fois 3.... 9 et 2... 11, de 19.... 8 et retiens 1 ; 3 fois 7.... 21 et
1.... 22, de 25.... 3.

38 divisé par 7.... 5 ; 5 fois 8.... 40, de 44.... 4 et retiens 4 ;
5 fois 3.... 15 et 4... 19, de 21.... 2 et retiens 2....., etc.

47. REMARQUE III. Lorsque le quotient renferme un grand
nombre de chiffres, on abrége l'opération en formant d'avance un
tableau renfermant les produits du diviseur par les neuf premiers
nombres. En regardant quel est le plus grand produit contenu
dans un dividende partiel, on obtient immédiatement le chiffre
correspondant du quotient.

Exemple.

$$
\begin{array}{rl}
3\,7\,7\,5\,3\,6\,0\,3\,6\,6\,2\,0\,8\,5\,8\,8\,0 & \Big|\,2\,8\,6 \\
2\,8\,6 & \overline{1\,3\,2\,0\,0\,5\,6\,0\,7\,2\,1\,0\,0\,9\,0} \\
\end{array}
$$

```
3 7 7 5 3 6 0 3 6 6 2 0 8 5 8 8 0 | 2 8 6
2 8 6                              |————————————————
————                              1 3 2 0 0 5 6 0 7 2 1 0 0 9 0
  9 1 5
  8 5 8
  ————
    5 7 5                            1. . . . .   286
    5 7 2                            2. . . . .   572
    ————                            3. . . .    858
      1 6 0 3                        4. . . .   1144
      1 4 3 0                        5. . . .   1430
      ————                          6. . . .   1716
        1 7 3 6                      7. . . .   2002
        1 7 1 6                      8. . . .   2288
        ————                        9. . . .   2574
          2 0 6 2
          2 0 0 2
          ————
            6 0 0
            5 7 2
            ————
              2 8 8
              2 8 6
              ————
                2 5 8 8
                2 5 7 4
                ————
                  1 4 0
```

48. REMARQUE IV. Lorsque le dividende et le diviseur sont terminés par des zéros, on peut supprimer de part et d'autre un même nombre de zéros, le quotient ne change pas. Soit, par exemple, à diviser 377000 par 28600; la question revient à chercher combien de fois 286 centaines sont contenues dans 3770 centaines : il faudra donc diviser 3770 par 286; le quotient est 13, et il reste 52 centaines. Ainsi le quotient ne change pas, mais il faut ajouter à la droite du reste les deux zéros supprimés.

49. REMARQUE V. Nous avons dit que pour former le premier dividende partiel il fallait prendre sur la gauche du dividende proposé autant de chiffres qu'il y en a au diviseur, ou autant plus un. Dans ce second cas, le nombre des dividendes partiels et par conséquent le nombre des chiffres du quotient est égal à l'excès du nombre des chiffres du dividende sur le nombre des chiffres du diviseur. Dans le premier cas, le nombre des chiffres du quotient est égal à cet excès plus un.

PREUVE. En multipliant le diviseur par le quotient, et ajoutant le reste, on doit reproduire le dividende.

50. REMARQUE SUR LA DÉFINITION DE LA DIVISION. La division, telle que nous l'avons définie, est l'opération inverse de la multiplication ; elle a pour but de trouver le plus grand nombre qui, multipliant le diviseur, ou qui, multiplié par le diviseur, donne un produit contenu dans le dividende. D'après cette définition, on multiplie, soit le diviseur par le quotient, soit le quotient par le diviseur. A ces deux manières de faire la multiplication correspondent deux points de vue sous lesquels on peut considérer la division.

1° *Le quotient indique combien de fois le dividende contient le diviseur.* Nous avons dit en effet que chercher le plus grand nombre qui, multipliant le diviseur, donne un produit contenu dans le dividende, c'était chercher combien de fois le diviseur est contenu dans le dividende. Ici on multiplie le diviseur par le quotient. C'est là l'origine du mot *quotient : quotient* vient du mot latin *quotiès,* qui signifie *combien de fois.*

2° *Le quotient est égal à l'une des parties du dividende, partagé en autant de parties égales qu'il y a d'unités au diviseur.* Considérons la division de 28 par 4. Si l'on multiplie le quotient 7 par le diviseur 4, c'est-à-dire si on répète quatre fois le quotient, on reproduit le dividende. Donc le dividende est la réunion de quatre nombres égaux au quotient, et par conséquent on peut considérer le dividende comme décomposé en quatre nombres égaux au quotient. Ainsi par la division on partage le dividende en autant de parties égales qu'il y a d'unités au diviseur.

Réciproquement tout partage d'un nombre en parties égales est une division. On veut, par exemple, distribuer 31 pommes entre 4 personnes. Donnons une pomme à chaque personne, nous retranchons 4 pommes; donnons une seconde pomme à chaque personne, nous retranchons encore 4 pommes; et continuons de cette manière. Autant de fois 4 sera contenu dans 31 autant de pommes chaque personne aura. Il faut donc diviser 31 par 4; puisque le quotient est 7, chaque personne aura 7 pommes, et il restera 3 pommes qui ne peuvent être distribuées. Ainsi le partage d'un nombre en parties égales est une division dans laquelle le dividende est le nombre à partager, le diviseur le nombre qui indique en combien de parties il faut partager; le quotient est l'une des parties.

Au reste, l'idée de partage se retrouve même dans le premier point de vue. Supposons en effet que l'on veuille partager un monceau de 28 pommes en plusieurs autres renfermant chacun 4 pommes; il s'agit de déterminer combien de monceaux de 4 pommes on peut former avec les 28 pommes données; la question revient évidemment à chercher combien de fois 28 contient 4. C'est la division sous le premier point de vue.

On comprend par là pourquoi l'opération arithmétique qui nous occupe a été appelée division; car, dans le langage ordinaire, division signifie partage. Dans le premier point de vue, on partage le dividende en parties égales au diviseur; le quotient indique combien il y a de parties. Dans le second point de vue, on partage le dividende en autant de parties égales qu'il y a d'unités au diviseur; le quotient exprime l'une des parties.

Afin de distinguer plus nettement encore les deux modes de partage que nous venons de signaler, considérons un bataillon de 500 soldats, et proposons-nous les deux questions suivantes : 1° partager ce bataillon en 5 compagnies égales; division sous le second point de vue; 2° partager ce bataillon en compagnies de 100 hommes chacune; division sous le premier point de vue.

51. EXERCICES.

1° Un père laisse en mourant une fortune de 74640 francs à partager entre 8 enfants. Quelle est la part de chacun ?

Réponse : 9330 francs.

2° On a acheté pour 585 francs de drap à raison de 13 francs le mètre. Combien de mètres a-t-on acheté ?

Autant de fois 13 francs seront contenus dans 585 francs, autant de mètres on aura achetés.

Réponse ; 45 mètres.

3° On a acheté 320 mètres d'étoffe pour 5760 francs. A combien revient le mètre ?

Le prix du mètre multiplié par 320 doit reproduire 5760 francs ; on obtiendra donc le prix du mètre en divisant 5760 par 320.

Réponse : 18 francs.

4° On a payé 60172 francs un convoi de marchandises pesant brut 1535 kilogrammes. On sait que l'emballage est la cinquième partie du poids total. A combien revient le kilogramme de marchandises?

Il faut d'abord calculer le poids de l'emballage en prenant la cinquième partie de 1535 kilogrammes, c'est-à-dire en divisant 1535 par 5 ; on trouve ainsi que l'emballage pèse 307 kilogrammes. En retranchant ce poids du poids total, on aura le poids 1228 kilogrammes de la marchandise elle-même. En divisant 60172 par 1228, on aura enfin le prix du kilogramme.

Réponse : 49 francs.

5° Combien y a-t-il de minutes et d'heures dans 24056 secondes?

Puisque 60 secondes forment une minute, autant de fois 60 secondes seront contenues dans 24056 secondes, autant de minutes nous aurons; en divisant 24056 par 60, nous trouvons ainsi 400 minutes et il reste 56 secondes. De même, puisque 60 minutes forment une heure, autant de fois 60 minutes seront contenues dans 400 minutes, autant d'heures nous aurons ; en divisant 400 par 60, nous trouvons 6 heures et il nous reste 40 minutes. Ainsi 24056 secondes valent 6 heures 40 minutes et 56 secondes.

6° Combien faudra-t-il de temps à une fontaine donnant 15 litres d'eau par minute, pour remplir un bassin d'une capacité de 24645 litres?

Autant de fois 24645 litres contiennent 15 litres, autant de minutes il faudra à la fontaine pour remplir le bassin : nous trouvons 1643 minutes. En opérant comme dans le problème précédent, on verra que ce nombre de minutes est égal à 1 jour 3 heures et 23 minutes.

7° Quel temps faudrait-il pour faire le tour de la terre, si l'on pouvait marcher sans cesse en faisant 1 lieue par heure?

Réponse : 375 jours.

8° Deux voyageurs vont à la rencontre l'un de l'autre; ils sont actuellement distants de 20704 mètres; le premier fait 12 mètres par minute, le second en fait 20. On demande 1° après combien de temps les deux voyageurs se rencontreront; 2° à quelle distance ils seront alors des points de départ?

Les deux voyageurs faisant l'un 12 mètres, l'autre 20 mètres par minute, la distance qui les sépare diminue de 32 mètres par minute; autant de fois 32 mètres sont contenus dans 20704 mètres, autant de minutes il leur faut pour se rencontrer; en divisant 20704 par 32, on trouve ainsi 647 minutes ou 10 heures et 47 minutes. Pendant ce temps le premier voyageur a parcouru 7764 mètres et le second 12940.

9° La distance de la lune à la terre est 60 fois plus grande que le rayon du globe terrestre, et ce rayon est de 6366500 mètres. On demande quel temps mettrait le son, qui parcourt 340 mètres par seconde, pour venir de la lune à la terre.

On exprimera d'abord en mètres la distance de la lune à la terre; ensuite on cherchera combien de secondes emploierait le son pour parcourir cette distance; enfin on calculera ensuite combien il y a de minutes, d'heures et de jours dans ce nombre de secondes.

Réponse : 13 jours 5 minutes.

LIVRE II

PROPRIÉTÉS DES NOMBRES

CHAPITRE I

PRODUIT DE PLUSIEURS FACTEURS

---

52. SIGNES ABRÉVIATIFS. On a imaginé des signes abréviatifs
pour indiquer les quatre opérations arithmétiques que nous avons
étudiées dans le livre précédent. Le signe $+$ signifie *plus*, le signe $-$ signifie *moins*. Ainsi, pour indiquer qu'on ajoute 3 à 5,
on écrira $5+3$; pour indiquer qu'on retranche 3 de 5, on écrira
$5-3$.

On emploie le signe $\times$, ou même quelquefois un simple point,
pour indiquer la multiplication. Ainsi 5×3 ou $5:3$ veut dire
5 *multiplié par* 3. La division est indiquée par deux points; ainsi
$12:3$ veut dire 12 *divisé par* 3.

On a imaginé d'autres signes pour indiquer l'égalité ou l'iné-
galité de deux nombres. Le signe $=$ est celui de l'égalité. Ainsi
$5 \times 3 = 15$ exprime que le produit de 5 par 3 est égal à 15. Le
signe $>$ veut dire *plus grand que,* et le signe $<$ veut dire *plus
petit que*. Ainsi $7 > 5$ exprime que 7 est plus grand que 5, et
$5 < 7$ que 5 est plus petit que 7. Remarquons que l'ouverture
du signe est toujours tournée du côté du plus grand nombre.

L'expression

$$5 \times 4 \times 3 \times 7$$

indique qu'il faut multiplier 5 par 4, ce qui donne 20; qu'il
faut multiplier ensuite 20 par 3, ce qui donne 60; enfin qu'il
faut multiplier 60 par 7, ce qui donne 420. L'expression pro-

posée indique donc une série de multiplications successives; les nombres qui, par cette suite de multiplications, servent à former le produit final, s'appellent les *facteurs* du produit.

53. Théorème fondamental. Nous allons démontrer une proposition très-importante, et dont nous ferons un fréquent usage; c'est que le produit ne change pas, quel que soit l'ordre dans lequel on effectue les multiplications. Disposons, par exemple, les facteurs précédemment cités, dans l'ordre suivant :

$$3 \times 5 \times 7 \times 4;$$

il faut multiplier 3 par 5, ce qui donne 15, puis 15 par 7, ce qui donne 105, puis 105 par 4, ce qui donne 420; nous obtenons le même produit. Pour démontrer ce principe d'une manière générale, nous considérerons successivement divers cas particuliers.

Lemme I. *Le produit de deux facteurs ne change pas quand on intervertit l'ordre des facteurs.*

Nous avons déjà démontré ce cas simple dans le chapitre de la multiplication.

Lemme II. *Le produit de trois facteurs ne change pas quand on intervertit l'ordre des deux derniers.*

Il faut prouver, par exemple, que $5 \times 4 \times 3 = 5 \times 3 \times 4$. Nous pouvons compter le nombre des unités contenues dans le tableau suivant

$$
\begin{array}{cccc}
5 & 5 & 5 & 5 \\
5 & 5 & 5 & 5 \\
5 & 5 & 5 & 5
\end{array}
$$

de deux manières différentes, soit par lignes horizontales, soit par colonnes verticales. Chaque ligne horizontale, renfermant 4 fois le nombre 5, vaut 5×4, et comme il y a 3 lignes horizontales, nous trouvons $5 \times 4 \times 3$. D'autre part, chaque colonne verticale, renfermant 3 fois le nombre 5, vaut 5×3, et comme il y a quatre colonnes, nous trouvons $5 \times 3 \times 4$. Ainsi le même tableau, évalué de deux manières différentes, est représenté par les deux expressions $5 \times 4 \times 3$ et $5 \times 3 \times 4$; donc ces deux expressions sont égales.

LEMME III. *Le produit de plusieurs facteurs ne change pas quand on intervertit l'ordre des deux derniers.*

Considérons les deux expressions $5 \times 4 \times 3 \times 7 \times 2$ et $5 \times 4 \times 3 \times 2 \times 7$. En supposant le produit des premiers facteurs $5 \times 4 \times 3$ effectué, les deux expressions se réduisent au produit des trois mêmes facteurs, dans lequel seulement l'ordre des deux derniers 7 et 2 a été changé, ce qui, comme nous l'avons vu, n'altère pas le résultat final.

LEMME IV. *Le produit de plusieurs facteurs ne change pas lorsqu'on intervertit l'ordre de deux facteurs consécutifs quelconques.*

Dans le produit $5 \times 4 \times 3 \times 7 \times 2 \times 8$ changeons l'ordre des deux facteurs consécutifs 3 et 7, nous obtiendrons le produit égal $5 \times 4 \times 7 \times 3 \times 2 \times 8$. En effet, si nous effectuons le produit des quatre premiers facteurs, puisque l'ordre des deux derniers seulement 3 et 7 est interverti, nous obtiendrons le même nombre de part et d'autre, et comme ce nombre est soumis ensuite aux mêmes opérations, c'est-à-dire est multiplié par 2, puis par 8, nous arriverons au même résultat final.

THÉORÈME 1. *Le produit de plusieurs facteurs ne change pas quand on intervertit d'une manière quelconque l'ordre des facteurs.*

En changeant successivement l'ordre de deux facteurs consécutifs, nous pouvons disposer les facteurs

$$5 \times 4 \times 3 \times 7 \times 2 \times 8$$

dans tel ordre que nous voudrons. Nous voulons, par exemple, amener le facteur 2 au premier rang, nous le ferons d'abord passer au quatrième rang, en changeant l'ordre des deux facteurs consécutifs 7 et 2, puis au troisième, en changeant l'ordre des facteurs consécutifs 3 et 2, puis au second, puis enfin au premier. Nous amènerons de même au second rang celui des autres facteurs que l'on désignera, et nous continuerons de la sorte jusqu'à ce que nous ayons disposé tous les facteurs dans l'ordre voulu.

54. THÉORÈME II. *Dans un produit de plusieurs facteurs on peut combiner deux, trois,..... facteurs à volonté.*

D'abord, si les deux facteurs que l'on veut combiner sont au commencement, l'expression elle-même indiquant qu'il faut multiplier le premier par le second, on pourra effectuer cette multiplication et remplacer ainsi ces deux facteurs par leur produit. Si les deux facteurs ne sont pas au commencement, on supposera qu'ils y soient amenés, et on les remplacera par leur produit; ce produit pourra être mis ensuite à un rang quelconque.

Puisqu'on peut réunir deux facteurs, on en peut réunir trois, quatre, etc.; car on en combinera d'abord deux, puis on combinera le produit de ces deux premiers avec le troisième, etc.

Ces combinaisons de facteurs abrégent singulièrement les calculs; on demande, par exemple, la valeur de l'expression

$$25 \times 9 \times 5 \times 7 \times 2 \times 4.$$

Si l'on effectuait les multiplications dans l'ordre indiqué, le calcul serait très-long; mais nous remarquons que 2 fois 5 font 10, que 4 fois 25 font 100; groupons donc les facteurs 2 et 5, 4 et 25, 7 et 9; l'expression proposée se réduit à

$$63 \times 10 \times 100 = 63000.$$

THÉORÈME III. *Réciproquement on peut décomposer un facteur en deux, trois,..... autres plus simples.*

Soit l'expression

$$35 \times 15 \times 8 \times 50;$$

remplaçons 35 par 7×5; 15 par 5×5; 8 par $2 \times 2 \times 2$, nous aurons

$$5 \times 7 \times 5 \times 5 \times 2 \times 2 \times 2 \times 50;$$

puis groupons chaque facteur 5 avec un facteur 2, l'expression se réduira à

$$10 \times 10 \times 100 \times 21 = 210000.$$

55. Soit encore

$$7000 \times 360 \times 400.$$

En remplaçant 7000 par 7×1000, 360 par 36×10, et 400 par 4×100, on obtient

$$7 \times 36 \times 4 \times 1000000 = 1008000000.$$

Ainsi :

Théorème IV. *Lorsque les facteurs sont terminés par des zéros, on supprimera ces zéros dans le calcul, puis on ajoutera à la droite du produit autant de zéros qu'on en a supprimé d'abord.*

56. Théorème V. *Pour multiplier un produit par un nombre, il suffit de multiplier par ce nombre l'un des facteurs du produit.*

On multipliera le produit $2 \times 5 \times 7$ par 3 en multipliant par 3 l'un des facteurs, le facteur 5 par exemple. En effet la multiplication du produit donné par 3 s'écrit $2 \times 5 \times 7 \times 3$. En réunissant les facteurs 5 et 3, on a $2 \times 15 \times 7$.

Théorème VI. *Réciproquement pour diviser un produit par un nombre, il suffit de diviser l'un des facteurs par ce nombre.*

Ainsi on divisera par 3 le produit $2 \times 15 \times 7$, en divisant simplement le facteur 15, ce qui donne $2 \times 5 \times 7$. En effet ce quotient multiplié par le diviseur 3 reproduit le dividende $2 \times 15 \times 7$.

57. Notions sur les puissances. Le produit de plusieurs facteurs égaux à un nombre donné s'appelle une *puissance* de ce nombre ; ainsi $5 \times 5 \times 5$ est la troisième puissance de 5. Pour abréger l'écriture, on représente ce produit par la notation 5^3 ; le petit chiffre, placé en haut et à droite pour indiquer le nombre des facteurs, s'appelle *exposant ;* l'exposant est l'indice de la puissance. De même le produit $7 \times 7 \times 7 \times 7$, qui s'écrit plus simplement 7^4, est la quatrième puissance de 7. Par analogie le nombre 7 s'appelle la première puissance de 7, et on peut lui supposer un exposant égal à l'unité.

On voit que $10^2 = 100$, $10^3 = 1000$, $10^4 = 10000$, et qu'en général une puissance quelconque de 10 est égale à l'unité suivie d'autant de zéros qu'il y a d'unités dans l'indice de la puissance ; en d'autres termes, les puissances de 10 forment ce que nous appelons les unités de différents ordres dans la numération.

Théorème VII. *On multiplie deux puissances d'un même nombre en ajoutant leurs exposants.*

Soit $7^3 \times 7^2$. Décomposons chaque puissance en ses facteurs, nous aurons :

$$7^3 \times 7^2 = 7 \times 7 \times 7 \times 7 \times 7 ;$$

Or ce produit de cinq facteurs égaux à 7 n'est autre chose que 7^5.

Théorème VIII. *On divise deux puissances d'un même nombre en retranchant l'exposant du diviseur de celui du dividende.*

Soit 7^5 à diviser par 7^3 ; il faut trouver un nombre qui, multiplié par 7^3, reproduise 7^5 ; ce nombre est 7^2.

58. Exercice.

1° Combien y a-t-il de secondes dans un jour ?
Ce nombre est exprimé par le produit $60 \times 60 \times 24$.
Réponse : 86400 secondes.

2° La circonférence a été partagée en 360 degrés, le degré en 60 minutes, la minute en 60 secondes. Combien la circonférence renferme-t-elle de secondes ?
Réponse : 1296000.

3° La lumière parcourt 70000 lieues par seconde. A quelle distance de la terre serait situé un astre dont la lumière emploierait un jour pour venir jusqu'à nous ?
Réponse : 6048000000 lieues.

CHAPITRE II

DIVISIBILITÉ

59. DÉFINITIONS. Nous avons vu que diviser un nombre par un autre c'était chercher combien de fois le dividende contient le diviseur. Lorsque la division se fait exactement, ou, en d'autres termes, lorsque le dividende contient le diviseur un certain nombre de fois exactement, on dit que le premier nombre est *divisible* par le second. Ainsi 28, contenant 7 quatre fois exactement, est divisible par 7.

D'autre part, on appelle *multiples* d'un nombre les produits que l'on obtient en multipliant ce nombre par les nombres consécutifs 2, 3, 4....., etc. Les multiples de 7 sont 7×2 ou 14, 7×3 ou 21, etc. Par analogie, le nombre 7, pouvant être considéré comme le produit de 7 par l'unité, est le plus petit multiple de 7.

Il est évident que tout multiple d'un nombre est divisible par ce nombre, et réciproquement que tout nombre divisible par un autre est multiple de ce dernier ; ainsi ces deux expressions, nombre divisible par un autre, ou multiple d'un autre, ont même signification.

Lorsque le dividende ne contient pas exactement le diviseur, l'opération appelée division consiste à chercher le plus grand multiple du diviseur contenu dans le dividende ; dans ce cas, le dividende est égal à un certain multiple du diviseur, plus un reste moindre que le diviseur. Ainsi, 38 est égal à un multiple de 7, plus un reste 3 ; en d'autres termes, 38 donne le reste 3, par rapport au diviseur 7.

60. PROPRIÉTÉS ÉLÉMENTAIRES DES MULTIPLES. Nous allons démontrer quelques propriétés élémentaires des multiples, propriétés dont nous ferons par la suite un fréquent usage.

Théorème Iᵉʳ. *La somme de plusieurs multiples d'un nombre est un multiple de ce nombre.*

Ajoutons, par exemple, deux multiples de 7 ; la somme, se composant d'un certain nombre de fois 7 plus un certain nombre de fois 7, est égale à un certain nombre de fois 7, et par conséquent est un multiple de 7.

Corollaire. *Lorsqu'un nombre est divisible par un autre, tous ses multiples sont aussi divisibles.*

Le nombre 28 est divisible par 7, un multiple de 28 est la somme de plusieurs nombres égaux à 28, et par conséquent de plusieurs multiples de 7, la somme est donc elle-même divisible par 7.

Théorème II. *Si l'on augmente ou si l'on diminue un nombre d'un multiple du diviseur, le reste ne change pas.*

Au nombre 38 qui est égal à un multiple de 7 plus un reste 3, ajoutons un multiple de 7 ; la somme se composera de deux multiples de 7, qui, réunis, forment un multiple de 7, plus du même reste 3.

De même si de 38 on veut retrancher un multiple de 7, on retranchera ce multiple du multiple contenu dans 38, et il restera un multiple plus le même reste 3.

On énonce souvent la première partie du théorème que nous venons de démontrer, en disant : la somme de deux nombres, l'un divisible, l'autre non divisible par un nombre, n'est pas divisible par ce nombre, et le reste fourni par la somme est le même que le reste fourni par la partie non divisible.

61. **Études des restes.** L'étude des restes constitue une des parties principales de la théorie des nombres ; aussi importe-t-il de savoir déterminer par des procédés rapides les restes de la division d'un nombre par un autre, sans qu'on soit obligé d'effectuer la division. Nous allons nous occuper de la recherche de ces procédés, en nous bornant pour le moment à quelques diviseurs simples.

A cette question se rattache celle des **caractères de divisibilité**; on entend par là le moyen de reconnaître, à l'inspection d'un nombre, s'il est divisible par tel ou tel diviseur; car si le procédé indiqué pour le calcul du reste donne zéro, il en résulte que le nombre donné est divisible par le diviseur que l'on considère.

62. **Diviseur 2.** Les multiples de 2 s'appellent *nombres pairs;* les nombres qui ne sont pas multiples de 2 s'appellent *nombres impairs*. Il est clair que tout nombre impair est égal à un nombre pair plus 1.

En examinant la série des nombres

$$1, 2, 3, 4, 5, 6, 7, 8, 9, 10, 11, 12,\ldots..$$

on voit les nombres pairs et les nombres impairs se succéder alternativement; nous trouvons d'abord les nombres pairs 2, 4, 6, 8, 10,..... et les nombres impairs 1, 3, 5, 7, 9,.....

Considérons un nombre terminé par un zéro, par exemple 230, ce nombre est égal à 23 fois 10; or, 10 est égal à 5 fois 2; donc le nombre 230 est égal à un certain nombre de fois 2, et par conséquent est un multiple de 2. Ainsi :

Lemme. *Tout nombre terminé par un 0 est un nombre pair.*

Prenons maintenant un nombre quelconque, comme 236. Ce nombre peut être décomposé en deux parties, l'une 230, et l'autre 6, formée du dernier chiffre. La première partie, étant terminée par un 0, est un multiple de 2. Si le dernier chiffre est divisible par 2, le nombre proposé, somme de deux multiples de 2, est lui-même multiple de 2. Au contraire, si le dernier chiffre n'est pas divisible par 2, le nombre proposé, somme de deux parties, l'une divisible, l'autre non divisible, n'est pas divisible. On en conclut le théorème suivant :

Théorème III. *Un nombre est pair s'il est terminé par un des chiffres 0, 2, 4, 6, 8; il est impair, s'il est terminé par un des chiffres 1, 3, 5, 7, 9.*

En appliquant cette règle, on voit immédiatement que les nombres 256, 150, 78, 1004 sont pairs, et que les nombres 21, 145, 67 sont impairs.

63. Diviseur 5. On voit aisément que les multiples de 5 se succèdent de 5 en 5 dans la série des nombres. En effet, le premier multiple de 5 que nous rencontrons est évidemment le nombre 5 lui-même ; après le nombre 5, viennent les quatre nombres 6, 7, 8, 9, ou $5 + 1, 5 + 2, 5 + 3, 5 + 4$; ces nombres ne sont pas multiples de 5 et donnent pour restes les quatre premiers nombres 1, 2, 3, 4. Nous trouvons ensuite le nombre $5 + 5$ ou 2 fois 5, c'est un nouveau multiple de 5. Les quatre nombres suivants, étant égaux à $10 + 1, 10 + 2, 10 + 3, 10 + 4$, ne sont pas divisibles, et donnent pour restes les quatre premiers nombres ; vient ensuite $10 + 5$ ou 3 fois 5, nouveau multiple de 5. Ce raisonnement est général, les quatre nombres qui suivent un multiple quelconque de 5 sont égaux à ce multiple, plus 1, 2, 3, 4 ; le cinquième nombre est égal au multiple précédent, plus 5, c'est un nouveau multiple. Ainsi, les multiples de 5, et, plus généralement, les nombres qui, divisés par 5, donnent le même reste, se succèdent de 5 en 5 dans la série des nombres.

Les raisonnements que nous avons faits sur le diviseur 2 s'appliquent au diviseur 5. Le nombre 5 est un diviseur de 10, il divise donc les multiples de 10, c'est-à-dire les nombres terminés par 0. Tout nombre, 235 par exemple, terminé par un 5, sera également divisible par 5 ; car un pareil nombre se compose de deux parties divisibles, 230 et 5. Si le nombre proposé n'est terminé ni par un 0 ni par un 5, il n'est pas divisible par 5 ; par exemple, le nombre 243 est égal à 240, multiple de 5, plus 3 ; le nombre 247 est égal à 245, multiple de 5, plus 2. Le reste de la division est le dernier chiffre lui-même, si ce chiffre est plus petit que 5, et l'excès de ce dernier chiffre sur 5, s'il est plus grand que 5. Ainsi :

Théorème IV. *Le reste de la division d'un nombre par 5 est égal au dernier chiffre ou à l'excès du dernier chiffre sur 5.*

CorOLLAIRE. *Un nombre est divisible par 5 quand il est terminé par 0 ou par 5.*

64. Diviseur 4. Le nombre 100, étant égal à 25 fois 4, est un multiple de 4. Tout nombre terminé par deux zéros, étant un multiple de 100, sera par conséquent un multiple de 4. Un nombre quelconque 2736 se décomposera en deux parties, l'une 2700 multiple de 4, l'autre 36 formée des deux derniers chiffres. Si cette seconde partie est divisible par 4, le nombre l'est aussi; si cette seconde partie n'est pas divisible par 4, le nombre ne l'est pas non plus, et le reste est le même que celui fourni par cette seconde partie. Ainsi :

Théorème V. *Le reste de la division d'un nombre par 4 est égal au reste que donne le nombre formé par les deux derniers chiffres.*

CorOLLAIRE. *Un nombre est divisible par 4 quand le nombre formé par les deux derniers chiffres est divisible par 4.*

65. Diviseur 9. Lemme I. *Une unité d'un ordre quelconque est égale à un multiple de 9 plus* 1. En effet, les nombres 9, 99, 999,... que l'on forme en multipliant 9 par les nombres 1, 11, 111,... sont des multiples de 9; en ajoutant l'unité à ces différents nombres, on obtient 10, 100, 1000,.., c'est-à-dire les unités des différents ordres.

Lemme II. *Un nombre formé d'un chiffre significatif suivi d'un nombre quelconque de zéros est égal à un multiple de 9 plus ce chiffre.*

Le nombre 800, par exemple, est égal à 8 fois 100; or, 100 est égal à un multiple de 9 plus 1; donc 800 sera égal à 8 fois ce multiple, ce qui donne un multiple, plus 8 fois l'unité, ou 8.

Considérons maintenant un nombre quelconque 5548. Ce nombre peut être décomposé de la manière suivante :

$$5548 = 8 + 40 + 500 + 5000.$$

La seconde partie 40 est égale à un multiple de 9 plus 4 ; la troisième partie est égale à un multiple de 9 plus 5 ; et la quatrième, à un multiple de 9 plus 3. En réunissant tous ces multiples, nous obtenons un multiple : nous voyons donc que le nombre proposé se compose d'un multiple de 9 augmenté de la somme de ses chiffres. Si cette somme est divisible par 9, le nombre lui-même sera divisible ; si cette somme n'est pas divisible, le nombre ne sera pas divisible, et il donnera le même reste que la somme de ses chiffres. Ainsi :

THÉORÈME VI. *Le reste de la division d'un nombre par 9 est égal au reste de la division de la somme de ses chiffres par 9.*

COROLLAIRE. *Un nombre est divisible par 9 quand la somme de ses chiffres est divisible par 9.*

L'application du théorème montre que les nombres 27, 81, 135, 2403, sont divisibles par 9 ; que les nombres 12, 52, 2301, ne sont pas divisibles, et donnent pour reste 3, 7, 6.

66. REMARQUE. On abrége l'addition des chiffres en retranchant 9 successivement dans le cours de l'opération, toutes les fois que ce sera possible ; car en retranchant 9 on ne change pas le reste. Appliquons au nombre 3548 : on dira 8 et 4 font 12, reste 3, et 5 font 8, et 3 font 11, reste 2 ; le reste de la division du nombre 3548 par 9 est 2.

Soit le nombre 2604321936. En sous-entendant la soustraction de 9, on dira : 6 et 3... 0, et 9... 0, et 1... 1, et 2... 3, et 3... 6, et 4... 1, et 6... 7, et 2... 0. Le nombre proposé est divisible par 9.

67. DIVISEUR 3. Nous avons démontré qu'un nombre quelconque était égal à un multiple de 9, plus la somme de ses chiffres. Puisque 9 est un multiple de 3, un multiple de 9 est aussi un multiple de 3 ; donc un nombre quelconque est égal à un multiple de 3 plus la somme de ses chiffres. Ainsi :

THÉORÈME VII. *Le reste de la division d'un nombre par 3 est égal au reste de la somme de ses chiffres.*

Corollaire. *Un nombre est divisible par 3 quand la somme de ses chiffres est divisible par 3.*

En faisant la somme des chiffres, on retranchera 3 ou un multiple de 3 toutes les fois que ce sera possible. Soit le nombre 123403267928; on dira 8 et 2... 1, et 9... 1, et 7... 2, et 6... 2, et 2... 1, et 3... 1, et 4... 2, et 3... 1, et 2... 0, et 1... 1. Le reste de la division du nombre proposé par 3 est 1.

68. Diviseur 11. Cherchons d'abord les restes que fournissent les puissances successives de 10 divisées par 11. Le nombre 100 est égal à 99 plus 1 ; mais 99 ou 9 fois 11 est un multiple de 11 ; donc 100 est égal à un multiple de 11 plus 1. On obtient 1000 en multipliant 100 par 10; mais 100 est égal à un multiple de 11 plus 1; le multiple de 11 répété 10 fois donne un multiple de 11; donc 1000 est égal à un multiple de 11 plus 10. De même on obtient 10000 en multipliant 1000 par 10; mais 1000 est égal à un multiple de 11 plus 10; le multiple, répété 10 fois, donne un multiple, et le reste 10, multiplié par 10, donne 100 ou un multiple de 11 plus 1; donc 10000 se compose de deux multiples de 11, qui, réunis, forment un multiple, plus d'un reste 1. En continuant de la même manière, on trouve alternativement les restes 1 et 10, ainsi que le représente ce tableau :

$$
\begin{aligned}
1 &= \ldots \ldots \ldots \ldots \; 1 \\
1\,0 &= \ldots \ldots , \ldots \; 10 \\
1\,0\,0 &= \text{multiple de } \; 11 + 1 \\
1\,0\,0\,0 &= \qquad \text{id.} \qquad\quad + 10 \\
1\,0\,0\,0\,0 &= \qquad \text{id.} \qquad\quad + 1 \\
1\,0\,0\,0\,0\,0 &= \qquad \text{id.} \qquad\quad + 10
\end{aligned}
$$

. . . .

On en conclut :

Lemme I. *L'unité suivie d'un nombre pair de zéros est égale à un multiple de 11 plus 1.*

Lemme II. *L'unité suivie d'un nombre impair de zéros est*

égale à un multiple de 11 *moins* 1. En effet, le nombre 1000, par exemple, est égal à un multiple de 11 plus 10 ; remplaçons 10 par 11 moins 1, le nombre 1000 sera égal à un multiple de 11 moins 1.

Lemme III. *Un nombre formé d'un chiffre significatif, suivi d'un nombre pair de zéros, est égal à un multiple de* 11 *plus ce chiffre.*

Lemme IV. *Un nombre formé d'un chiffre significatif, suivi d'un nombre impair de zéros, est égal à un multiple de* 11 *moins ce chiffre.*

Considérons maintenant un nombre quelconque 1639718. On le décomposera de la manière suivante :

$$
\begin{aligned}
8 &= \ldots\ldots\ldots\ldots\; 8 \\
1\,0 &= \text{multiple de } 11 \ldots\ldots - 1 \\
7\,0\,0 &= \ldots \text{ id.} \ldots + 7 \\
9\,0\,0\,0 &= \ldots \text{ id.} \ldots\ldots\ldots - 9 \\
3\,0\,0\,0\,0 &= \ldots \text{ id.} \ldots + 3 \\
6\,0\,0\,0\,0\,0 &= \ldots \text{ id.} \ldots\ldots\ldots - 6 \\
1\,0\,0\,0\,0\,0\,0 &= \ldots \text{ id.} \ldots + 1
\end{aligned}
$$

La somme de tous les multiples de 11 donnant un multiple de 11, le nombre proposé est égal à un multiple de 11, plus la somme des chiffres de rang impair, moins la somme des chiffres de rang pair.

En calculant l'une et l'autre somme, on aura soin, pour abréger, de retrancher 11 toutes les fois que ce sera possible, ce qui, comme nous l'avons dit, ne change pas le reste. En opérant de cette manière sur le nombre proposé, nous trouvons 8 pour la première somme et 5 pour la seconde ; le nombre 1639718 est donc égal à un multiple de 11, plus 8, moins 5, c'est-à-dire à un multiple de 11, plus 5.

En opérant sur le nombre 8092, on trouve 2 pour la première somme et 6 pour la seconde ; le nombre proposé est donc égal à un multiple de 11, plus 2, moins 6. Afin de pouvoir retrancher la seconde somme de la première, nous augmenterons celle-ci de 11, et nous retrancherons 6 de 13, ce qui nous donne le reste 7. Ainsi :

THÉORÈME VIII. *On obtiendra le reste de la division d'un nombre par 11 en retranchant la somme des chiffres de rang pair de la somme des chiffres de rang impair, augmentée de 11 si cela est nécessaire.*

COROLLAIRE. *Lorsque le reste ainsi obtenu est 0, on en conclut que le nombre est divisible par 11.*

69. AUTRES PROPRIÉTÉS DES RESTES. Nous avons indiqué les procédés à l'aide desquels on détermine rapidement les restes d'un nombre par rapport aux diviseurs simples 2, 3, 4, 5, 9, 11. Nous compléterons plus tard cette théorie, et nous l'étendrons à un diviseur quelconque; mais nous pouvons déjà faire quelques applications de ce que nous avons dit sur ce sujet.

Considérons une expression indiquant certaines opérations arithmétiques à effectuer sur des nombres donnés. Ne pourrait-on pas déterminer d'avance, sans qu'il fût nécessaire d'effectuer les calculs, le reste du résultat final ?

Supposons d'abord que l'on additionne plusieurs nombres donnés, 287, 1345, 3895, et, afin de fixer les idées, prenons les restes par rapport à 9, nous aurons

$$
\begin{aligned}
2\,8\,7 &= \text{multiple de } 9 + 8 \\
1\,3\,4\,5 &= \quad\text{id.} \quad\;\; + 4 \\
3\,8\,9\,5 &= \quad\text{id.} \quad\;\; + 7 \\
\hline
\text{Somme} &= \text{multiple de } 9 + 19
\end{aligned}
$$

En réunissant tous les multiples, on voit que la somme des nombres proposés est égale à un multiple de 9, plus la somme des restes. Cette dernière somme 19 donnant pour reste 1, le reste de la division de la somme des nombres donnés par 9 est 1.

Considérons maintenant la différence de deux nombres donnés 4678 et 2695, nous aurons

$$4\,6\,7\,8 = \text{multiple de } 9 + 7$$
$$2\,6\,9\,5 = \qquad \text{id.} \qquad + 4$$

$$\text{Différence} = \text{multiple de } 9 + 3$$

Si le reste inférieur était moindre que le reste supérieur, on ajouterait 9 à ce dernier. Exemple :

$$3\,7\,9\,1 = \text{multiple de } 9 + 2$$
$$2\,6\,9\,5 = \qquad \text{id.} \qquad + 4$$

$$\text{Différence} = \text{multiple de } 9 + 7$$

Ce qui précède peut être résumé dans le théorème suivant :

Théorème IX. *Plusieurs nombres donnés étant combinés par addition ou par soustraction, le reste du résultat ne change pas si on augmente ou si on diminue chacun d'eux d'un multiple quelconque du diviseur.* On voit en effet qu'en opérant de la sorte, on augmente ou on diminue le résultat d'un multiple du diviseur, ce qui ne change pas le reste. Le résultat augmente si l'on augmente les nombres à additionner; il diminue, au contraire, si l'on augmente les nombres à retrancher.

70. Un produit de deux facteurs n'est autre chose que la somme de plusieurs nombres égaux au multiplicande; donc si l'on augmente ou si l'on diminue le multiplicande d'un multiple de diviseur, le produit lui-même est augmenté ou diminué d'un multiple de ce diviseur.

Dans un produit de plusieurs facteurs, comme $845 \times 67 \times 24$, on peut amener au commencement l'un quelconque des facteurs, 67 par exemple, et supposer les autres combinés en un seul. Le produit se compose alors du facteur 67 répété un certain nombre de fois. Si donc on augmente ou si l'on diminue ce facteur d'un multiple du diviseur, le produit augmente ou diminue d'un multiple. Comme ce raisonnement s'applique à tous les facteurs indistinctement, on en conclut :

Théorème X. *Le reste d'un produit ne change pas si l'on augmente ou si l'on diminue chaque facteur d'un multiple du diviseur.*

Corollaire. Retranchant de chaque facteur le plus grand multiple du diviseur qu'il renferme, nous remplacerons les différents facteurs par les restes correspondants ; le produit des restes ne diffère du produit proposé que d'un multiple du diviseur, et par conséquent on obtiendra le reste du produit en multipliant les restes des facteurs. Soit le produit 845×67 ; les restes des deux facteurs par rapport au diviseur 9 sont 8 et 4, le reste du produit est $8 \times 4 = 32$, ou, plus simplement, 5. Soit le produit $845 \times 67 \times 24$; on calculera d'abord le reste 5 du produit des deux premiers facteurs ; on multipliera ensuite 5 par le reste 6 du troisième facteur, ce qui donne 30 ou 3 pour le reste cherché.

71. Preuve des opérations arithmétiques. Ce qui précède nous donne des moyens de vérification pour les calculs arithmétiques. Supposons qu'après avoir exécuté une série d'opérations sur des nombres donnés, on veuille s'assurer de l'exactitude des résultats. Nous venons d'expliquer comment on pouvait déterminer d'avance le reste du résultat par rapport à un certain diviseur; d'autre part, le résultat étant calculé, on déterminera directement son reste par rapport au même diviseur; on doit trouver le même reste.

Cependant, lorsque le même reste se reproduit de part et d'autre, on ne peut affirmer d'une manière absolue que le résultat est exact; car, si dans les calculs on avait commis une erreur qui fût exactement un multiple du diviseur, cette erreur, n'ayant aucune influence sur les restes, ne se manifesterait pas dans notre procédé de vérification; mais il est peu probable qu'une erreur commise soit exactement un multiple du diviseur.

Dans la pratique, on prendra ordinairement les restes par rapport à 9, à cause de la facilité avec laquelle on les obtient.

Appliquons à la multiplication ou à la division. Soit la multiplication suivante :

$$
\begin{array}{r}
8\ 4\ 5 \\
6\ 7 \\
\hline
5\ 9\ 1\ 5 \\
5\ 0\ 7\ 0 \\
\hline
5\ 6\ 6\ 1\ 5
\end{array}
$$

Les restes du multiplicande et du multiplicateur sont 8 et 4; 8×4 ou 32 donne le reste 5; or le produit calculé donne directement 5 pour reste; la vérification a lieu.

Soit maintenant une division :

$$
\begin{array}{r|l}
57090 & 845 \\
6390 & 67 \\
475 &
\end{array}
$$

Le dividende étant égal au produit du diviseur par le quotient, plus le reste de la division, on a :

$$57090 = 845 \times 67 + 475 = \text{multipl. de } 9 + 8 \times 4 + 7.$$

On multipliera le reste 8 du diviseur par le reste 4 du quotient, ce qui donne 32, dont le reste est 5; on y ajoutera le reste 7 du reste 475 de la division, ce qui donne 12 ou 3. Le dividende doit fournir le reste 3, ce qui a lieu en effet.

CHAPITRE III

DU PLUS GRAND COMMUN DIVISEUR

72. Définitions. Les nombres qui divisent exactement un nombre donné sont les *diviseurs* de ce nombre. Ainsi 12 a pour diviseurs 1, 2, 3, 4, 6 et 12. Le plus petit diviseur d'un nombre est 1, le plus grand est ce nombre lui-même.

Les nombres qui divisent à la fois plusieurs nombres donnés sont les *communs diviseurs* de ces nombres. Parmi les communs diviseurs de plusieurs nombres, il en est un qu'il importe de considérer d'une manière spéciale, c'est le plus grand : on l'appelle *plus grand commun diviseur*. La recherche du plus grand commun diviseur a une grande importance en arithmétique.

Plus grand commun diviseur de deux nombres.

73. Lemme I. *Étant donnés deux nombres, tels que le plus grand soit divisible par le plus petit, les communs diviseurs de ces deux nombres sont les diviseurs du plus petit.*

Soient les nombres 96 et 12, tels que 96 est divisible par 12. Il est évident d'abord que les communs diviseurs de ces deux nombres sont des diviseurs de 12. Réciproquement tout diviseur de 12 divise aussi le multiple 96; ainsi les communs diviseurs de 12 et de 96 sont les mêmes que les diviseurs de 12. Remarquons d'ailleurs que le plus grand diviseur de 12 étant ce nombre lui-même, il s'ensuit que *le plus grand commun diviseur de deux nombres, tels que le plus grand soit divisible par le plus petit, est ce plus petit nombre.*

Théorème I. *Deux nombres quelconques admettent les mêmes*

communs diviseurs que le plus petit de ces nombres, et le reste de la division du plus grand par le plus petit.

Soient les deux nombres 312 et 108; en divisant le plus grand par le plus petit, on trouve 2 pour quotient et 96 pour reste. Puisque le dividende est égal au produit du diviseur par le quotient, plus le reste, on a :

$$312 = 108 \times 2 + 96.$$

Considérons un commun diviseur de 312 et 108; divisant 108, il divise le multiple 108×2; divisant 312 et 108×2, il divise la différence 96; ainsi, tout commun diviseur de 312 et 108 est commun diviseur de 108 et 96.

Réciproquement, considérons un commun diviseur de 108 et 96; divisant 108, il divise le multiple 108×2; divisant 108×2 et 96, il divise la somme 312; ainsi, tout commun diviseur de 108 et 96 est commun diviseur de 312 et 108.

Si donc on forme deux tableaux contenant : l'un les diviseurs communs de 312 et 108, l'autre les communs diviseurs de 108 et 96, ces deux tableaux sont identiquement les mêmes.

74. D'après ce théorème, la recherche des communs diviseurs de 312 et 108 est ramenée à la recherche des communs diviseurs des deux nombres plus simples 108 et 96. Opérons de la même manière sur ces deux derniers nombres; en divisant 108 par 96, nous trouvons 12 pour reste. D'après le même principe, les communs diviseurs de 108 et 96 sont les mêmes que ceux des deux nombres 96 et 12; or 96 est divisible par 12; donc les communs diviseurs de 96 et 12, et par conséquent les communs diviseurs des deux nombres proposés, ne sont autre chose que les diviseurs de 12; et comme le plus grand diviseur de 12 est 12 lui-même, on en conclut la règle suivante :

RÈGLE. *Pour trouver le plus grand commun diviseur de deux nombres donnés, on divise le plus grand par le plus petit, ce dernier par le reste de la division, le premier reste par le second reste, et ainsi de suite jusqu'à ce qu'on arrive à un reste zéro;*

le dernier diviseur obtenu est le plus grand diviseur cherché.

On dispose l'opération de la manière suivante :

		2	1	8
312		108	96	12
96		12	0	

on place les quotients au-dessus des diviseurs, afin de laisser la place libre pour les restes.

Dans notre démonstration, nous sommes arrivés à cette conclusion que les plus grands communs diviseurs des deux nombres donnés, 312 et 108, étaient précisément les diviseurs de 12. Ainsi :

Théorème II. *Les diviseurs communs de deux nombres ne sont autre chose que les diviseurs de leur plus grand commun diviseur.*

On énonce quelquefois ce théorème, en disant : tout nombre qui divise deux nombres, divise leur plus grand commun diviseur.

75. Nombres premiers entre eux. Lorsque deux nombres n'admettent pas d'autre commun diviseur que l'unité, ces deux nombres sont dits *premiers entre eux.* Il est clair que deux nombres premiers entre eux ont l'unité pour plus grand commun diviseur ; si donc, en appliquant à deux nombres donnés l'opération du plus grand commun diviseur, on trouve 1 pour dernier diviseur, il sera certain que les deux nombres donnés sont premiers entre eux. Ainsi, les deux nombres 14 et 9 sont premiers entre eux,

		1	1	1	4
14		9	5	4	1
5		4	1	0	

76. Simplification. La détermination du plus grand commun diviseur repose tout entière sur le théorème Ier ; donnons d'abord à ce théorème une signification plus étendue.

Théorème III. *Les communs diviseurs de deux nombres ne changent pas quand on remplace l'un de ces nombres par la différence qui existe entre ce nombre et un multiple quelconque de l'autre.*

Soient encore les nombres 312 et 108; prenons la différence de 312 à un multiple quelconque de 108, par exemple 108×3; je dis qu'on peut remplacer 312 par cette différence 12; en d'autres termes, je dis que les communs diviseurs de 312 et 108 sont les mêmes que ceux de 12 et 108; en effet, on a :

$$312 = 108 \times 3 - 12,$$

et l'on démontrera, par les raisonnements déjà faits, que les diviseurs communs de 312 et 108 sont diviseurs communs de 108 et 12; et que réciproquement les diviseurs communs de 108 et de 12 sont diviseurs communs de 312 et 108; ainsi l'identité entre les deux sortes de diviseurs est bien démontrée.

Remarquons maintenant qu'en divisant un nombre par un autre nous déterminons le plus grand multiple du diviseur contenu dans le dividende; le multiple suivant est plus grand que le dividende; nous avons de la sorte les deux multiples consécutifs du diviseur, entre lesquels est compris le dividende. Les différences du dividende à ces deux multiples sont toutes deux moindres que le diviseur, et leur somme est égale à la différence des deux multiples, et par conséquent au diviseur lui-même. Ainsi, en divisant 39 par 7, on trouve que le dividende 39 est compris entre les deux multiples consécutifs 7×5 et 7×6 du diviseur; il surpasse de 4 le premier et diffère de 3 du second; la somme des deux différences est précisément le diviseur 7. La première différence est donnée par la division elle-même, c'est le reste de la division; la seconde s'obtiendra en retranchant la première du diviseur.

Ces préliminaires étant posés, reprenons la recherche du plus grand commun diviseur de 312 et 108. La division de 312 par 108 nous donne 96 pour reste; ce reste 96 est la différence du dividende au multiple 108×2 du diviseur; la différence au multiple suivant est $108 - 96$ ou 12; or, en vertu du théorème que nous venons de démontrer, on peut remplacer 312 par l'une ou l'autre de ces différences; on choisira naturellement la plus petite 12. Ainsi les deux nombres proposés 312 et 108 sont remplacés par les nombres plus simples 12 et 108, et comme 12 divise 108, le plus grand diviseur cherché est 12. Ainsi :

Dans les opérations pour la recherche du plus grand commun diviseur, si une division donne un reste plus grand que la moitié du diviseur, on le remplace par l'excès du diviseur sur le reste.

Appliquons ce procédé aux nombres 35676 et 25812.

	1	2	2	2	2	5	2	2
35676	25812	9864	3780	1476	648	180	72	36
9864	6084	2304	828	180	108	36	0	
	3780	1476	648		72			

Nous arrivons au plus grand commun diviseur 36 après 8 divisions; en n'employant pas la simplification indiquée, il aurait fallu 12 divisions.

77. 1ʳᵉ MÉTHODE. Lorsqu'on sait trouver le plus grand commun diviseur de deux nombres, il est facile de déterminer le plus grand commun diviseur d'autant de nombres qu'on voudra. Soient, par exemple, les nombres 360, 600, 1368, 4212. Considérons d'abord les diviseurs communs des deux premiers nombres 360 et 600; ces communs diviseurs, ainsi que nous l'avons démontré, sont les diviseurs mêmes de leur plus grand commun diviseur 120.

Considérons maintenant les trois nombres 360, 600 et 1368; pour avoir leurs communs diviseurs, il faut, parmi les communs diviseurs des deux premiers nombres ou parmi les diviseurs de 120, prendre seulement ceux qui divisent le troisième; ainsi les communs diviseurs des trois premiers nombres sont les mêmes que les communs diviseurs de 120 et 1368. Si nous déterminons le plus grand commun diviseur 24 de ces deux nombres, nous pourrons dire que les communs diviseurs des trois nombres 360, 600 et 1368 sont les diviseurs mêmes de 24. Ce nombre 24 est par conséquent le plus grand commun diviseur des trois premiers nombres.

Le raisonnement que nous venons de faire peut être répété indéfiniment. Ainsi nous dirons : pour avoir les communs diviseurs des quatre nombres 360, 600, 1368 et 4212, il faut, parmi les communs diviseurs des trois premiers ou parmi les diviseurs de 24, prendre seulement ceux qui divisent le quatrième; les communs diviseurs des quatre nombres sont donc les mêmes que les communs diviseurs de 24 et 4212; et, si l'on détermine le plus grand commun diviseur 12 de ces deux nombres, on dira que les communs diviseurs des quatre nombres sont précisément les diviseurs de 12. Ce nombre 12 est par conséquent le plus grand commun diviseur des quatre nombres proposés; de ce qui précède nous concluons :

Règle. *Pour trouver le plus grand commun diviseur de plusieurs nombres donnés, on calculera d'abord le plus grand commun diviseur des deux premiers nombres; on calculera ensuite le plus grand commun diviseur du nombre ainsi obtenu et du troisième nombre, puis le plus grand commun diviseur du nombre ainsi obtenu et du quatrième nombre, et ainsi de suite jusqu'à ce qu'on ait épuisé tous les nombres donnés; le dernier plus grand commun diviseur est le plus grand commun diviseur cherché.*

Nous pouvons d'ailleurs tirer cette conclusion générale de nos raisonnements :

Théorème IV. *Les diviseurs communs de plusieurs nombres sont les diviseurs mêmes du plus grand commun diviseur de ces différents nombres.*

Pour simplifier autant que possible le calcul, il est bon de commencer les opérations par les plus petits nombres.

78. 2ᵐᵉ MÉTHODE. Cette seconde méthode n'est que l'extension des théorèmes démontrés sur deux nombres à autant de nombres qu'on voudra. Et d'abord :

LEMME. *Étant donnés plusieurs nombres, tels que le plus petit divise tous les autres, les communs diviseurs des nombres proposés sont les diviseurs du plus petit nombre, et, par conséquent, ce plus petit nombre est le plus grand commun diviseur.*

On voit, en effet, que tout diviseur commun aux nombres proposés est diviseur du plus petit, et que, réciproquement, tout diviseur du plus petit divise les autres nombres qui sont des multiples du plus petit.

THÉORÈME V. *Les communs diviseurs de plusieurs nombres ne changent pas, quand on remplace l'un d'eux par la différence de ce nombre à un multiple de l'un des autres.*

Considérons les nombres 360, 600, 1368 et 4212; je dis qu'on peut remplacer 600, par exemple, par la différence 120 de 600 à un multiple 360×2 du premier. En effet, il a été démontré que les communs diviseurs de 360 et 600 étaient les mêmes que ceux de 360 et 120; or, pour avoir les communs diviseurs de quatre nombres proposés, il faut, parmi les communs diviseurs de 360 et 600 ou, ce qui est la même chose, de 360 et 120, prendre ceux qui divisent 1368 et 4212; ce sont précisément les communs diviseurs de 360, 120, 1368 et 4212.

En divisant 1368 par 360 et prenant la plus petite différence 72, on pourra de même remplacer 1368 par 72; en divisant 4212 par 360, on remplacera aussi 4212 par 108. De cette manière, les quatre nombres proposés sont remplacés par les quatre nombres plus simples : 360, 120, 72 et 108.

On divise de même par le plus petit 72 les trois autres nombres, et on les remplace par les plus petites différences. Mais ici nous observons que, 360 étant divisible par 72, nous pouvons supprimer complétement 360, parce que les diviseurs communs de 360 et 72 sont les diviseurs de 72; on n'a plus alors que trois nombres, 24, 72 et 36. Comme 72 est divisible par 36, ces trois nombres se réduisent à deux, 24 et 36; opérant sur ces deux nombres comme précédemment, on les remplace par 24 et 12; comme 24 est divisible par 12, l'opération est terminée, et 12 est le plus grand commun diviseur cherché.

Règle. *Pour trouver le plus grand commun diviseur de plusieurs nombres donnés, on divisera par le plus petit d'entre eux tous les autres nombres; on remplacera chacun des nombres divisés par la plus petite différence correspondante; on opérera de la même manière sur les nouveaux nombres ainsi obtenus, et ainsi de suite. Lorsqu'un nombre sera divisible par un autre, on le supprimera. L'opération sera terminée quand il ne restera plus qu'un nombre; ce nombre restant est le plus grand commun diviseur cherché.*

Voilà la règle générale; mais il arrive souvent qu'on aperçoit une combinaison particulière simplifiant considérablement l'opération. Ainsi, dans l'exemple proposé, on voit que le quatrième nombre moins sept fois le second donne une différence 12; on remplace alors le quatrième nombre par 12, et comme 12 divise les trois premiers, 12 est le plus grand commun diviseur cherché.

Quelques propriétés du plus grand commun diviseur.

79. Lemme I. *Si on multiplie le dividende et le diviseur par un même nombre, le quotient ne change pas, et le reste est multiplié par le même nombre.*

Divisons 90 par 12, nous avons un quotient 7 et un reste 6 : $90 = 12 \times 7 + 6$; en multipliant par 3 chacune des parties qui composent le nombre 90, on a

$$90 \times 3 = 12 \times 7 \times 3 + 6 \times 3 = 12 \times 3 \times 7 + 6 \times 3.$$

Puisque le reste 6 est plus petit que le diviseur 12, le nombre 6×3 sera aussi plus petit que 12×3. Donc, si on divise 90×3 par 12×3, on obtient le même quotient 7 et le reste 6×3.

Lemme II. *Si on divise le dividende et le diviseur par un même nombre, le quotient ne change pas, et le reste est divisé par le même nombre.*

Les deux nombres 90 et 12 étant divisibles par 3, nous avons démontré que le reste 6 était aussi divisible par 3 ; divisons donc par 3 les deux parties qui composent le nombre 90, nous aurons

$$30 = 4 \times 7 + 2.$$

Donc si on divise 90 : 3 par 12 : 3, on obtient le même quotient 7, et pour reste 6 : 3.

THÉORÈME VI. *Si on multiplie ou si on divise plusieurs nombres donnés par un même nombre, le plus grand commun diviseur est aussi multiplié ou divisé par ce nombre.*

Il suffit de démontrer ce théorème pour deux nombres.

Reportons-nous à la série des opérations par lesquelles on détermine le plus grand commun diviseur des deux nombres 312 et 108. Si nous multiplions ces deux nombres par 3, le reste 96 sera aussi multiplié par 3 ; les deux nombres 108 et 96 étant multipliés par 3, le second reste 12 sera aussi multiplié par 3, et ainsi de suite. Toute la série des diviseurs sera donc multipliée par le même nombre 3 ; si donc on cherche le plus grand commun diviseur de 312×3 et 108×3, on trouvera 12×3.

Voici le détail de l'opération :

		2	1	8
312×3		108×3	96×3	12×3
96×3		12×3	0	

De même si nous divisons par 3 les deux nombres 312 et 108, toute la série des diviseurs sera aussi divisée par 3. Si donc on cherche le plus grand commun diviseur de 312 : 3 et 108 : 3, c'est-à-dire de 104 et 36, on trouvera 12 : 3, ou 4.

80. **REMARQUE.** Supposons qu'on veuille déterminer le plus grand commun diviseur de deux nombres terminés par des 0, par exemple, 31200 et 10800 ; supprimant un même nombre de 0 de part et d'autre, on opérera sur les nombres 312 et 108, ce qui nous conduit au plus grand commun diviseur 12 ; pour revenir aux deux nombres proposés, il faut multiplier 312 et 108 par 100 ; le plus grand commun diviseur 12 est aussi multiplié par 100 ; donc le plus grand commun diviseur cherché est 1200.

81. Théorème VII. *Si on divise deux nombres par leur plus grand commun diviseur, les deux quotients sont premiers entre eux.*

En effet, divisons les deux nombres 312 et 108 par leur plus grand commun diviseur 12 ; d'après ce qui précède, les deux quotients 312 : 12 et 108 : 12, c'est-à-dire 26 et 9, auront pour plus grand commun diviseur 12 : 12 ou 1 ; donc ces deux quotients sont premiers entre eux.

CHAPITRE IV

DES NOMBRES PREMIERS

82. PRÉLIMINAIRES. Lorsqu'un nombre est divisible par un autre, il est décomposable en un produit de deux facteurs plus petits que lui. Ainsi 42, étant divisible par 6, est décomposable en un produit de deux facteurs 6 et 7. Le facteur 6, étant à son tour divisible par 2, est égal à 2×3 ; de sorte que le nombre 42 se trouve décomposé en un produit de trois facteurs $2 \times 3 \times 7$. Mais si le nombre proposé n'est divisible que par lui-même et par l'unité, il sera impossible de le décomposer en un produit de facteurs plus petits que lui ; de pareils nombres s'appellent nombres premiers. Ainsi : *un nombre premier est un nombre qui n'admet aucun diviseur autre que lui-même et l'unité*. Le nombre 7, n'étant divisible que par 1 et 7, est premier.

Il est clair qu'un nombre non premier peut être considéré comme un produit de facteurs premiers ; car on pourra toujours pousser la décomposition en facteurs, jusqu'à ce qu'on arrive à des facteurs tous premiers. Ainsi, en multipliant les nombres premiers les uns par les autres, on forme tous les nombres.

Les nombres premiers sont en quelque sorte les éléments constitutifs de tous les autres ; on comprend d'après cela de quelle importance est l'étude de leurs propriétés. Expliquons d'abord comment on les détermine.

83. RECHERCHE DES NOMBRES PREMIERS. Supposons qu'on veuille former un tableau des nombres premiers plus petits que 100 ; on écrira les cent premiers nombres à la suite les uns des autres.
1, 2, 3, 4, 5, 6, 7, 8, 9, 10, 11, 12, 13, 14, 15, 16, 17, 18, 19, 20, 21, 22. . . . . 95, 96, 97, 98, 99, 100.

Partant de 2, on barrera les nombres de deux en deux, à savoir : 4, 6, . . . ; les nombres ainsi barrés sont les multiples de 2 ou les nombres pairs.

Partant de 3, on barrera les nombres de trois en trois, à savoir : 6, 9, 12, 15, ... ; les nombres ainsi barrés sont les multiples de 3.

Les multiples de 4 ont déjà été barrés, puisque ce sont des multiples de 2.

Partant de 5, on barrera les nombres de 5 en 5, à savoir : 10, 15, 20, ... ; ce sont les multiples de 5.

Les multiples de 6 sont déjà barrés comme multiples de 2 et de 3.

Partant de 7, on barrera les nombres de 7 en 7 ; ce sont les multiples de 7.

Les multiples de 8 et de 9 sont déjà barrés, les premiers comme multiples de 2, les seconds comme multiples de 3.

Il est inutile d'aller plus loin. En effet, lorsqu'un nombre plus petit que 100, comme 96, est divisible par un nombre 12 plus grand que 10, il est égal au produit de 12 par un quotient 8 nécessairement plus petit que 10 ; et ce nombre est aussi divisible par 8. En un mot, tout nombre plus petit que 100, multiple d'un nombre plus grand que 10, est en même temps multiple d'un nombre plus petit que 10, et, comme tel, a déjà été barré.

Les nombres non barrés

1, 2, 3, 5, 7, 11, 13, ... 97,

sont les nombres premiers plus petits que 100.

Si l'on voulait former un tableau des nombres premiers plus petits que 1000, on écrirait les mille premiers nombres à la suite les uns des autres et on barrerait comme précédemment les multiples de 2, 3, 5, 7, 11, 13, ... On s'arrêterait après avoir barré les multiples de 31, parce que le nombre 32 est tel que multiplié par lui-même il donne un résultat plus grand que 1000. Tout nombre inférieur à 1000, multiple d'un nombre plus grand que 31, sera donc aussi multiple d'un nombre plus petit que 31, et, comme tel, aura déjà été barré.

84. Théorème Ier. *Lorsqu'un nombre divise le produit de deux facteurs et qu'il est premier avec l'un d'eux, il divise l'autre.*

Le nombre 9 divise le produit 504 des deux facteurs 14 et 36; il est premier avec 14, je dis qu'il divise l'autre facteur 36. En effet, si nous cherchons le plus grand commun diviseur des deux nombres 14 et 9 premiers entre eux, nous trouvons 1. Multiplions ces deux nombres par 36 ; d'après un théorème démontré, les deux nombres 14×36 et 9×36 auront pour plus grand commun diviseur 1×36 ou 36. Or, le nombre 9 divise son multiple 9×36 ; nous avons supposé, d'ailleurs, qu'il divisait le produit 14×36 ; le nombre 9 est donc un commun diviseur des deux nombres 14×36 et 9×36 ; donc, il divise leur plus grand commun diviseur 36.

85. Lemme. *Lorsqu'un nombre premier ne divise pas un nombre, il est premier avec lui.*

Par exemple, le nombre premier 7, ne divisant pas 20, est premier avec 20. En effet les seuls diviseurs de 7 étant 1 et 7, les communs diviseurs de 7 et 20 ne peuvent être que 1 et 7; or 7 ne divise pas 20, le seul commun diviseur entre ces deux nombres est donc 1, et par conséquent ces deux nombres sont premiers entre eux.

Théorème II. *Lorsqu'un nombre premier divise le produit de plusieurs facteurs, il divise au moins l'un d'eux.*

Considérons d'abord un produit de deux facteurs 14×20 divisible par un nombre premier 7; je dis que l'un des facteurs est divisible par 7. En effet, si 7 divise 20, le théorème est démontré, s'il ne divise pas 20, il est premier avec lui, et, en vertu du théorème précédent, il devra diviser l'autre facteur 14.

Considérons maintenant un produit de trois facteurs, par exemple $14 \times 20 \times 16$, divisible par un nombre premier 7; je dis que l'un des facteurs, au moins, est divisible par 7. En effet, supposons effectué le produit 14×20 des deux premiers facteurs, le nombre premier 7 divise le produit des deux nombres 14×20 et 16, et par conséquent il divise l'un d'eux. S'il divise

16, le théorème est démontré. S'il ne divise pas 16, il divise l'autre nombre 14×20; dans ce cas, le nombre premier 7 divise le produit 14×20 de deux facteurs, et nous savons qu'il doit diviser l'un d'eux, 20 ou 14. Ainsi 7 divise nécessairement l'un des trois facteurs 16, 20 ou 14.

Ce mode de raisonnement peut être étendu facilement à autant de facteurs qu'on voudra. Supposons que le nombre premier 7 divise un produit de quatre facteurs $14 \times 20 \times 16 \times 12$, je dis qu'il divise l'un d'eux. Regardons en effet le produit des trois premiers facteurs comme effectué, le nombre 7 divise le produit des deux nombres $14 \times 20 \times 16$ et 12, et par conséquent il divise l'un d'eux. S'il divise 12, le théorème est démontré. S'il ne divise pas 12, il divise l'autre nombre $14 \times 20 \times 16$; dans ce cas le nombre premier 7 divise le produit de trois facteurs, et par conséquent divise l'un d'eux 16, 20 ou 14.

Le théorème, étant démontré pour quatre facteurs, s'étendra de même à cinq facteurs, puis à six, à sept, etc. Le théorème est donc vrai pour un nombre quelconque de facteurs.

CorOLLAIRE I. *Lorsqu'un nombre premier divise une puissance d'un nombre, il divise ce nombre.*

En effet une puissance d'un nombre est un produit de plusieurs facteurs égaux à ce nombre. Le nombre premier, divisant le produit, divise l'un des facteurs, et par conséquent divise le nombre qui a été élevé à la puissance. Ainsi le nombre premier 7, divisant le nombre 9261 qui est la troisième puissance de 21, divise nécessairement 21.

CorOLLAIRE II. *Quand deux nombres sont premiers entre eux, deux puissances quelconques de ces deux nombres sont premières entre elles.*

Soient deux nombres 15 et 28, premiers entre eux ; je veux démontrer que des puissances quelconques 15^3 et 28^2 de ces deux nombres sont aussi deux nombres premiers entre eux. En effet, si ces deux puissances n'étaient pas premières entre elles, elles admettraient un plus grand commun diviseur autre que l'unité. Supposons d'abord que ce plus grand commun diviseur soit un nombre premier, ce nombre premier, divisant 15^3 et 28^2, diviserait 15 et 28 ; les deux nombres 15 et 28 admettraient ainsi un diviseur commun autre que l'unité, ce qui est impossible, puisque ces deux nombres sont premiers entre eux. Supposons maintenant que le plus grand commun diviseur des deux puissances 15^3 et 28^2 soit un nombre non premier, ce nombre sera divisible nécessairement par un certain nombre premier; et ce nombre premier diviserait les deux puissances et par conséquent les deux nombres eux-mêmes ; nous retombons ainsi sur l'impossibilité précédente.

86. Théorème III. *Quand un nombre est divisible séparément par plusieurs nombres premiers entre eux deux à deux, il est divisible par leur produit.*

Soit d'abord un nombre 540 divisible séparément par deux nombres 4 et 9 premiers entre eux, je dis qu'il est divisible par le produit 36 de ces deux nombres. En effet 540, étant divisible par 4, est égal au produit de 4 par un certain nombre 135,

$$540 = 4 \times 135.$$

Or 9 divise 540, ou le produit 4×135; il est premier avec le facteur 4; donc il divise l'autre facteur 135. Ce nombre 135, étant divisible par 9, est égal au produit de 9 par un certain nombre 15. En remplaçant 135 par le produit 9×15, on a

$$540 = 4 \times 9 \times 15.$$

Et si l'on regarde comme effectué le produit des deux premiers facteurs, on voit que 540 est un multiple de ce produit 36, ou est divisible par 36.

Il est facile de généraliser cette démonstration. Soit un nombre A divisible séparément par les trois nombres a, b, c, premiers entre eux deux à deux ; je vais démontrer qu'il est divisible par leur produit. Nous supposons que deux quelconques des trois diviseurs sont premiers entre eux, c'est-à-dire que a et b

sont premiers entre eux, de même que a et c, b et c. Puisque le nombre A est divisible par a, il est égal au produit de a par un certain quotient q,

$$A = a \times q.$$

Le nombre b divisant A, ou le produit $a \times q$, et étant premier avec le facteur a, divise l'autre facteur q. Donc q est égal au produit de b par un certain nombre q' ;

$$q = b \times q'.$$

De même le nombre c, divisant A et étant premier avec a, divise q ; le nombre c, divisant q ou le produit $b \times q'$, et étant premier avec b, divise q' ; donc q' est égal au produit de c par un certain nombre q'',

$$q' = c \times q''.$$

En décomposant successivement les facteurs, on a

$$A = a \times q = a \times b \times q' = a \times b \times c \times q'';$$

ce qui nous montre que le nombre A est un multiple du produit $a \times b \times c$, et par conséquent est divisible par ce produit.

La même démonstration s'applique à quatre nombres et généralement à autant de nombres qu'on voudra.

87. Application aux caractères de divisibilité. Ce théorème simplifie la recherche des caractères de divisibilité. Considérons, par exemple, le diviseur 6, produit des deux facteurs 2 et 3 ; pour qu'un nombre soit divisible par 6, il est nécessaire d'abord que ce nombre soit divisible séparément par 2 et par 3 ; car tout multiple de 6 est nécessairement multiple de 2 et de 3. Cette condition d'ailleurs est suffisante, parce que les deux facteurs 2 et 3 sont premiers entre eux. Ainsi *un nombre est divisible par 6 quand il est pair et que la somme de ses chiffres est divisible par 3*.

De même, 12 étant le produit de deux facteurs 3 et 4 premiers

entre eux, un nombre est divisible par 12 quand il est divisible
par 4 et que la somme de ses chiffres est divisible par 3.

De même, 15 étant le produit des deux facteurs 3 et 5 premiers
entre eux, un nombre est divisible par 15 quand il est terminé
par 0 ou 5 et que la somme de ses chiffres est divisible par 3.

88. Théorème IV. *Un nombre n'est décomposable que d'une
seule manière en facteurs premiers.*

Nous avons dit qu'un nombre quelconque pouvait être considéré comme un produit de nombres premiers ; nous allons démontrer que, quel que soit le procédé de décomposition qu'on
emploie, on arrive toujours au même résultat final ; en d'autres
termes, il n'y a qu'une manière de représenter un nombre donné
par un produit de facteurs premiers. Tout se réduit évidemment
à démontrer que, lorsque deux produits de facteurs premiers
représentent le même nombre, ils sont composés identiquement
de la même manière.

Supposons que le facteur premier 7 se trouve dans le premier
produit, il se trouvera aussi dans le second. En effet le nombre 7,
divisant le premier produit et par conséquent le second, qui est
égal au premier, divisera l'un des facteurs qui composent ce second produit, et, comme ces facteurs sont premiers, l'un d'eux
sera précisément 7.

Supposons maintenant que le premier produit renferme le
facteur 7 trois fois, c'est-à-dire $7 \times 7 \times 7$ ou 7^3, le second produit renfermera aussi 7^3. Car, si le second produit renfermait
par exemple 7^2, en divisant les deux produits égaux par 7^2, on
aurait encore deux produits égaux, l'un renfermant le facteur 7
et l'autre ne le renfermant pas, ce qui est impossible.

Ainsi les deux produits égaux sont composés des mêmes facteurs premiers affectés des mêmes exposants. C'est identiquement la même expression.

89. Décomposer un nombre en facteurs premiers. Décomposer
le nombre 504 en ses facteurs premiers. Ce nombre, étant pair,
renferme le facteur 2 ; on écrira donc $504 = 2 \times 252$. Le nom-

bre 252 renferme encore le facteur 2 ; donc $252 = 2 \times 126$. Le nombre 126 renferme encore le facteur 2 ; donc $126 = 2 \times 63$. Le nombre 63 n'est plus divisible par 2, mais il l'est pas 3 ; donc $63 = 3 \times 21$. Le nombre 21 est encore divisible par 3 ; donc $21 = 3 \times 7$. Le nombre 7 est premier. On a donc finalement

$$504 = 2 \times 2 \times 2 \times 3 \times 3 \times 7 = 2^3 \times 3^2 \times 7.$$

On dispose l'opération de la manière suivante :

$$
\begin{array}{r|l}
504 & 2 \\
252 & 2 \\
126 & 2 \\
63 & 3 \\
21 & 3 \\
7 & 7
\end{array}
$$

Décomposer le nombre 1500 en ses facteurs premiers. Au lieu d'opérer comme précédemment, il est plus simple d'observer que $1500 = 15 \times 100$, et de décomposer séparément les deux nombres 15 et 100. Puisque $15 = 3 \times 5$ et que $100 = 1 \times 10 = 2^2 \times 5^2$, on a

$$15 = 2^2 \times 3 \times 5^3.$$

90. La décomposition en facteurs premiers permet de résoudre simplement un grand nombre de questions sur les nombres. Par exemple, on veut reconnaître si un nombre est divisible par un autre ; il faut nécessairement que le premier nombre, décomposé en facteurs premiers, renferme tous les facteurs premiers du second avec des exposants au moins égaux. Car le nombre dividende, étant le produit du diviseur par le quotient, doit renfermer tous les facteurs premiers du diviseur et en outre ceux du quotient. Ainsi le nombre $504 = 2^3 \times 3^2 \times 7$ est divisible par $18 = 2 \times 3^2$, et le quotient est $2^2 \times 7 = 28$.

La division s'effectue en supprimant dans le dividende les facteurs du diviseur, ou plus simplement en retranchant les exposants du diviseur des exposants correspondants du dividende.

91. Diviseurs d'un nombre. Un diviseur quelconque d'un nombre donné se compose d'une partie des facteurs premiers de ce nombre. Si donc on combine ces facteurs premiers de toutes les manières possibles, soit un à un, soit deux à deux, etc., on formera tous les diviseurs du nombre proposé.

Je vais expliquer sur le nombre 360 comment on effectue ordinairement ces combinaisons.

		1
360	2	2
180	2	4
90	2	8
45	3	3, 6, 12, 24,
15	3	9, 18, 36, 72,
5	5	5, 10, 20, 40, 15, 30, 60, 120, 45, 90,
		180, 360,

Les deux premières colonnes verticales de gauche représentent la décomposition du nombre 360 en facteurs premiers; à droite sont placés les diviseurs cherchés. Pour les former, nous avons mis en tête le diviseur 1; nous l'avons multiplié par le facteur premier 2, et nous avons écrit le produit 2 au-dessous. Nous trouvons ensuite dans la deuxième colonne verticale un second facteur premier 2; nous multiplions par ce facteur les deux diviseurs déjà obtenus, nous formons ainsi le diviseur 2 déjà écrit et un nouveau diviseur 4 que nous écrivons au-dessous. Nous continuons de la sorte à multiplier tous les diviseurs déjà formés par le facteur premier suivant, en ayant soin de ne pas écrire deux fois le même diviseur. Ainsi, quand nous arrivons au facteur 3, nous multiplions par 3 les quatre diviseurs précédemment obtenus, ce qui donne quatre diviseurs nouveaux 3, 6, 12 et 24. Nous arrivons alors au second facteur 3, par lequel nous multiplions les huit diviseurs déjà trouvés. Quatre se reproduisent, nous ne les écrivons pas; nous écrivons seulement les quatre nouveaux 9, 18, 36, 72. En multipliant par 5 les douze diviseurs déjà obtenus, on forme douze diviseurs nouveaux que nous écrivons.

6

Il est aisé de voir que de cette manière toutes les combinaisons possibles ont été formées entre les facteurs premiers du nombre proposé, et que par conséquent on a obtenu tous les diviseurs de ce nombre. Nous remarquons que le plus petit est l'unité, le plus grand le nombre lui-même.

92. Plus grand commun diviseur. Tout diviseur commun de plusieurs nombres donnés se compose évidemment de facteurs premiers communs aux différents nombres proposés ; en prenant tous les facteurs premiers communs, on aura le plus grand commun diviseur.

Soient par exemple les nombres

$$360 = 2^3 \times 3^2 \times 5,$$
$$900 = 2^2 \times 3^2 \times 5^2,$$
$$336 = 2^4 \times 3 \times 7.$$

Il y a deux facteurs 2 et un facteur 3 communs à ces trois nombres ; le plus grand commun diviseur est $2^2 \times 3$. Ainsi :

THÉORÈME **V.** *Le plus grand commun diviseur de plusieurs nombres donnés se compose des facteurs premiers communs à ces différents nombres, affectés chacun de son plus petit exposant.*

Une fois le plus grand commun diviseur trouvé, il est facile d'obtenir tous les communs diviseurs ; car ce sont les diviseurs du plus grand commun diviseur.

93. Plus petit multiple. On appelle multiple commun de plusieurs nombres un nombre divisible à la fois par chacun des nombres donnés ; parmi les multiples communs, il en est un qu'il importe d'étudier d'une manière spéciale, c'est le plus petit.

Il est évident d'abord que, si le plus grand des nombres donnés est divisible par chacun des autres, comme il est divisible par lui-même, il est le plus petit multiple cherché.

Un nombre divisible à la fois par plusieurs autres doit renfermer évidemment les facteurs premiers de chacun d'eux. Ainsi tout nombre divisible à la fois par les nombres 360, 900 et 336 renfermera au moins quatre facteurs 2, deux facteurs 3, deux facteurs 5 et un facteur 7. On obtiendra le plus petit multiple des nombres proposés en ne prenant que les facteurs que nous venons d'énumérer, et qui sont strictement nécessaires, ce qui donne $2^4 \times 3^2 \times 5^2 \times 7$. On en conclut :

THÉORÈME VI. *Le plus petit multiple de plusieurs nombres donnés se compose de tous les facteurs premiers qui entrent dans ces différents nombres, affectés chacun de son plus fort exposant.*

Les autres multiples communs, outre les facteurs strictement nécessaires, en renferment d'autres; ils sont donc des multiples du plus petit multiple commun; et comme d'ailleurs tout multiple de ce dernier est un commun multiple des nombres proposés, il en résulte que *les communs multiples de plusieurs nombres donnés ne sont autre chose que les multiples de leur plus petit multiple.*

94. On voit aussi que, lorsque deux nombres n'ont aucun facteur premier commun, c'est-à-dire sont premiers entre eux, leur plus petit multiple est le produit de ces deux nombres. En général :

THÉORÈME VII. *Le plus petit multiple de deux nombres est égal au produit de ces deux nombres divisé par leur plus grand commun diviseur.*

En effet le produit se compose de tous les facteurs premiers qui entrent dans ces deux nombres, et pour avoir le plus petit multiple, il faut n'écrire qu'une fois les facteurs communs, ce qui revient à diviser le produit par le plus grand commun diviseur.

Puisque nous savons calculer directement le plus grand commun diviseur, cette propriété nous donne un moyen de déterminer le plus petit multiple de deux nombres sans être obligé de décomposer ces nombres en facteurs premiers. Ainsi le plus grand commun diviseur des nombres 336 et 360 étant 24, on obtiendra le plus petit multiple en divisant par 24 le produit 336×360, ou en divisant par 24 l'un des facteurs, 336 par exemple, ce qui donne pour le plus petit multiple 14×360 ou 5040.

Cette méthode peut être facilement étendue à autant de nombres qu'on voudra, et cela au moyen de raisonnements analogues à ceux que nous avons employés dans la recherche du plus grand commun diviseur de plusieurs nombres.

Considérons les trois nombres 336, 360 et 900. Pour avoir les communs multiples de ces trois nombres, il faut, parmi les communs multiples des deux premiers, prendre ceux seulement qui sont divisibles par le troisième ; or nous avons dit que les communs multiples de 336 et 360 n'étaient autre chose que les multiples de leur plus petit multiple 5040 ; les multiples communs des trois nombres proposés sont donc les mêmes que les multiples communs de 5040 et 900. Le plus grand commun diviseur de 5040 et 900 est 180 ; divisons 900 par 180 et multiplions 5040 par le quotient 5, nous obtenons le plus petit multiple cherché 25200 ; c'est précisément le nombre $2^4 \times 3^2 \times 5^2 \times 7$ trouvé par le premier procédé. Ainsi :

RÈGLE. *Pour trouver le plus petit multiple de plusieurs nombres donnés, on détermine d'abord le plus petit multiple des deux premiers nombres, puis le plus petit multiple du nombre ainsi obtenu et du troisième nombre, et on continue de cette manière jusqu'à ce qu'on ait épuisé tous les nombres donnés. Le dernier nombre calculé est le plus petit multiple cherché.*

LIVRE III

DES FRACTIONS

CHAPITRE I

DES FRACTIONS ORDINAIRES

Préliminaires.

95. DES GRANDEURS. On appelle *grandeur* tout ce qui est susceptible d'augmentation ou de diminution. Il faut distinguer deux sortes de grandeurs. Certaines grandeurs, comme une compagnie de soldats, un monceau de pommes, sont des collections d'unités ; si on compte combien de soldats renferme la compagnie, combien de pommes contient le monceau, on obtient un *nombre*. C'est là l'origine du nombre, et c'est sous ce point de vue que nous l'avons étudié jusqu'à présent.

Il est d'autres grandeurs que l'on nomme *continues*, parce qu'on peut les augmenter ou les diminuer d'aussi peu qu'on voudra ; la longueur d'un fil, la capacité d'un vase, la durée d'un phénomène, sont des grandeurs continues. Les grandeurs de cette nature ne renferment pas en elles l'idée de nombre ; cependant il est possible de les représenter par des nombres, et c'est là une première application très-importante de la science des nombres.

En effet, si l'on veut évaluer les longueurs, par exemple, on choisira l'une d'elles pour servir de terme de comparaison, et l'on cherchera combien de fois cette longueur fixe est contenue dans chacune des autres. Si elle est contenue 5 fois dans une première, 12 fois dans une seconde, ces longueurs seront représentées, l'une par le nombre 5, l'autre par le nombre 12.

96. Mesure des grandeurs. On appelle *unité* la grandeur prise pour servir de terme de comparaison à toutes les grandeurs de même espèce.

Mesurer une grandeur, c'est la comparer à son unité; c'est chercher combien d'unités et de parties d'unités elle renferme. Nous allons expliquer avec soin comment on effectue cette comparaison.

1° Lorsque l'unité est contenue exactement dans la grandeur, 5 fois par exemple, il n'y a pas de difficulté, la grandeur est exprimée par le nombre 5.

2° Lorsque la grandeur à mesurer est moindre que l'unité, on partage cette dernière en un certain nombre de parties égales, et l'on cherche combien de parties renferme la grandeur. Supposons que, l'unité ayant été partagée en donze parties égales, la grandeur renferme 7 parties exactement, on dira que la grandeur est les 7 *douzièmes* de l'unité, ou qu'elle est exprimée par la fraction sept *douzièmes*.

3° Lorsque la grandeur à mesurer est plus grande que l'unité, et qu'elle ne la contient pas exactement, elle se compose d'un certain nombre d'unités et d'un reste plus petit que l'unité, reste que l'on évalue par une fraction, ainsi que nous l'avons expliqué. De cette manière la grandeur est représentée par un nombre joint à une fraction.

Par extension d'idée, on a appelé *nombre*, en général, la mesure d'une grandeur au moyen de l'unité; le nombre proprement dit a été distingué par le nom de *nombre entier;* la fraction est considérée comme un nombre plus petit que l'unité; enfin un nombre entier joint à une fraction constitue un *nombre fractionnaire.*

Les grandeurs, quand elles sont ainsi mesurées ou représentées par des nombres, portent le nom de *quantités.*

Le livre III sera consacré spécialement à l'étude des quantités en général, et ce sera, je le répète, une première application du calcul et des propriétés des nombres exposés dans les deux premiers livres.

Mais reprenons en détail les définitions que nous venons de donner.

97. Fractions. *Lorsqu'on partage l'unité en plusieurs parties égales, et qu'on prend un certain nombre de ces parties, on a ce qu'on appelle une fraction.*

Partageons l'unité en cinq parties égales, et prenons trois de ces parties, nous aurons la fraction trois *cinquièmes*.

Le nombre qui indique en combien de parties on partage l'unité s'appelle *dénominateur ;* le nombre qui indique combien on prend de parties s'appelle *numérateur*. Dans l'exemple actuel, 5 est le dénominateur, 3 le numérateur.

On énonce une fraction en disant d'abord le numérateur, puis le dénominateur que l'on fait suivre de la terminaison *ième*.

On écrit une fraction en mettant le numérateur au-dessus du dénominateur, et séparant les deux nombres par un trait horizontal. Ainsi la fraction trois *cinquièmes* s'écrit $\frac{3}{5}$.

De même, si nous partageons l'unité en trente-sept parties égales, et que nous prenions vingt-quatre de ces parties, nous aurons la fraction vingt-quatre *trente-septièmes*, qui s'écrit $\frac{24}{37}$.

98. Nombres fractionnaires. Nous avons appelé *nombre fractionnaire* un nombre entier plus une fraction. Ainsi $7 + \frac{3}{5}$ est un nombre fractionnaire.

Il est aisé de mettre un nombre fractionnaire sous forme de fraction. Remarquons en effet que, puisqu'une unité vaut cinq *cinquièmes*, sept unités valent sept fois cinq *cinquièmes*, ou trente-cinq *cinquièmes ;* ajoutons les trois *cinquièmes* , nous aurons trente-huit *cinquièmes*. Ainsi :

$$7 + \frac{3}{5} = \frac{38}{5}.$$

Règle I. *Pour mettre un nombre fractionnaire sous forme de fraction ordinaire, il faut multiplier l'entier par le dénominateur de la fraction, et ajouter au produit le numérateur.*

Puisqu'on peut mettre ainsi un nombre entier ou un nombre fractionnaire sous forme de fraction, on a étendu la dénomination de fraction aux nombres en général. Lorsque le numérateur de la fraction est plus petit que le dénominateur, la fraction représente une quantité plus petite que l'unité; c'est une fraction proprement dite. Quand le numérateur est plus grand que le dénominateur, la fraction représente une quantité plus grande que l'unité; elle tient la place d'un nombre entier ou fractionnaire. Enfin, quand le numérateur est égal au dénominateur, la fraction désigne l'unité elle-même.

Considérons, par exemple, la fraction $\frac{38}{5}$. Puisqu'avec cinq *cinquièmes* on forme une unité, autant de fois 38 *cinquièmes* contiendront 5 *cinquièmes*, autant la fraction $\frac{38}{5}$ contiendra d'unités; or 38 contient 5 sept fois, et il reste 3; donc $\frac{38}{5} = 7 + \frac{3}{5}$.

Règle II. *Pour extraire l'entier contenu dans une fraction dont le numérateur est plus grand que le dénominateur, il faut diviser le numérateur par le dénominateur.*

Propriétés fondamentales des fractions.

99. Théorème I. *Lorsqu'on rend le numérateur d'une fraction un certain nombre de fois plus grand ou plus petit, la fraction devient le même nombre de fois plus grande ou plus petite.*

Il est évident que si, sans changer le dénominateur, on augmente le numérateur, la fraction augmente; car les parties restent les mêmes, et on en prend un plus grand nombre. Si on rend le numérateur deux, trois..... fois plus grand, on prend un nombre de parties deux, trois..... fois plus grand, ce qui donne une quantité deux, trois..... fois plus grande. Ainsi, en multipliant par 5 le numérateur de la fraction $\frac{4}{7}$, nous prenons un nombre de septièmes cinq fois plus grand, ce qui donne une nouvelle fraction $\frac{20}{7}$, cinq fois plus grande que la première.

De même, en divisant le numérateur de la fraction $\frac{12}{7}$ par 3, on obtiendrait une fraction $\frac{4}{7}$, trois fois plus petite que la première.

THÉORÈME II. *Lorsqu'on rend le dénominateur d'une fraction un certain nombre de fois plus grand ou plus petit, la fraction devient le même nombre de fois plus petite ou plus grande.*

Si, sans changer le numérateur, on augmente le dénominateur, il est clair que la fraction diminue; car, l'unité étant partagée en un plus grand nombre de parties égales, les parties deviennent plus petites, et, comme on en prend le même nombre, on a une quantité plus petite.

Pour fixer les idées, supposons que l'on multiplie par 3 le dénominateur de la fraction $\frac{4}{7}$, ce qui donne le nombre fractionnaire $\frac{4}{21}$. Pour former la première fraction $\frac{4}{7}$, l'unité a été partagée en sept parties égales; prenons chacune de ces parties et subdivisons-la en trois parties égales, l'unité se trouvera divisée de la sorte en 7 fois 3, ou en 21 parties égales. Avec un seul *septième* nous avons formé par ce moyen TROIS *vingt-et-unièmes;* le *vingt-et-unième* est donc trois fois plus petit que le *septième;* et, comme on prend le même nombre de parties de part et d'autre, la seconde fraction est trois fois plus petite que la première.

En divisant par 3 le dénominateur de la fraction $\frac{4}{21}$, nous obtenons la nouvelle fraction $\frac{4}{7}$, trois fois plus grande que la première.

100. THÉORÈME III. *Lorsqu'on multiplie par un même nombre les deux termes d'une fraction, la valeur de la fraction ne change pas.*

Si nous multiplions par 3 les deux termes de la fraction $\frac{4}{7}$, nous obtenons une fraction $\frac{12}{21}$, qui représente la même quantité que la première. En effet comparons les trois fractions

$$\frac{4}{7}, \quad \frac{4}{7\times3}, \quad \frac{4\times3}{7\times3}.$$

D'après ce que nous venons de dire, la première fraction est trois fois plus grande que la seconde; la troisième est aussi trois fois plus grande que la seconde; donc la première et la troisième sont égales.

THÉORÈME IV. *Lorsqu'on divise par un même nombre les deux*

termes d'une fraction, la valeur de la fraction ne change pas.

Divisons par 3 les deux termes de la fraction $\frac{12}{21}$, nous obtiendrons la fraction $\frac{4}{7}$; or, si on multiplie par 3 les deux termes de cette seconde fraction, on reproduit la première ; donc, en vertu du théorème précédent, les deux fractions sont égales.

Simplification des fractions.

101. Plus une fraction est simple, plus l'esprit conçoit aisément la grandeur qu'elle représente ; ainsi nous nous figurons parfaitement les quantités $\frac{2}{3}$, $\frac{4}{5}$, $\frac{5}{7}$; mais si la fraction est compliquée, comme $\frac{720}{1620}$, nous avons plus de peine à nous figurer la grandeur qu'elle représente. Il importe donc de simplifier les fractions autant que possible. Simplifier une fraction, c'est trouver une fraction égale à la fraction proposée, et composée de termes plus petits. Le théorème IV nous fournit immédiatement un procédé de simplification ; toutes les fois que nous apercevrons un diviseur commun aux deux termes d'une fraction, nous diviserons ces deux termes par le diviseur commun, et nous obtiendrons de la sorte une fraction égale à la proposée, et plus simple qu'elle.

Reprenons la fraction $\frac{720}{1620}$. En divisant les deux termes d'abord par 10, puis par 2 et par 9, nous aurons une série de fractions égales,

$$\frac{720}{1620}, \quad \frac{72}{162}, \quad \frac{36}{81}, \quad \frac{4}{9}.$$

Ainsi la fraction proposée est égale à la fraction plus simple $\frac{4}{9}$.

Cette dernière, ayant ses deux termes premiers entre eux, ne peut plus être simplifiée par le procédé que nous venons d'employer ; mais il n'est pas évident qu'elle ne puisse l'être par un autre procédé, en retranchant, par exemple, de ses deux termes des nombres convenables. Nous allons donc rechercher à quels caractères on reconnaîtra qu'une fraction est irréductible.

102. Théorème V. *Toute fraction, égale à une fraction dont*

les deux termes sont premiers entre eux, a ses deux termes équi-
multiples des deux termes de la fraction proposée.

Considérons la fraction $\frac{4}{9}$ dont les deux termes sont premiers entre eux, et désignons par $\frac{a}{b}$ une fraction égale à la proposée. Multiplions par b les deux termes de la première et par 9 les deux termes de la seconde : les deux fractions ne changent pas de valeur et se mettent sous la forme

$$\frac{4 \times b}{9 \times b} \quad \text{et} \quad \frac{a \times 9}{b \times 9}.$$

Ces fractions, étant égales et ayant même dénominateur, doivent avoir nécessairement même numérateur ; donc

$$4 \times b = a \times 9.$$

Le nombre 9, divisant le produit $a \times 9$, doit diviser le produit égal $4 \times b$; mais il est premier avec le facteur 4 ; donc il divise l'autre facteur b. Ainsi le nombre b est un certain multiple de 9, multiple que nous pouvons représenter par $9 \times m$ (m étant un nombre entier quelconque). Si, dans l'égalité précédente, nous remplaçons b par le nombre égal $9 \times m$, nous avons

$$4 \times 9 \times m = a \times 9.$$

Divisons maintenant par 9 de part et d'autre, nous obtenons $4 \times m = a$, ou $a = 4 \times m$. Ainsi les deux nombres a et b sont les produits de 4 et 9 par un même nombre m, ce que nous exprimons en disant que les nombres a et b sont des équimultiples des deux termes 4 et 9 de la fraction proposée.

103. Théorème VI. *Une fraction dont les deux termes sont premiers entre eux est irréductible.*

En effet nous venons de démontrer que toute fraction égale à la proposée avait ses deux termes équimultiples de ceux de la proposée, et par conséquent plus grands que ceux de la proposée ; il n'existe donc pas de fraction, égale à la fraction donnée, et formée de termes plus simples; en un mot, la fraction donnée est irréductible.

Remarquons encore que deux fractions irréductibles ne peuvent être égales à moins d'être composées des mêmes termes identiquement. Ainsi, quel que soit le procédé que l'on emploie pour simplifier une fraction, on arrivera toujours au même résultat final.

Tantôt nous avons simplifié la fraction $\frac{720}{1620}$ en opérant par divisions successives, et quand nous avons eu supprimé tous les facteurs communs, nous sommes arrivés à la fraction $\frac{4}{9}$, dont les deux termes sont premiers entre eux. Cette fraction $\frac{4}{9}$ est par conséquent la fraction irréductible égale à la fraction proposée. Il est clair que nous opérerons la simplification tout d'un coup, en divisant les deux termes de la fraction proposée par leur plus grand commun diviseur 180. Nous savons en effet que, lorsqu'on divise deux nombres par leur plus grand commun diviseur, les deux quotients sont premiers entre eux; la nouvelle fraction sera donc irréductible. Ainsi :

Règle. *Pour réduire une fraction à sa plus simple expression, il suffit de diviser ses deux termes par leur plus grand commun diviseur,*

104. Quand on donne une fraction irréductible $\frac{4}{9}$, il est facile de former toutes les fractions qui lui sont égales; il suffit pour cela de multiplier ses deux termes par chacun des nombres consécutifs 2, 3, 4..... Ces fractions égales forment donc une série indéfinie

$$\frac{4}{9},\ \frac{4\times2}{9\times2},\ \frac{4\times3}{9\times3},\ \frac{4\times4}{9\times4},\dots\dots;$$

toutes représentent la même quantité.

Étant donnée l'une de ces fractions, par exemple $\frac{20}{45}$, on obtiendra toutes les fractions égales en augmentant ou en diminuant ses deux termes de deux équimultiples des termes de la fraction irréductible égale $\frac{4}{9}$.

Réduction des fractions au même dénominateur.

105. On compare aisément des fractions qui ont même dénominateur, comme $\frac{5}{12}$ et $\frac{7}{12}$; puisqu'on a des parties égales, des douzièmes, de part et d'autre, il suffit de comparer le numérateur ; dans l'exemple choisi, on voit immédiatement que c'est la seconde fraction qui est la plus grande. On comprend par-là combien il est utile de savoir réduire les fractions au même dénominateur, c'est-à-dire de savoir trouver des fractions respectivement égales à des fractions données et ayant même dénominateur.

106. Première méthode. 1° Considérons d'abord deux fractions $\frac{3}{5}$ et $\frac{4}{7}$. Si nous multiplions les deux termes de la première par le dénominateur 7 de la seconde, nous mettons cette première fraction sous la forme $\frac{3\times7}{5\times7}$. En multipliant de même les deux termes de la seconde fraction par le dénominateur 5 de la première, nous mettons cette fraction sous la forme $\frac{4\times5}{7\times5}$. Or on voit que les dénominateurs des deux nouvelles fractions sont égaux, puisque ce sont les produits des deux mêmes facteurs, effectués seulement dans un ordre différent. Ainsi les deux fractions $\frac{3}{5}$ et $\frac{4}{7}$, réduites au même dénominateur, deviennent $\frac{21}{35}$ et $\frac{20}{35}$.

Règle I. *Pour réduire deux fractions au même dénominateur, il suffit de multiplier les deux termes de chacune d'elles par le dénominateur de l'autre.*

2° Considérons maintenant un nombre quelconque de fractions

$$\frac{3}{5},\ \frac{1}{6},\ \frac{4}{7},\ \frac{10}{11}.$$

Multiplions les deux termes de chacune d'elles successivement par les dénominateurs de toutes les autres, nous aurons les fractions

$$\frac{3\times6\times7\times11}{5\times6\times7\times11},\quad \frac{5\times7\times11}{6\times5\times7\times11},\quad \frac{4\times5\times6\times11}{7\times5\times6\times11},\quad \frac{10\times5\times6\times7}{11\times5\times6\times7},$$

respectivement égales aux proposées; or les nouveaux dénominateurs sont égaux, puisque ce sont les produits des mêmes facteurs, disposés seulement dans un autre ordre. Ainsi :

Règle II. *Pour réduire plusieurs fractions au même dénominateur, il suffit de multiplier les deux termes de chacune d'elles par le produit des dénominateurs de toutes les autres.*

On effectuera les calculs de la manière suivante : on calculera d'abord le produit de tous les dénominateurs, ce qui donnera le dénominateur commun ; puis on divisera successivement ce dénominateur commun par chacun des dénominateurs, et on multipliera le numérateur de chaque fraction par le quotient correspondant. Dans l'exemple proposé, le dénominateur commun est 2310 ; ce nombre, divisé successivement par chacun des dénominateurs 5, 6, 7 et 11, donne les quotients 462, 385, 330, 210. En multipliant ces nombres respectivement par les numérateurs 3, 1, 4, 10, on transformera les fractions proposées dans les suivantes, qui ont le même dénominateur :

$$\frac{1386}{2310}, \quad \frac{385}{2310}, \quad \frac{1320}{2310}, \quad \frac{2100}{2310}.$$

107. Seconde méthode. Il est possible ordinairement d'abréger beaucoup les calculs. En effet, puisque nous transformons chacune des fractions données en multipliant ses deux termes par un certain nombre, le commun dénominateur est un multiple commun de tous les dénominateurs ; et réciproquement tout multiple commun peut servir de commun dénominateur. La question revient donc à la détermination d'un multiple commun des dénominateurs des fractions proposées ; on prendra de préférence le plus petit multiple. Ainsi :

Règle III. *Pour réduire plusieurs fractions au même dénominateur, il suffit de chercher le plus petit multiple de tous les dénominateurs, et de prendre ce plus petit multiple pour dénominateur commun.*

Appliquons à quelques exemples :

1° Soient les fractions

$$\frac{7}{12}, \quad \frac{13}{18}, \quad \frac{5}{36}.$$

Ici le plus grand dénominateur 36 est divisible exactement par chacun des autres ; c'est le plus petit multiple ; on le prendra pour dénominateur commun. Ce nombre 36, divisé par 12 et 18, donne pour qnotient 3 et 2 ; on multipliera le numérateur de la première fraction par 3, celui de la seconde par 2 ; et l'on obtiendra les fractions

$$\frac{21}{36}, \quad \frac{26}{36}, \quad \frac{5}{36}.$$

2° Soient les fractions

$$\frac{7}{12}, \quad \frac{13}{18}, \quad \frac{19}{24}, \quad \frac{5}{36}.$$

Le plus grand dénominateur 36 est divisible par les deux premiers dénominateurs, mais il ne l'est pas par le troisième 24 ; il suffit de chercher un multiple de 36 divisible par 24. Or nous voyons de suite que 36×2 ou 72 est divisible par 24 ; ce nombre 72 est donc le plus petit multiple, et nous le prendrons pour dénominateur commun. Les fractions proposées deviennent ainsi

$$\frac{42}{72}, \quad \frac{52}{72}, \quad \frac{57}{72}, \quad \frac{10}{72}.$$

3° Mais en général on n'aperçoit pas immédiatement un multiple du plus grand dénominateur divisible par tous les autres ; dans ce cas, il faut procéder à la recherche du plus petit multiple par la décomposition en facteurs premiers. Nous allons indiquer sur un exemple la manière de disposer les calculs :

fractions proposées.		plus petit multiple.	quotients.	fractions réduites au même dénom.
$\frac{7}{20}$	$20 = 2^2.5$		$2.3^2 = 18$	$\frac{126}{360}$
$\frac{11}{24}$	$24 = 2^3.3$	$2^3.3^2.5 = 360$	$3.5 = 15$	$\frac{165}{360}$
$\frac{23}{36}$	$36 = 2^2.3^2$		$2.5 = 10$	$\frac{230}{360}$
$\frac{17}{45}$	$45 = 3^2.5$		$2^3 = 8$	$\frac{136}{360}$

Si l'on avait opéré d'après la première méthode, on aurait pris pour dénominateur commun le produit 7776 des dénominateurs, nombre beaucoup plus grand que 360.

Il est un cas où la seconde méthode revient à la première; c'est lorsque les dénominateurs sont premiers entre eux deux à deux; alors le plus petit multiple n'est autre chose que le produit même des dénominateurs.

CHAPITRE II

CALCUL DES FRACTIONS ORDINAIRES

108. Les définitions que nous avons données dans le livre I pour l'addition et la soustraction des nombres entiers s'appliquent aux quantités en général. *L'addition a pour but de réunir en une seule plusieurs quantités de même espèce. La soustraction a pour but de retrancher une quantité d'une autre plus grande de même espèce.*

Si, par exemple, on place à la suite les unes des autres plusieurs longueurs données, on fait une addition ; connaissant les nombres qui mesurent les longueurs données, nous nous proposons de trouver le nombre qui mesure la longueur totale.

109. ADDITION. 1° Si les fractions données ont même dénominateur, on a des parties de même nature à additionner ; pour trouver combien de parties renferme la somme, il suffit évidemment d'additionner les numérateurs. Ainsi :

$$\frac{27}{36} + \frac{6}{36} + \frac{20}{36} + \frac{21}{36} = \frac{27+6+20+21}{36} = \frac{74}{36} = 2 + \frac{2}{36} = 2 + \frac{1}{18}.$$

2° Si les fractions données n'ont pas même dénominateur, on les réduira préalablement au même dénominateur.

3° Si l'on avait à additionner plusieurs nombres fractionnaires, on additionnerait d'abord les fractions, puis les entiers, en tenant compte du nombre entier fourni par la somme des fractions.

La somme des nombres fractionnaires

$$10 + \tfrac{3}{4}, \quad 7 + \tfrac{1}{6}, \quad \tfrac{5}{9}, \quad 1 + \tfrac{7}{12},$$

est égale à $20 + \tfrac{1}{18}$.

119. SOUSTRACTION. 1° Lorsque les deux fractions ont même dénominateur, on retranche le plus petit numérateur du plus grand. Si les fractions n'ont pas même dénominateur, on les réduit préalablement au même dénominateur. Ainsi

$$\frac{11}{12} - \frac{4}{9} = \frac{33}{36} - \frac{16}{36} = \frac{33-16}{36} = \frac{7}{36}.$$

2° Si l'on veut retrancher un nombre fractionnaire d'un nombre fractionnaire, on réduit d'abord les deux fractions au même dénominateur, puis on retranche la fraction de la fraction et l'entier de l'entier.

De $20 + \frac{11}{12}$ retrancher $6 + \frac{4}{9}$; on écrira

$$20 + \frac{33}{36}$$
$$6 + \frac{16}{36}$$
$$\overline{14 + \frac{7}{36}.}$$

De $20 + \frac{4}{9}$ retrancher $6 + \frac{11}{12}$;

$$20 + \frac{16}{36}$$
$$6 + \frac{33}{36}$$
$$\overline{13 + \frac{19}{36}.}$$

Ici la fraction inférieure est plus grande que la fraction supérieure. On ajoute à cette dernière une unité ou $\frac{36}{36}$, ce qui donne $\frac{52}{36}$; de $\frac{52}{36}$ ôtez $\frac{33}{36}$, il reste $\frac{19}{36}$. Pour que la différence ne change pas, on ajoute ensuite une unité au nombre 6 ; de 20 ôtez 7, il reste 13.

3° De 1 retrancher $\frac{4}{9}$.

$$1 - \frac{4}{9} = \frac{9}{9} - \frac{4}{9} = \frac{9-4}{9} = \frac{5}{9}.$$

4° De $\frac{14}{9}$ retrancher 1.

$$\frac{14}{9} - 1 = \frac{14}{9} - \frac{9}{9} = \frac{14-9}{9} = \frac{5}{9}.$$

Ainsi : *la différence qui existe entre l'unité et une fraction est exprimée par une fraction ayant pour dénominateur le dénominateur de la fraction, et pour numérateur la différence des deux termes de la fraction proposée.*

111. Changement qu'éprouve une fraction quand on ajoute un même nombre a ses deux termes. Considérons d'abord une fraction moindre que l'unité, $\frac{4}{9}$, par exemple. Si à ses deux termes nous ajoutons le même nombre a, nous obtenons une nouvelle fraction $\frac{4+a}{9+a}$ qui est elle-même moindre que l'unité, puisque le numérateur reste toujours plus petit que le dénominateur. Mais la différence des termes ne change pas. Si donc on prend l'excès de l'unité sur chacune de ces deux fractions, les deux différences $\frac{5}{9}$ et $\frac{5}{9+a}$ ont même numérateur ; mais le dénominateur de la seconde est plus grand que le dénominateur de la première, la seconde différence est donc plus petite que la première. Il en résulte que $\frac{4+a}{9+a}$ est plus rapproché de l'unité que $\frac{4}{9}$, et par conséquent cette fraction $\frac{4+a}{9+a}$ est plus grande quela fraction proposée. Ainsi :

Quand on ajoute un même nombre aux deux termes d'une fraction moindre que l'unité, la fraction augmente.

Si on ajoute aux deux termes de la fraction des nombres de plus en plus grands, on obtiendra une série de fractions croissantes, et qui s'approcheront de l'unité autant qu'on voudra, en restant constamment moindres que l'unité.

Les mêmes raisonnements peuvent être appliqués à une fraction plus grande que l'unité. Si on ajoute un même nombre aux deux termes, la fraction se rapproche encore de l'unité, mais alors elle diminue. Et si l'on ajoute aux deux termes des nombres de plus en plus grands, on aura une série de fractions décroissantes, et se rapprochant de l'unité autant qu'on voudra, tout en restant constamment supérieures à l'unité.

C'est ici le lieu d'introduire une idée qui joue un grand rôle en mathématiques, l'idée de *limite*. Lorsqu'une quantité *variable* s'approche indéfiniment d'une quantité *fixe*, de manière à ce que la différence devienne aussi petite que l'on veut, la quantité fixe s'appelle la *limite* de la quantité variable. Ce qui précède nous en donne un premier exemple : si aux deux termes d'une fraction donnée on ajoute un même nombre de plus en plus grand, nous avons dit que la fraction variable ainsi obtenue se rapprochait de l'unité, de manière à ce que la différence devienne aussi petite que l'on veut : l'unité est donc la limite de la fraction variable.

Si la fraction d'où l'on part est moindre que l'unité, la fraction variable tend vers sa limite en croissant ; si elle est plus grande que l'unité, en décroissant.

Multiplication.

112. Cas ou le multiplicateur est entier. La définition que nous avons donnée de la multiplication subsiste dans le cas où le multiplicateur est un nombre entier, le multiplicande étant d'ailleurs une quantité quelconque. *Multiplier une quantité par un nombre entier, c'est la répéter autant de fois qu'il y a d'unités dans le nombre entier.* Multiplier une longueur par 4, c'est ajouter à la suite les unes des autres quatre longueurs égales à la longueur donnée ; connaissant le nombre qui mesure le multiplicande, il faut trouver le nombre qui mesure la longueur totale ou produit.

Proposons-nous d'abord de multiplier une fraction par un nombre entier. Soit par exemple la fraction $\frac{5}{7}$ à multiplier par 4 ; il s'agit de répéter le multiplicande 4 fois, ou d'additionner quatre fractions égales à $\frac{5}{7}$. Or nous savons que, pour additionner des fractions ayant même dénominateur, il faut additionner les numérateurs ; on aura donc pour somme ou produit une fraction ayant pour dénominateur 7, et pour numérateur le numérateur 5 de la fraction proposée, répété 4 fois. Ainsi :

$$\frac{5}{7} \times 4 = \frac{5}{7} + \frac{5}{7} + \frac{5}{7} + \frac{5}{7} = \frac{5 \times 5 + 5 + 5}{7} = \frac{5 \times 4}{7}.$$

Règle. *Pour multiplier une fraction par un nombre entier, il suffit de multiplier le numérateur par ce nombre entier.*

Remarque. Le produit d'une quantité par 4 est quatre fois plus grand que le multiplicande ; or il y a deux manières de rendre une fraction quatre fois plus grande ; c'est de multiplier le numérateur par 4, ce que nous avons fait ; ou, lorsque c'est possible, de diviser le dénominateur par 4. Ainsi :

$$\frac{5}{12} \times 4 = \frac{5}{12 : 4} = \frac{5}{3}.$$

Si l'on a un nombre fractionnaire à multiplier par un nombre entier, on multipliera d'abord la fraction, puis l'entier en ajoutant au produit l'entier fourni par la fraction. Ainsi :

$$\left(3 + \frac{5}{7}\right) \times 4 = 14 + \frac{6}{7}.$$

113. Cas ou le multiplicateur est fractionnaire. La définition de la multiplication, dont nous nous sommes servi jusqu'à présent, n'a plus de sens quand le multiplicateur est une fraction ; il devient nécessaire de donner à cette définition une signification plus étendue. Nous dirons :

Multiplier, c'est répéter plusieurs fois une partie déterminée du multiplicande.

Ainsi multiplier par $\frac{3}{5}$, c'est répéter 3 fois la cinquième partie du multiplicande. En particulier, multiplier par $\frac{1}{5}$, c'est prendre la cinquième partie du multiplicande.

Cette définition nouvelle ne comporte plus nécessairement en elle l'idée d'augmentation. Si le multiplicateur est plus grand que l'unité, le produit sera en effet plus grand que le multiplicande ; mais si le multiplicateur est plus petit que l'unité, le produit sera plus petit que le multiplicande. La multiplication ainsi entendue n'est plus une opération simple, elle comprend une double opération : 1º division du multiplicande en parties égales ; 2º répé-

.tition d'une des parties. C'est la combinaison d'une division et d'une multiplication proprement dites.

Expliquons maintenant pourquoi cette double opération a été appelée multiplication. Proposons-nous la question suivante : combien coûte une certaine quantité d'étoffe, connaissant le prix du mètre ? Si la quantité d'étoffe est un nombre entier de mètres, 8 mètres par exemple, il faut répéter le prix du mètre 8 fois; c'est là une *multiplication* dans l'acception ordinaire du mot. Si l'on demandait combien coûtent $\frac{3}{5}$ de mètre, il faudrait répéter 3 fois le cinquième du prix d'un mètre. L'opération qu'il faut faire dans le second cas, pour trouver le prix de la quantité d'é- toffe, a été appelée par analogie *multiplication*.

Soit donc $\frac{4}{7}$ à multiplier par $\frac{3}{5}$. D'après notre définition, il faut répéter trois fois la cinquième partie du multiplicande. On ob- tient la cinquième partie du multiplicande en multipliant le dé- nominateur par 5, ce qui donne $\frac{4}{7\times5}$; on répète ensuite trois fois cette partie en multipliant le numérateur par 3. Le produit cherché est donc $\frac{4\times3}{7\times5}$ ou $\frac{12}{35}$. Ainsi :

$$\frac{4}{7} \times \frac{3}{5} = \frac{4\times3}{7\times5} = \frac{12}{35}.$$

Règle. *Pour multiplier deux fractions*, *il faut multiplier numérateur par numérateur et dénominateur par dénomi- nateur*.

114. Tous les autres cas qui peuvent se présenter se ramè- nent au précédent.

1° Si l'on a à multiplier un entier par une fraction, en mettant le nombre entier sous la forme d'une fraction ayant pour déno- minateur l'unité, on aura

$$4 \times \frac{3}{5} = \frac{4}{1} \times \frac{3}{5} = \frac{12}{5} = 2 + \frac{2}{5}.$$

On serait d'ailleurs arrivé au même résultat en prenant directe- ment les trois cinquièmes du multiplicande.

2° Si l'on veut multiplier un nombre fractionnaire par une

fraction ou par un nombre fractionnaire, on mettra préalablement les nombres fractionnaires sous forme de fraction. Ainsi :

$$(8 + \tfrac{4}{7}) \times \tfrac{3}{5} = \tfrac{60}{7} \times \tfrac{3}{5} = \tfrac{180}{35} = \tfrac{36}{7} = 5 + \tfrac{1}{7};$$

$$(8 + \tfrac{4}{7}) \times (1 + \tfrac{3}{5}) = \tfrac{60}{7} \times \tfrac{8}{5} = \tfrac{480}{35} = \tfrac{96}{7} = 13 + \tfrac{5}{7}.$$

115. Les théorèmes que nous avons démontrés au commencement du livre II, relativement au produit de plusieurs facteurs, subsistent quand les facteurs sont fractionnaires. Examinons d'abord le théorème fondamental, à savoir : le produit ne change pas, quand on change l'ordre des facteurs. Le produit

$$\tfrac{3}{4} \times \tfrac{5}{7} \times \tfrac{8}{9} \times \tfrac{7}{10} = \tfrac{3 \times 5 \times 8 \times 7}{4 \times 7 \times 9 \times 10}$$

est une fraction ayant pour numérateur le produit des numérateurs et pour dénominateur le produit des dénominateurs. Or, si l'on change l'ordre des facteurs fractionnaires, on change simplement l'ordre des facteurs entiers qui composent les deux termes de la fraction produit, ce qui ne change pas la valeur de ses deux termes.

Le théorème fondamental étant ainsi généralisé, toutes ses conséquences le sont par là même. Ainsi, dans un produit de facteurs quelconques, on peut grouper deux facteurs en un seul, et réciproquement décomposer un facteur en plusieurs autres. Si l'on multiplie un facteur par un certain nombre, le produit est multiplié par ce nombre,... etc.

Lorsqu'on aura à calculer un produit de fractions, on aura soin de supprimer les facteurs communs avant de commencer les multiplications. Ainsi dans le produit précédent nous apercevons au numérateur et au dénominateur les facteurs 7, 4, 5, 10, que nous supprimons ; de cette manière nous obtenons immédiatement le résultat sous sa forme la plus simple $\tfrac{1}{3}$.

Division.

116. La définition que nous avons donnée de la division dans le premier livre, à savoir : *la division a pour but de trouver un* *nombre qui, multiplié par le diviseur, reproduise le dividende,* acquiert maintenant un sens précis et absolu ; quels que soient en effet le dividende et le diviseur, nous pouvons toujours, à l'aide des fractions, former un quotient qui, multiplié par le diviseur, reproduise exactement le dividende.

Considérons d'abord la division d'un nombre entier par un nombre entier. Soit 5 à diviser par 7 ; le quotient est la fraction $\frac{5}{7}$; et en effet, si on multiplie la fraction $\frac{5}{7}$ par le diviseur 7, ou reproduit exactement le dividende 5. Ainsi :

THÉORÈME. *Une fraction exprime la division de son numérateur par son dénominateur.*

Soit encore 30 à diviser par 7, le quotient est exprimé par la fraction $\frac{30}{7}$, et, si l'on extrait les entiers qu'elle contient, par le nombre fractionnaire $4 + \frac{2}{7}$. Dans le premier livre nous nous sommes borné à déterminer la partie entière du quotient ; nous voyons maintenant que, pour compléter le quotient, il suffit d'ajouter à la partie entière une fraction ayant pour numérateur ce que nous appelions le reste de la division, et pour dénominateur le diviseur.

117. DIVISION PAR UN NOMBRE ENTIER. 1° Soit la fraction $\frac{4}{7}$ à diviser par 5. Il faut trouver un nombre qui, multiplié par 5 ou répété 5 fois, donne le dividende ; ce nombre est donc cinq fois plus petit que le dividende, ou bien est la cinquième partie du dividende. Ainsi le quotient cherché est $\frac{4}{7} \times \frac{1}{5}$ ou $\frac{4}{4 \times 5}$.

RÈGLE. *On divise une fraction par un nombre entier en multipliant le dénominateur de la fraction par le diviseur.*

Quand le numérateur de la fraction est divisible par le nombre entier, on pourra effectuer la division d'une manière plus simple, en divisant le numérateur par le diviseur. Ainsi

$$\frac{6}{7} : 3 = \frac{6 : 3}{7} = \frac{2}{7}.$$

2° Soit un nombre fractionnaire $17 + \frac{1}{4}$ à diviser par 5 ; il faut prendre, comme précédemment, la cinquième partie du dividende. On dira : le cinquième de 17 est 3 pour 15 et il reste 2 unités ; ces 2 unités, converties en septièmes et ajoutées à la fraction $\frac{1}{7}$, donnent $\frac{18}{7}$; le cinquième de $\frac{18}{7}$ est $\frac{18}{35}$. Le quotient cherché est donc $3 + \frac{18}{35}$.

De même $(59 + \frac{1}{5}) : 8 = 7 + \frac{2}{5}$.

118. DIVISION PAR UNE FRACTION. Soit à diviser une quantité quelconque par la fraction $\frac{5}{7}$. Il faut trouver une quantité qui, multipliée par $\frac{5}{7}$, reproduise le dividende. Or multiplier une quantité par $\frac{5}{7}$, c'est en prendre les cinq septièmes ; donc les cinq septièmes du quotient doivent former le dividende. Un seul septième du quotient sera cinq fois plus petit que le dividende, ou sera la cinquième partie du dividende ; on obtiendra le quotient lui-même en répétant ce cinquième sept fois, c'est-à-dire en prenant les $\frac{7}{5}$ du dividende. Or prendre les $\frac{7}{5}$ d'une quantité, c'est la multiplier par la fraction $\frac{7}{5}$. Ainsi :

RÈGLE. *Diviser par une fraction revient à multiplier par la fraction diviseur renversée.*

$$\frac{3}{4} : \frac{5}{7} = \frac{3}{4} \times \frac{7}{5} = \frac{3 \times 7}{4 \times 5} \times \frac{21}{20}.$$

On peut vérifier que la fraction $\frac{3 \times 7}{4 \times 5}$ ainsi obtenue est bien le quotient cherché ; car si on la multiplie par le diviseur $\frac{5}{7}$, elle reproduit le dividende $\frac{3}{4}$.

119. La règle que nous venons de donner comprend tous les cas de la division. Lorsque le diviseur est un entier, 5 par exemple, nous sommes arrivés à cette conséquence que le quotient était égal à la cinquième partie du dividende, ou au produit du dividende par la fraction $\frac{1}{5}$; or cette fraction $\frac{1}{5}$ peut être considérée comme l'entier $\frac{5}{1}$ renversé.

De même, diviser par $\frac{1}{5}$, c'est la même chose que multiplier par 5.

Si le diviseur et le dividende sont des nombres fractionnaires, on les mettra préalablement sous forme de fractions

$$\left(5 + \tfrac{4}{9}\right) : \tfrac{7}{12} = \tfrac{49}{9} \times \tfrac{12}{7} = \tfrac{28}{3} = 9 + \tfrac{1}{3},$$
$$12 : \left(1 + \tfrac{3}{5}\right) = 12 : \tfrac{8}{5} = 12 \times \tfrac{5}{8} = \tfrac{60}{8} = \tfrac{15}{2} = 7 + \tfrac{1}{2},$$
$$\left(4 + \tfrac{1}{6}\right) : \left(5 + \tfrac{5}{8}\right) = \tfrac{25}{6} : \tfrac{45}{8} = \tfrac{25}{6} \times \tfrac{8}{45} = \tfrac{20}{27}.$$

120. De même que, d'après l'extension donnée aux définitions, la multiplication ne comportait pas en elle l'idée d'augmentation, de même la division ne comporte plus l'idée de diminution. Puisque diviser revient à multiplier par le diviseur renversé, on voit que, si le diviseur est plus grand que l'unité, le quotient sera plus petit que le dividende ; mais que, si le diviseur est plus petit que l'unité, le quotient sera plus grand que le dividende.

Les deux points de vue sous lesquels nous avons considéré la division, lorsqu'il ne s'agissait que des nombres proprement dits, se présentent avec plus de précision dans l'étude des quantités. 1° *Si le diviseur est un nombre entier, on peut considérer la division comme ayant pour but de partager la quantité dividende en autant de parties égales qu'il y a d'unités au diviseur.* Supposons, par exemple, que le diviseur soit 5, la quantité quotient répétée 5 fois donne le dividende ; donc la quantité dividende se trouve partagée exactement en 5 parties égales, et chacune des parties est le quotient.

2° En admettant que le dividende et le diviseur soient des quantités de même espèce *le quotient indique combien le dividende contient de fois le diviseur, et combien de parties du diviseur.* En effet supposons d'abord que le quotient soit un entier 3 ; le diviseur, multiplié par 3 ou répété 3 fois, donne le dividende ; donc la quantité dividende contient 3 fois le diviseur. Si le quotient est une fraction $\tfrac{4}{5}$, en multipliant le diviseur par $\tfrac{4}{5}$ on prend les $\tfrac{4}{5}$ du diviseur ; donc la quantité dividende contient quatre fois la cinquième partie du diviseur. Enfin si le quotient est un nombre fractionnaire $3 + \tfrac{1}{5}$, la quantité divi-

dende contient trois fois le diviseur, plus quatre fois la cinquième partie du diviseur.

En résumé le quotient exprime ce qu'on appelle le *rapport* de
la quantité dividende à la quantité diviseur. C'est, on le voit, la
mesure de la quantité dividende, en supposant qu'on prenne
pour unité la quantité diviseur.

121. Puisqu'une fraction peut être considérée comme le quotient de deux nombres entiers, on a adopté par analogie le signe
de la fraction, c'est-à-dire le trait horizontal, pour indiquer la
division de deux quantités quelconques. On place le dividende
au-dessus du trait et le diviseur au-dessous. Ainsi la division de
$4 + \frac{1}{6}$ par $5 + \frac{3}{8}$ s'exprimera de ces deux manières :

$$(4 + \tfrac{1}{6}) : (5 + \tfrac{3}{8}) \quad \text{ou} \quad \frac{4 + \frac{1}{6}}{5 + \frac{3}{8}}.$$

On choisira dans chaque cas particulier celle des deux notations qui paraîtra la plus commode.

Les propriétés fondamentales des fractions ordinaires s'étendent aux quotients en général.

THÉORÈME I. *Si on multiplie ou si on divise le dividende par
un nombre quelconque, le quotient est multiplié ou divisé par ce
même nombre.*

Des nombres quelconques pouvant se mettre sous forme de
fractions ordinaires, un quotient en général sera le quotient de
deux fractions ordinaires ; par exemple,

$$\frac{4 + \frac{1}{6}}{5 + \frac{3}{8}} = \frac{\frac{25}{6}}{\frac{43}{8}}.$$

Multiplions le dividende $\frac{25}{6}$ par un nombre quelconque
$2 + \frac{2}{7}$ ou $\frac{16}{7}$, je dis que le quotient est multiplié par le même
nombre ; en d'autres termes, je veux démontrer que les deux
expressions

$$\frac{\frac{25}{6} \times \frac{16}{7}}{\frac{43}{8}} \quad \text{et} \quad \frac{\frac{25}{6}}{\frac{43}{8}} \times \frac{16}{7}$$

sont égales. En effet, puisqu'on divise en multipliant par la fraction diviseur renversée, ces deux expressions se mettent sous la forme

$$\tfrac{25}{6} \times \tfrac{16}{7} \times \tfrac{8}{43}, \quad \tfrac{25}{6} \times \tfrac{8}{43} \times \tfrac{16}{7},$$

et par conséquent sont égales entre elles. Ainsi :

$$\frac{4+\tfrac{1}{6}}{5+\tfrac{3}{8}} \times \left(2+\tfrac{2}{7}\right) = \frac{\left(4+\tfrac{1}{16}\right) \times \left(2+\tfrac{2}{7}\right)}{5+\tfrac{3}{8}}.$$

On démontrerait de même que

$$\frac{4+\tfrac{1}{6}}{5+\tfrac{3}{8}} : \left(2+\tfrac{2}{7}\right) = \frac{\left(4+\tfrac{1}{6}\right) : \left(2+\tfrac{2}{7}\right)}{5+\tfrac{3}{8}}.$$

Théorème II. *Si on multiplie ou si on divise le diviseur par un nombre quelconque, le quotient est divisé ou multiplié par ce même nombre.*

En effet les deux expressions

$$\frac{\tfrac{25}{6}}{\tfrac{43}{8}} : \tfrac{16}{7} \quad \text{et} \quad \frac{\tfrac{25}{6}}{\tfrac{43}{7} \times \tfrac{16}{7}}$$

sont égales, parce qu'elles peuvent se mettre sous la forme

$$\tfrac{25}{6} \times \tfrac{8}{43} \times \tfrac{7}{16}, \quad \tfrac{25}{6} \times \tfrac{8 \times 7}{43 \times 16}.$$

Ainsi :

$$\frac{4+\tfrac{1}{6}}{5+\tfrac{3}{8}} : \left(2+\tfrac{2}{7}\right) = \frac{4+\tfrac{1}{6}}{\left(5+\tfrac{3}{8}\right) \times \left(2+\tfrac{2}{7}\right)}.$$

Théorème III. *Si on multiplie ou si on divise le dividende par un même nombre, le quotient ne change pas.*

Ce théorème résulte des deux précédents. On peut d'ailleurs le démontrer directement. Considérons en effet les deux expressions

$$\frac{\tfrac{25}{6}}{\tfrac{43}{8}} \quad \text{et} \quad \frac{\tfrac{25}{6} \times \tfrac{16}{7}}{\tfrac{43}{8} \times \tfrac{16}{7}}.$$

La première s'écrit

$$\frac{25 \times 8}{6 \times 43}.$$

La seconde, transformée et simplifiée, devient

$$\frac{\frac{25 \times 16}{9 \times 7}}{\frac{43 \times 16}{8 \times 7}} = \frac{25 \times 16 \times 8 \times 7}{6 \times 7 \times 43 \times 16} = \frac{25 \times 8}{6 \times 43}.$$

Ainsi

$$\frac{4 + \frac{1}{6}}{5 + \frac{3}{8}} = \frac{\left(4 + \frac{1}{6}\right) \times \left(2 + \frac{2}{7}\right)}{\left(5 + \frac{3}{8}\right) \times \left(2 + \frac{2}{7}\right)}.$$

Réciproquement si on divise le dividende et le diviseur par un même nombre, le quotient ne change pas.

En vertu de ce théorème, on pourrait ramener la division de deux nombres quelconques à la division de deux entiers. Soit $\frac{3}{4}$ à diviser par $\frac{5}{7}$; réduisons ces fractions au même dénominateur, nous aurons $\frac{3 \times 7}{4 \times 7}$ à diviser par $\frac{5 \times 4}{7 \times 4}$; et, si nous multiplions le dividende et le diviseur par 7×4, la question reviendra à diviser 21 par 20.

122. EXERCICES.

1° Combien coûtent 15 mètres et $\frac{7}{12}$ de mètre d'étoffe à raison de 18 francs le mètre ?

On obtient d'abord le prix de 15 mètres d'étoffes en répétant 15 fois le prix du mètre ; on obtient ensuite le prix de $\frac{7}{12}$ de mètre en répétant 7 fois la douzième partie du prix du mètre, c'est là ce que nous appelons multiplier par $\frac{7}{12}$. En résumé, on multipliera le prix du mètre par la quantité d'étoffe $15 + \frac{7}{12}$.

On aurait pu convertir préalablement en une fraction simple la quantité d'étoffe, ce qui donne $\frac{187}{12}$ de mètre. Il faudrait répéter 187 fois la douzième partie du prix du mètre, c'est-à-dire multiplier par la fraction $\frac{187}{12}$.

Dans l'exemple actuel, les calculs se simplifient, car

$$18 \times \left(15 + \tfrac{7}{12}\right) = \left(15 + \tfrac{7}{12}\right) \times 18 = 280 + \tfrac{1}{2}.$$

Nous avons multiplié d'abord la fraction $\frac{7}{12}$ par 18 ; le produit $\frac{7 \times 18}{12}$; par la suppression du facteur 6 qui se trouve au numérateur et au dénominateur, se réduit à $\frac{7\times3}{2}=\frac{21}{2}=10+\frac{1}{2}$. Nous avons multiplié ensuite l'entier 15 par 18, et ajouté les 10 unités de retenue. Ainsi les 15 mètres et $\frac{7}{12}$ coûtent 280 francs plus $\frac{1}{2}$.

2° On a acheté 15 mètres plus $\frac{7}{12}$ d'étoffe pour 280 francs plus $\frac{1}{2}$. Quel est le prix du mètre?

Le prix du mètre multiplié par la quantité d'étoffe doit reproduire la somme payée; on obtiendra donc le prix du mètre en divisant la somme payée par la quantité d'étoffe achetée.

$$((280+\tfrac{1}{2}):(15+\tfrac{7}{12})=(280+\tfrac{1}{2}):\tfrac{187}{12}=\tfrac{561}{2}\times\tfrac{12}{187}=\tfrac{3366}{187}=18.$$

On pourrait faire directement sur cet exemple le raisonnement qui nous a conduit à la règle du n° 118. Nous savons ce qu'ont coûté 187 douzièmes de mètre; il est clair que 187 mètres auraient coûté douze fois plus, et qu'un seul mètre coûterait 187 fois moins; il faut donc, pour avoir le prix du mètre, multiplier la somme payée par 12 et diviser par 187; en un mot, il faut multiplier par la fraction $\frac{12}{187}$.

3° Quelle quantité d'étoffe à 18 francs le mètre peut-on acheter avec 280 francs plus $\frac{1}{2}$?

Le prix du mètre multiplié par la quantité d'étoffe devant reproduire la somme totale, on obtiendra cette quantité d'étoffe en divisant la somme totale par le prix du mètre.

$$(280+\tfrac{1}{2}):18=15+\tfrac{21}{36}=15+\tfrac{7}{12}.$$

CHAPITRE III

DES COMMUNES MESURES

123.. Définition. Nous allons étendre aux grandeurs continues les théorèmes que nous avons démontrés sur les diviseurs et les multiples des nombres entiers. Reprenons d'abord quelques définitions.

Lorsqu'une grandeur contient un nombre exact de fois une autre grandeur de même espèce, on dit que la première est *divisible* par la seconde, ou qu'elle est *multiple* de la seconde. Réciproquement la seconde est un *diviseur* ou une *partie aliquote* de la première. Toute grandeur qui est contenue exactement dans plusieurs grandeurs de même espèce est un plus grand commun diviseur de celles-ci; on l'appelle aussi *commune mesure*.

On détermine la plus grande commune mesure de plusieurs grandeurs par un procédé analogue à celui que nous avons employé pour les nombres entiers.

124. Recherche de la commune mesure de deux grandeurs. Supposons, pour fixer les idées, qu'il s'agisse de deux longueurs que j'appelle A et B. Portons la plus petite B sur la plus grande A; si elle est contenue exactement, par exemple trois fois, la longueur B sera la plus grande commune mesure cherchée. On obtiendrait toutes les communes mesures en partageant B en un nombre quelconque de parties égales.

Si en portant B sur A on trouve un reste R, on démontrera que les diviseurs communs de A et B sont les mêmes que les communs diviseurs de B et R. Portons R sur B et appelons R′ le reste, les communs diviseurs cherchés seront les mêmes que ceux de R et R'... On continuera de la même manière jusqu'à ce qu'on arrive à une division exacte; le dernier reste obtenu est le plus grand commun diviseur ou la plus grande commune mesure des longueurs données A et B.

Il résulte d'ailleurs du raisonnement que *toute commune mesure des deux grandeurs données est une partie aliquote de la plus grande commune mesure,* en est, par exemple, le $\frac{1}{2}$, le $\frac{1}{3}$, le $\frac{1}{4}$, etc.

125. PLUS GRAND COMMUN DIVISEUR DE DEUX FRACTIONS. Si l'unité de longueur est contenue exactement dans les deux longueurs A et B, les deux longueurs sont exprimées par deux nombres entiers; mais alors l'unité est une commune mesure des deux grandeurs, elle est donc un diviseur ou une partie aliquote de la plus grande commune mesure, et par conséquent la plus grande commune mesure elle-même est exprimée par un nombre entier. Ainsi : *la plus grande commune mesure de deux grandeurs représentées par des nombres entiers est représentée elle-même par un nombre entier.* Il est évident d'ailleurs que cet entier est ce que nous appelions le plus grand commun diviseur des deux entiers donnés.

Considérons maintenant deux fractions réduites au même dénominateur, comme $\frac{8}{15}$ et $\frac{12}{15}$. Si nous prenions pour unité nouvelle le $\frac{1}{15}$ de l'unité primitive, les deux grandeurs seraient représentées par les entiers 8 et 12, et la plus grande commune mesure par l'entier 4, plus grand commun diviseur de 8 et 12. Cette plus grande commune mesure, qui se compose de 4 unités nouvelles, est donc les $\frac{4}{15}$ de l'unité primitive. Ainsi : *pour obtenir le plus grand commun diviseur de deux fractions, il faut réduire préalablement ces fractions au même dénominateur, puis chercher le plus grand commun diviseur des numérateurs.*

S'il était question de nombres fractionnaires, on les mettrait sous forme de fractions.

126. MESURE DES GRANDEURS. Puisqu'une partie aliquote quelconque de la plus grande commune mesure peut servir de commune mesure, les communes mesures de deux grandeurs sont en nombre infini. La plus grande jouit de cette propriété que, si on la prend pour unité, les deux grandeurs sont exprimées par des nombres premiers entre eux, comme 4 et 9 ; tandis que si on prenait pour unité une autre commune mesure, les deux grandeurs seraient exprimées par deux nombres équimultiples des deux précédents. Ainsi, en prenant pour commune mesure le $\frac{1}{3}$ de la plus grande commune mesure, les deux grandeurs seraient exprimées par les deux nombres 12 et 27, trois fois plus grands que les précédents.

Ceci nous permet de préciser davantage ce que nous avons dit au commencement de ce livre sur la manière de représenter les grandeurs par des nombres. Cherchons la plus grande commune mesure entre la grandeur donnée et la grandeur unité, et supposons qu'elle soit contenue 4 fois dans la grandeur donnée, et 9 fois dans l'unité. Cette commune mesure est la neuvième partie de l'unité ; la grandeur, qui la contient 4 fois, se trouve ainsi exprimée par la fraction $\frac{4}{9}$ dont les deux termes sont premiers entre eux.

Si on avait fait usage d'une commune mesure autre que la plus grande, la grandeur eût été exprimée par une fraction $\frac{12}{27}$ ayant ses deux termes équimultiples des termes de la précédente. Et par conséquent, parmi toutes les fractions qui représentent la même grandeur, la plus simple est celle dont les deux termes sont premiers entre eux. Nous retrouvons ainsi, par d'autres considérations, les propriétés fondamentales des fractions.

127. Grandeurs incommensurables. Mais il peut se faire quelquefois que, dans l'opération par laquelle on détermine la plus grande commune mesure de deux grandeurs de même espèce, on n'arrive jamais à une division rigoureusement exacte (on démontre en géométrie qu'il en est ainsi pour le côté du carré et sa diagonale); dans ce cas, les deux grandeurs, n'admettant pas de commune mesure, sont dites *incommensurables entre elles*.

S'il n'existait pas de commune mesure entre la grandeur que

l'on veut mesurer et l'unité, on dirait que la grandeur est *incommensurable*; il serait impossible de l'exprimer exactement, et l'on se bornerait à une évaluation approximative, ce qui suffit au reste dans la pratique. Par opposition, lorsqu'il existe une commune mesure entre la grandeur et l'unité, la grandeur est dite *commensurable*. Les grandeurs commensurables s'expriment exactement par des nombres, entiers ou fractionnaires. Remarquons d'ailleurs que ces mots commensurable et incommensurable n'ont pas une signification absolue, mais seulement relative à l'unité choisie. Ainsi telle quantité, incommensurable par rapport à une certaine unité, devient commensurable par rapport à une autre unité.

128. **Plus petit multiple.** Le plus petit multiple de deux quantités se déduit aisément de leur plus grande commune mesure. Il existe en effet une relation remarquable entre les multiples communs et les communs diviseurs de deux quantités. Un commun diviseur de A et de B, c'est une partie aliquote de B divisant A. Un multiple commun, c'est un multiple de A divisible par B. Supposons, par exemple, que le quinzième de B soit contenu exactement dans A; la grandeur B sera contenue exactement dans une grandeur quinze fois plus grande que A, c'est-à-dire dans A $\times$ 15. Ainsi le commun diviseur $\dfrac{B}{15}$ nous donne le multiple commun A $\times$ 15. Réciproquement si un multiple de A, par exemple A $\times$ 15, contient exactement B, la grandeur A contiendra exactement une grandeur quinze fois plus petite que B, c'est-à-dire $\dfrac{B}{15}$. En un mot, les multiples communs et les communs diviseurs se correspondent deux à deux. Le même nombre entier, 15 par exemple, divise B d'une part et multiplie A de l'autre; plus ce nombre sera petit, plus le diviseur commun sera grand, et plus le multiple commun sera petit. Ainsi *la plus grande commune mesure et le plus petit multiple se correspondent.*

Nous avons indiqué un procédé pour déterminer la plus grande

commune mesure de deux grandeurs ; cette opération étant effectuée, on cherchera combien de fois la plus grande commune
mesure est contenue dans l'une des grandeurs données ; supposons qu'elle soit contenue 5 fois dans B ; en multipliant l'autre
grandeur A par le quotient 5, on aura le plus petit multiple $A \times 5$
des deux grandeurs.

128 *bis.* Il existe un procédé simple pour déterminer directement le plus petit multiple de deux grandeurs; on en déduira, si
l'on veut, la plus grande commune mesure.

Supposons qu'il s'agisse de deux longueurs A et B. Sur une
ligne droite indéfinie portons à la suite les unes des autres des
longueurs égales à A ; puis, à partir d'un point de division, portons l'autre longueur B jusqu'à ce que nous retombions sur un
point de division. La longueur parcourue de la sorte est un multiple de A contenant exactement B ; c'est le plus petit multiple.

La figure suivante représente l'opération

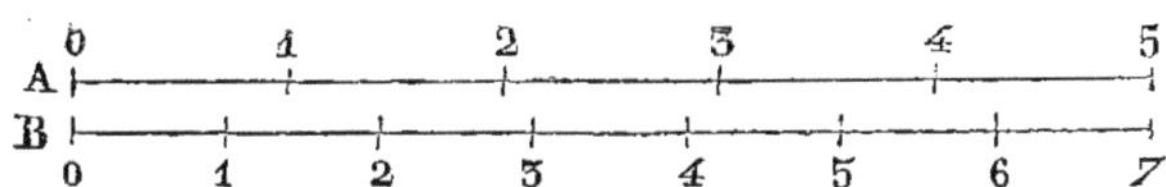

Sur la ligne supérieure sont portées les parties égales à A, et
sur la ligne inférieure, afin d'éviter la confusion, les parties
égales à B ; on voit que la coïncidende a lieu à la cinquième division de A et à la septième de B ; le plus petit multiple est $A \times 5$
ou $B \times 7$. On obtiendrait la plus grande commune mesure en divisant B en 5 parties égales ou A en 7 parties égales.

Ce procédé purement mécanique peut être appliqué aux
nombres entiers. On demande par exemple, le plus petit multiple des deux nombres 20 et 8. Sur un cercle disposons 20

points, ainsi que le représente la figure;

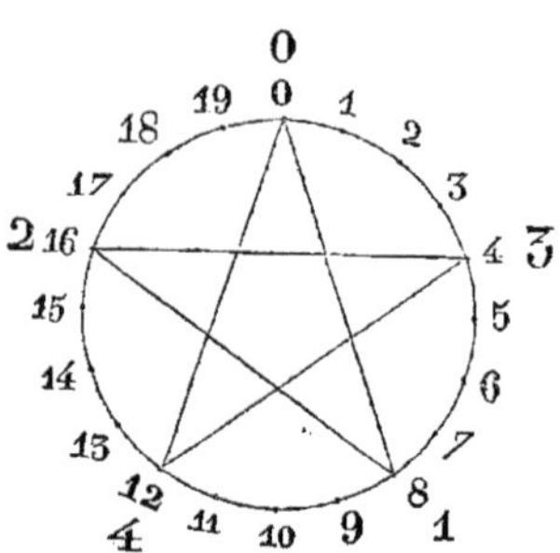

puis, à partir du point de départ 0, comptons les points de 8 en 8, en tournant jusqu'à ce que nous retombions au point de départ. La première opération nous conduit au point 8, la seconde au point 16, la troisième au point 4, la quatrième au point 12, et enfin la cinquième nous ramène au point de départ 0 ; et nous avons fait deux tours. Ainsi le plus petit multiple est 20×2 ou 8×5. En divisant 20 par 5 ou 8 par 2, on obtiendrait le plus grand commun diviseur 4.

Opérons de même sur les deux nombres 9 et 4.

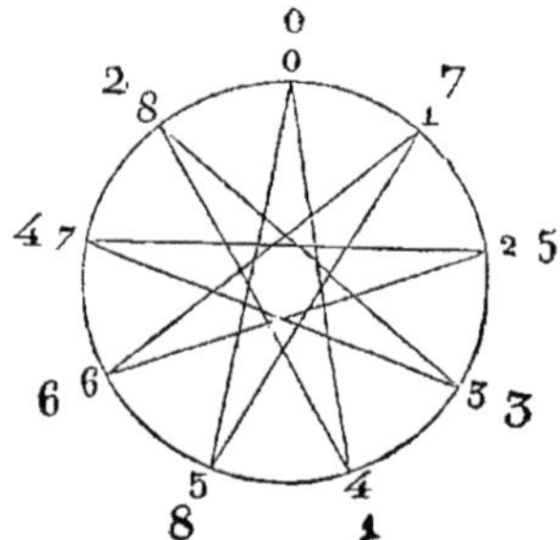

Disposons 9 points sur un cercle, et comptons de 4 en 4. Ici nous ne revenons au point de départ qu'après avoir passé par les neuf points et avoir fait quatre fois le tour du cercle. Il en résulte que les deux nombres proposés sont premiers entre eux ; et en effet leur plus petit multiple est égal au produit 9×4, et leur plus grand commun diviseur à l'unité.

CHAPITRE IV

DES FRACTIONS DÉCIMALES

120. PRÉLIMINAIRES. Nous avons dit que, pour mesurer une grandeur plus petite que l'unité, on partageait l'unité en parties égales et l'on cherchait combien de ces parties renfermait la grandeur; mais, comme il arrive souvent que la grandeur ne contient pas un nombre exact de parties, on se borne à l'évaluer approximativement. Concevons en effet l'unité partagée en un nombre suffisamment grand de parties égales, chaque partie étant très-petite, on pourra, sans erreur sensible, négliger le reste, s'il y en a un.

Supposons, par exemple, que, l'unité ayant été partagée en mille parties égales, la grandeur contienne 738 parties, plus un reste moindre que l'une d'elles; la grandeur est plus grande que 738 millièmes et plus petite que 739 millièmes; on pourra donc la représenter approximativement par l'une des deux fractions 738 millièmes ou 739 millièmes, et l'erreur commise sera moindre qu'un millième.

Mais, dans la pratique, ce procédé serait d'une application longue et difficile; car il faudrait porter, par exemple, sur la longueur à mesurer, une longueur très-petite un très-grand nombre de fois, et si à chaque opération on commettait une petite erreur, l'erreur se répétant finirait par devenir considérable. Il est préférable de partager d'abord l'unité en un certain nombre de parties égales, celles-ci en d'autres plus petites, ces dernières en d'autres plus petites encore, etc.....

130. DÉFINITION DES FRACTIONS DÉCIMALES. Le mode de division le plus simple consiste à partager l'unité en parties de dix en dix

fois plus petites. On partage l'unité en dix parties égales, appelées *dixièmes;* on partage ensuite le dixième en dix parties égales,
appelées *centièmes,* parce que l'unité en contient cent ; puis le
centième en dix *millièmes,* le millième en dix *dix-millièmes,* le
dix-millième en dix *cent-millièmes,* le cent-millième en dix *mil-
lionièmes,* etc.

Cela posé, on cherche combien la grandeur à mesurer contient
de dixièmes ; elle en contient 7, par exemple, et il y a un reste.
On cherche combien ce reste contient de centièmes : il en contient 3, et il y a un nouveau reste. On cherche combien ce nouveau reste contient de millièmes ; il en contient 8. On continue
de la sorte jusqu'à ce qu'on n'ait plus de reste, ou jusqu'à ce
qu'on arrive à un reste assez petit pour qu'on puisse, sans inconvénient, le négliger.

La fraction SEPT *dixièmes,* TROIS *centièmes,* HUIT *millièmes,*
obtenue de cette manière, s'appelle *fraction décimale.*

Si la grandeur à mesurer est plus grande que l'unité, on cherche d'abord combien d'unités elle contient ; puis on mesure le
reste au moyen d'une fraction décimale, ainsi que nous venons
de l'expliquer. De cette manière, la grandeur est représentée par
un nombre entier, joint à une fraction décimale, résultat que,
pour abréger, on nomme *nombre décimal.*

Numération des nombres décimaux.

131. Dans la numération des nombres entiers, nous avons
formé des unités de dix en dix fois plus grandes, et maintenant
nous formons des unités de dix en dix fois plus petites. Le tableau
complet des ordres d'unités

. . . .
. . . .

Mille,
Centaine,
Dizaine,

Unité fondamentale,
Dixième.
Centième,
Millième,

. . . ., ...

. . ., ..., . ., ... ,.

se compose donc, en partant de l'unité fondamentale, de deux séries indéfinies, l'une ascendante, l'autre descendante. On peut d'ailleurs considérer ces deux séries comme n'en formant qu'une, indéfinie dans l'un et dans l'autre sens. Chaque unité est dix fois plus grande que celle qui est placée au-dessous d'elle, et dix fois plus petite que celle qui est placée au-dessus.

Lorsque la grandeur à mesurer est très-grande, au lieu de chercher directement combien elle contient d'unités principales, ce qui serait très-long, on cherche, par exemple, combien de centaines elle contient ; on évalue le reste au moyen de la dizaine, et ainsi de suite. De cette manière, la mesure des grandeurs s'effectue par un procédé uniforme.

132. La propriété fondamentale des nombres décimaux, c'est qu'on peut les écrire sous la même forme que les nombres entiers. Rappelons en effet la convention sur laquelle repose la numération écrite : un chiffre placé à la gauche d'un autre représente des unités dix fois plus grandes. Réciproquement, un chiffre placé à la droite d'un autre représente des unités dix fois plus petites. D'après cela, un chiffre placé à la droite du chiffre des unités représentera des dixièmes, un chiffre placé à la droite du chiffre des dixièmes représentera des unités dix fois plus petites que les dixièmes, c'est-à-dire des centièmes ; un chiffre placé à la droite du chiffre des centièmes représentera des unités encore dix fois plus petites, c'est-à-dire des millièmes, etc..... Le nombre décimal 425 *unités*, 7 *dixièmes*, 3 *centièmes*, 8 *millièmes*, s'écrira donc

$$425,738.$$

Nous mettons une virgule après le chiffre 5 pour indiquer que ce chiffre désigne les unités principales. Si on ne mettait pas de virgule, le chiffre 5, quand on écrit 7 à sa droite, exprimerait des dizaines.

Ainsi la numération écrite des nombres décimaux repose sur cette convention générale, que le rang de chaque chiffre, à partir de la virgule, soit vers la gauche, soit vers la droite, indique l'ordre des unités, ordre ascendant ou descendant.

La fraction décimale 7 *dixièmes*, 5 *centièmes*, 8 *millièmes*, s'écrit

$$0,758.$$

Le chiffre 0 tient ici la place des unités principales.

Il est inutile de distinguer les fractions décimales des nombres décimaux ; nous considérerons une fraction décimale comme un nombre décimal ayant 0 pour partie entière.

133. Énoncer un nombre décimal écrit. Soit le nombre 0,758. Il serait trop long de dire 7 *dixièmes*, 5 *centièmes*, 8 *millièmes*. Remarquons que le *centième* vaut dix *millièmes*, le *dixième* vaut cent *millièmes ;* en rapportant tout au *millième*, on dira donc 758 *millièmes*.

De même, le nombre 425,758 s'énoncera 425 *unités*, 758 *millièmes*.

Règle. *On énonce d'abord le nombre entier placé à gauche de la virgule, puis le nombre placé à droite, en le faisant suivre du nom des dernières unités.*

Ainsi les nombres

$$0,06 — 0,0047 — 2,10005 — 70,004$$

s'énoncent

Six *centièmes*,
Quarante-sept *dix-millièmes*,
Deux *unités*, dix mille cinq *cent millièmes*.
Soixante-dix *unités*, quatre *millièmes*.

134. REMARQUE. *Un nombre décimal ne change pas quand on place des zéros soit à gauche de la partie entière, soit à droite de la partie décimale;* car les zéros ainsi placés n'ont aucune influence sur les autres chiffres. Ainsi, au lieu de 12,457, nous pouvons écrire 012,45700.

135. D'après leur définition, les fractions décimales ne sont qu'une espèce particulière de fractions ordinaires. En effet, la fraction décimale 0,437, s'énonçant *437 millièmes,* peut s'écrire $\frac{437}{1000}$. Le nombre décimal 25,437 s'écrira d'abord sous forme de nombre fractionnaire $25 + \frac{437}{1000}$; d'autre part, comme on peut l'énoncer 25437 millièmes, on l'écrira aussi sous forme de fraction ordinaire $\frac{25437}{1000}$. Ainsi *une fraction décimale est égale à une fraction ordinaire ayant pour numérateur le nombre obtenu en supprimant la virgule, et pour dénominateur l'unité suivie d'autant de zéros qu'il y a de chiffres décimaux.*

136. DÉPLACEMENT DE LA VIRGULE. Si dans le nombre 12,457 nous déplaçons la virgule d'un rang vers la droite, nous obtiendrons un nombre 124,57 dix fois plus grand que le précédent. Car le chiffre 7, qui auparavant exprimait des millièmes, exprime maintenant des centièmes, unités dix fois plus grandes; le chiffre 5, qui exprimait des centièmes, exprime maintenant des dixièmes, unités dix fois plus grandes, et ainsi de suite; en un mot, l'ordre de chaque chiffre est monté d'un rang dans le tableau des unités; sa valeur, et par conséquent celles du nombre lui-même, est devenue dix fois plus grande.

Si dans le nombre 12,457 nous déplaçons la virgule de deux rangs vers la droite, nous obtenons un nombre 1245,7 cent fois plus grand que le précédent. Car l'ordre de chaque chiffre étant monté de deux rangs, sa valeur, et par suite celle du nombre lui-même, est devenue cent fois plus grande.

Réciproquement, si dans le nombre 12,457 nous déplaçons la virgule d'un rang vers la gauche, nous obtenons un nombre 1,2457 dix fois plus petit que le précédent, etc.

En résumé, *si dans un nombre décimal on déplace la virgule de un, deux, trois..... rangs vers la droite ou vers la gauche, le nombre devient dix, cent, mille......... fois plus grand ou plus petit.*

Les zéros que l'on peut ajouter à la droite et à la gauche d'un nombre décimal permettent de déplacer la virgule d'autant de rangs qu'on voudra d'un côté ou de l'autre. Ainsi dans le nombre 12,457 déplaçons la virgule de quatre rangs, nous obtiendrons deux nombres, l'un 124570 dix mille fois plus grand, l'autre 0,0012457 dix mille fois plus petit.

Addition des nombres décimaux.

Les nombres décimaux étant composés, comme les nombres entiers, d'unités de dix en dix fois plus grandes, et s'écrivant sous la même forme, il en résulte cette conséquence importante que les opérations que nous avons appris à effectuer sur les nombres entiers s'exécutent de la même manière sur les nombres décimaux.

137. L'addition des nombres décimaux s'effectue comme celle des nombre entiers. On écrit les nombres décimaux les uns au-dessous des autres, de manière à ce que les unités de même ordre soient dans une même colonne verticale, de manière, par conséquent, à ce que les virgules se correspondent; puis on additionne les chiffres contenus dans les colonnes successives, en commençant par la droite. Ainsi, soit à additionner les trois nombres 27,658 — 8,49 — 0,067; on les dispose comme il suit :

$$27,658$$
$$8,49$$
$$0,067$$
$$\overline{36,215}$$

Additionnant d'abord les millièmes, on dira : 8 et 7 font 15 millièmes, je pose 5 millièmes au-dessous de la colonne des millièmes et je retiens 1 centième pour la colonne suivante. La colonne suivante nous donne 21 centièmes, je pose 1 centième et je retiens 2 dixièmes ; et ainsi de suite.

Soustraction des nombres décimaux.

138. La soustraction des nombres décimaux s'effectue comme celle des nombres entiers. On écrit le plus petit nombre au-dessous du plus grand, de manière à ce que les virgules se correspondent ; puis on retranche chaque chiffre inférieur du chiffre supérieur correspondant.

De 25,895 retrancher 12,463, on écrira :

$$\begin{array}{r} 2\,5,8\,9\,5 \\ 1\,2,4\,6\,3 \\ \hline 1\,3,4\,3\,2 \end{array}$$

De 5 millièmes ôtez 3 millièmes, il reste 2 millièmes que j'écris au-dessous de la colonne des millièmes ; de 9 centièmes ôtez 6 centièmes, il reste 3 centièmes que j'écris, etc.

Lorsqu'un chiffre inférieur est plus grand que le chiffre supérieur correspondant, on lève la difficulté comme pour les nombres entiers.

De 20,805 retrancher 9,728.

$$\begin{array}{r} 2\,0,8\,0\,5 \\ 9,7\,2\,8 \\ \hline 1\,1,0\,7\,7 \end{array}$$

De 5 millièmes on ne peut ôter 8 millièmes ; j'ajoute au nombre supérieur dix millièmes, ce qui fait 15 millièmes, dont on peut retrancher 8. Afin que la différence ne change pas, j'ajoute la même quantité ou un centième au nombre inférieur, de sorte que par la pensée on remplacera 2 par 3.

De 10,5 retrancher 9,783.

$$10,5$$
$$9,783$$
$$\overline{9,717}$$

On imaginera, mais sans les écrire, deux zéros à la droite du 5.

Multiplication des nombres décimaux.

Nous allons examiner successivement le cas où le multiplicateur est un nombre entier et celui où il est un nombre décimal.

139. Cas ou le multiplicateur est entier. Soit 6,45 à multiplier par 27. Il s'agit de répéter le multiplicande 27 fois ; or le multiplicande peut s'énoncer 645 *centièmes ;* pour répéter 645 *centièmes* 27 fois, il suffit de multiplier le nombre entier 645 par 27, ce qui donne pour résultat 17415 *centièmes*, c'est-à-dire le nombre décimal 174,15. Ainsi :

Règle I. *Pour multiplier un nombre décimal par un nombre entier, il faut effectuer la multiplication comme s'il n'y avait pas de virgule au multiplicande, puis séparer par une virgule sur la droite du produit autant de chiffres décimaux qu'il y en avait au multiplicande.*

On dispose l'opération de la manière suivante :

$$6,45$$
$$27$$
$$\overline{4515}$$
$$1290$$
$$\overline{174,15}$$

140. Cas ou le multiplicateur est un nombre décimal. Soit à multiplier 4,576 par 2,38. Le multiplicateur, pouvant s'énoncer 238 centièmes, la question revient à répéter 238 fois la centième partie du multiplicande; nous savons qu'on obtient la centième partie du multiplicande en reculant la virgule de deux rangs vers la gauche, ce qui donne 0,04576; pour répéter cette quantité 238 fois, on appliquera la règle précédente.

Le produit est 10,89088; il renferme autant de chiffres décimaux que le nouveau multiplicande 0,04576; or on forme ce dernier en reculant la virgule, dans le multiplicande proposé, d'autant de rangs vers la gauche qu'il y a de chiffres décimaux au multiplicateur; donc le nouveau multiplicande, et par conséquent le produit, renferment autant de chiffres décimaux qu'il y en a dans le multiplicande et dans le multiplicateur proposés. On en conclut :

RÈGLE II. *Pour multiplier deux nombres décimaux l'un par l'autre, il faut effectuer la multiplication comme s'il n'y avait pas de virgule, puis séparer par une virgule sur la droite du produit autant de chiffres décimaux qu'il y en a dans le multiplicande et dans le multiplicateur.*

141. On serait arrivé immédiatement à cette règle générale, en mettant les nombres décimaux proposés sous forme de fractions ordinaires, et en leur appliquant la règle démontrée pour la multiplication des fractions ordinaires. Ainsi

$$4,576 \times 2,58 = \tfrac{4576}{1000} \times \tfrac{238}{100} = \tfrac{4576 \times 238}{100000}.$$

On voit qu'il faut multiplier les deux nombres entiers obtenus en effaçant la virgule, puis diviser le résultat par 1000000. Or cette division s'effectue en séparant par une virgule sur la droite du résultat autant de chiffres décimaux qu'il y a de zéros, c'est-à-dire autant qu'il y a de chiffres décimaux dans le multiplicande et dans le multiplicateur.

Remarquons que, d'après la manière dont nous effectuons la multiplication, le produit de deux nombres décimaux ne change pas, quel que soit celui des deux que l'on prenne pour multiplicande ou pour multiplicateur. On fera donc la preuve de la mul-

tiplication par une autre multiplication, comme pour les nombres entiers.

Division des nombres décimaux.

Nous examinerons successivement le cas où le diviseur est entier et celui où il est fractionnaire.

142. Cas où le diviseur est entier. Soit à diviser 481,78 par
26. Le dividende se compose de 48178 *centièmes*, et la division
peut être considérée comme ayant pour but de partager ce nombre de centièmes en 26 parties égales. Il faut donc diviser le
nombre entier 48178 par 26, ce qui nous donne pour quotient
1853 *centièmes*, c'est-à-dire le nombre décimal 18,53. Ainsi

Règle I. *Pour diviser un nombre décimal par un nombre entier, on effectue la division comme si le dividende était un nombre entier ; seulement, quand on a abaissé le chiffre des unités
du dividende, on met une virgule à la droite du chiffre correspondant du quotient.*

On dispose l'opération de la manière ordinaire :

$$\begin{array}{r|l} 481,78 & 26 \\ 221 & \overline{18,53} \\ 13\,7 & \\ 78 & \\ 0 & \end{array}$$

En mettant la virgule comme nous l'avons dit, le quotient a autant de chiffres décimaux que le dividende, ce qui doit être,
puisqu'ils expriment l'un et l'autre des unités de même ordre.

On pourrait d'ailleurs s'assurer que c'est bien là le quotient
cherché. En effet, puisque le produit du nombre entier 1853 par
26 est égal à 48178, le nombre décimal 18,53, multiplié par 26,
reproduira évidemment le dividende 481,78.

142 *bis.* Soit encore à diviser 2,645 par 47. Ici la division ne se fait pas exactement, nous trouvons pour quotient 56 *millièmes*, ou 0,056, et il reste 13 millièmes qui n'ont pas été partagés. Pour compléter le quotient, il faudrait ajouter à 0,056 la fraction $\frac{13}{47}$ de millième; si nous négligeons cette fraction complémentaire, l'erreur sera moindre qu'un millième. Ainsi le quotient est 0,056 à moins d'un millième près.

Si l'on voulait une approximation plus grande; si l'on demandait, par exemple, le quotient à moins d'un millionième près, on mettrait le dividende sous la forme 2,645000 par l'addition d'un nombre convenable de zéros. La division nous donnerait pour quotient 0,056276, plus la fraction $\frac{18}{47}$ de millionième; si on néglige cette fraction, on commettra une erreur moindre qu'un millionième.

Mais dans la pratique il est inutile d'écrire les zéros à la droite du dividende; quand on aura abaissé tous les chiffres du dividende proposé, on formera le dividende partiel suivant en mettant à la droite du reste un zéro, et on continuera de cette manière jusqu'à ce qu'on ait obtenu le quotient avec une approximation suffisante. L'erreur, étant toujours moindre qu'une unité de l'ordre auquel on s'arrête, deviendra aussi petite qu'on voudra. On dispose ainsi l'opération :

$$
\begin{array}{r|l}
2,645 & 47 \\
295 & \overline{0,056276} \\
130 & \\
360 & \\
310 & \\
18 & \\
\end{array}
$$

143. REMARQUE. Arrêtons-nous aux millièmes, le quotient est compris entre 0,056 et 0,057; il est facile de voir à l'inspection du reste duquel de ces deux nombres il est le plus rapproché. Si le reste est plus petit que la moitié du diviseur, comme dans l'exemple actuel, la fraction complémentaire étant moindre qu'une demi-unité du dernier ordre, le quotient est plus rapproché de 0,056 que de 0,057; on conservera donc 0,056, et l'erreur sera moindre qu'un demi-millième. Mais dans l'exemple suivant,

$$\begin{array}{c|l} 2,665 & \;47 \\ 315 & \overline{0,056} \\ 53 & \end{array}$$

le reste étant plus grand que la moitié du diviseur, la fraction complémentaire est plus grande qu'un demi-millième, et le quotient est plus rapproché de 0,057 que de 0,056. On prendra donc 0,057, et l'erreur sera moindre qu'un demi-millième.

Ainsi : *si le reste est plus petit que la moitié du diviseur, on conserve le dernier chiffre tel qu'on l'a obtenu ; si le reste est plus grand que la moitié du diviseur, on augmente ce dernier chiffre d'une unité.* De cette manière l'erreur sera toujours moindre qu'une demi-unité de l'ordre auquel on s'arrête.

144. CAS OU LE DIVISEUR EST DÉCIMAL. Soit à diviser 4,576 par 2,38. Nous avons démontré que, si on multiplie par un même nombre le dividende et le diviseur, le quotient ne change pas ; multiplions par 100 les deux nombres proposés, la question revient à diviser le nombre décimal 457,6 par le nombre entier 238, ce qui rentre dans le cas précédent. Ainsi :

RÈGLE II. *Lorsque le diviseur est un nombre décimal, on supprime la virgule au diviseur, en ayant soin de la déplacer dans le dividende d'autant de rangs vers la droite qu'il y avait de chiffres décimaux au diviseur; et l'on a à diviser un nombre décimal par un nombre entier.*

On demande, par exemple, le quotient de 2 par 0,059 à moins d'un centième près. En opérant comme nous l'avons dit, il faudra diviser 2000 par 59, et l'on trouvera pour le quotient cherché 33,90 à moins d'un demi-centième près.

CHAPITRE V

145. Nous avons vu que le calcul des fractions décimales se
ramenait immédiatement au calcul des nombres entiers, tandis
que le calcul des fractions ordinaires était beaucoup plus compliqué. Il est donc utile, lorsqu'une quantité est exprimée par
une fraction ordinaire, de savoir l'exprimer en décimales. C'est
ce qu'on appelle convertir une fraction ordinaire en fraction décimale.

Puisqu'une fraction ordinaire est égale au quotient de la division de son numérateur par son dénominateur, nous effectuerons
cette division d'après la règle établie pour la division des nombres décimaux. Soit, par exemple, la fraction $\frac{3}{8}$;

$$
\begin{array}{r|l}
30 & 8 \\
\quad 60 & \overline{0,375} \\
\quad\ \ 40 & \\
\qquad 0 &
\end{array}
$$

Le quotient étant exactement 0,375, la fraction ordinaire $\frac{3}{8}$ est
égale à la fraction décimale 0,375.

146. Examinons dans quel cas la conversion est possible
exactement, c'est-à-dire dans quel cas, en poussant la division
suffisamment loin, on arrive à un reste nul.

Remarquons d'abord qu'en opérant comme nous avons fait,
nous avons divisé par le dénominateur le numérateur, suivi d'un
certain nombre de zéros ou multiplié par une puissance de 10 ;

dans l'exemple précédent, nous avons multiplié le numérateur 3 par 1000, et nous avons divisé 3000 par 8. Pour qu'on obtienne un quotient exact, il faut donc que le produit du numérateur par une puissance convenable de 10 soit divisible par le dénominateur. Or nous pouvons supposer que la fraction ordinaire a été préalablement réduite à sa plus simple expression ; pour que le dénominateur divise le produit du numérateur par une puissance de 10, comme il est premier avec le numérateur, il faut qu'il divise la puissance de 10 ; mais une puissance de 10 ne renferme que les deux facteurs premiers 2 et 5 ; il est donc nécessaire que le dénominateur ne renferme lui-même que ces deux facteurs premiers 2 et 5.

Cette condition d'ailleurs suffit ; car, si elle est remplie, en multipliant le numérateur par une puissance de 10 marquée par le plus fort exposant des facteurs 2 et 5 dans le dénominateur, le produit sera divisible par le dénominateur. Nous remarquons en outre que la fraction décimale ainsi obtenue renfermera un nombre de chiffres décimaux égal au nombre des zéros ajoutés à la droite du numérateur, et par conséquent égal au plus haut exposant des facteurs 2 et 5 dans le dénominateur. Ainsi :

THÉORÈME I. *Pour qu'une fraction ordinaire irréductible puisse être convertie exactement en décimales, il est nécessaire et il suffit que le dénominateur de la fraction ne renferme que les facteurs premiers 2 et 5, et le nombre des chiffres décimaux est égal au plus haut exposant des facteurs 2 et 5 dans le dénominateur.*

147. Si le dénominateur de la fraction ordinaire irréductible renferme des facteurs premiers autres que 2 et 5, on n'arrive jamais à un reste 0, et par conséquent il est impossible d'exprimer la fraction proposée exactement en décimales. Mais dans ce cas on l'exprime avec une approximation aussi grande que l'on veut ; car, si l'on pousse la division assez loin, l'erreur, étant moindre que l'unité de l'ordre auquel on s'arrête, devient aussi petite que l'on veut.

La fraction ordinaire donne ainsi naissance à une fraction décimale qui ne se termine pas ; je vais démontrer qu'elle est *périodique*, c'est-à-dire qu'à partir d'un certain rang, elle se compose des mêmes chiffres qui se reproduisent dans le même ordre. En effet, dans les divisions successives, tous les restes étant moindres que le diviseur, après un nombre d'opérations au plus égal au diviseur diminué d'une unité, on retombe nécessairement sur un reste déjà obtenu, et alors on recommence dans le même ordre les divisions déjà faites, et les mêmes chiffres se reproduisent au quotient.

148. Considérons, par exemple, la fraction $\frac{4}{7}$;

$$
\begin{array}{r|l}
4\,0 & 7 \\
5\,0 & \overline{\,0,5\,7\,1\,4\,2\,8\,5\,7\ldots\ldots} \\
1\,0 & \\
3\,0 & \\
2\,0 & \\
6\,0 & \\
4 & \\
\end{array}
$$

Les restes devant être moindres que **7**, il n'y a que six restes différents possibles, à savoir les six premiers nombres ; or les cinq premières divisions nous donnent les six premiers nombres 4, 5, 1, 3, 2, 6 ; tous les restes possibles sont épuisés ; la division suivante ramènera forcément un reste déjà obtenu. Ici nous retombons sur le premier reste 4, et nous recommençons les divisions déjà faites, à partir de la première ; nous retrouvons ainsi au quotient les mêmes chiffres dans le même ordre. Le nombre 571428 formé par les chiffres qui se reproduisent indéfiniment constitue ce qu'on appelle la *période*. Nous remarquons que la période renferme au plus un nombre de chiffres égal au diviseur diminué d'une unité ; mais souvent elle en renferme un nombre moindre. Ainsi la fraction $\frac{3}{11}$ donne naissance à la fraction décimale périodique simple 0,272727....., dont la période n'a que deux chiffres; après deux divisions seulement on retrouve le premier reste 3.

$$
\begin{array}{r|l}
3\,0 & 1\,1 \\
8\,0 & \overline{\,0\,,\,2\,7\,2\,7\ldots\ldots} \\
3 &
\end{array}
$$

149. On distingue deux sortes de fractions décimales périodiques : les fractions décimales *périodiques simples*, dont les chiffres périodiques commencent de suite après la virgule ; et les fractions *périodiques mixtes*, dont les chiffres périodiques ne commencent qu'à partir d'un certain rang après la virgule. Les deux fractions que nous venons de considérer sont périodiques simples. La fraction $\frac{57}{88}$ donne naissance à une fraction périodique mixte 0,647727272……; la période 72 ne commence qu'au quatrième chiffre ; les trois chiffres placés entre la virgule et la première période sont dits *irréguliers*.

En résumé, *la conversion d'une fraction ordinaire en fraction décimale donne naissance soit à une fraction décimale limitée, soit à une fraction périodique, simple ou mixte.*

150. Occupons-nous maintenant de la question inverse, c'est-à-dire de la conversion des fractions décimales en fractions ordinaires.

Lorsque la fraction décimale est limitée, il n'y a pas de difficulté, nous savons qu'une pareille fraction est égale à une fraction ordinaire ayant pour dénominateur une puissance de 10. Ainsi $0,375 = \frac{375}{1000}$.

Cette fraction ordinaire pourra être souvent simplifiée ; mais nous remarquons que la fraction irréductible à laquelle on arrivera ne renfermera à son dénominateur que les facteurs premiers 2 et 5 ; car le dénominateur primitif, étant une puissance de 10, ne renferme que les facteurs 2 et 5, et, en simplifiant, on supprime des facteurs sans en introduire de nouveaux.

151. Fraction périodique simple. Considérons une fraction

périodique simple 0,2727....... Je vais démontrer que cette fraction décimale exprime une certaine fraction ordinaire avec une
approximation aussi grande qu'on veut, et je déterminerai en
même temps cette fraction ordinaire. En prenant, par exemple,
trois périodes, nous avons une fraction décimale limitée 0,272727
qui a un sens bien précis; multiplions cette fraction par 100, ce
qui donne le nombre décimal 27,2727; et de ce nombre décimal retranchons la fraction elle-même

$$27,2727$$
$$0,272727$$
$$\overline{27-0,000027.}$$

Nous avons retranché d'abord les deux premières périodes à
partir de la virgule, et il reste à retrancher la dernière période ;
la différence est égale au nombre entier 27 moins cette dernière
période 0,000027. Or de 100 fois la fraction nous avons retranché une fois la fraction, la différence est égale à 99 fois la fraction; on obtiendra la fraction elle-même en divisant cette différence par 99; donc la fraction décimale 0,272727 est égale à la
fraction $\frac{27}{99}$ diminuée de la quantité $\frac{27}{10000\times99}$.

En prenant quatre périodes, on trouverait de même

$$0,27272727 = \frac{27}{99} - \frac{27}{1000000\times99}.$$

En général la fraction décimale est égale à la fraction ordinaire
$\frac{27}{99}$, moins la 99me partie de la dernière période. Or, si on prend
un nombre de périodes de plus en plus grand, la valeur de la
dernière période diminue de plus en plus et devient aussi petite
qu'on veut; donc la fraction décimale proposée diffère de la
fraction ordinaire $\frac{27}{99}$ d'une quantité aussi petite qu'on veut. En
un mot la fraction décimale périodique a pour limite $\frac{27}{99}$.

Le raisonnement que nous venons de faire s'applique évidemment à une fraction périodique simple quelconque. Nous transportons la virgule après la première période, en multipliant par
une puissance de 10 marquée par le nombre des chiffres de la
période; nous retranchons du produit la fraction elle-même, ce

qui nous donne une différence égale à la fraction multipliée par un nombre formé d'autant de 9 qu'il y a de chiffres à la période. D'autre part cette différence est exprimée par la période considérée comme un nombre entier, moins la dernière période. Donc la fraction décimale a pour limite une fraction ordinaire ayant pour numérateur la période et pour dénominateur un nombre formé d'autant de 9 qu'il y a de chiffres à la période. Ainsi :

THÉORÈME II. *Une fraction décimale périodique simple est égale à une fraction ordinaire ayant pour numérateur la période et pour dénominateur un nombre formé d'autant de 9 qu'il y a de chiffres à la période.*

La fraction $\frac{27}{99}$ peut être simplifiée ; mais, comme un nombre formé de 9 seulement ne renferme ni le facteur 2 ni le facteur 5, on arrivera à une fraction ordinaire irréductible qui ne renfermera à son dénominateur que des facteurs premiers autres que 2 et 5.

152. Il est évident que, si on convertissait cette fraction ordinaire en fraction décimale, on retrouverait la fraction périodique proposée. Au reste on peut s'en assurer de la manière suivante ; je veux démontrer, par exemple, que la fraction périodique 0,272727..... provient de la conversion en décimales de la fraction ordinaire $\frac{27}{99}$.

En effet, puisque 100 fois un nombre est égal à 99 fois plus une fois ce nombre, on a

$$27 \times 100 = 27 \times 99 + 27 = 99 \times 27 + 27.$$

Donc, quand on calcule en décimales le quotient de 27 par 99, après les deux premières divisions on obtient le quotient 27 et on trouve le premier reste 27; donc la fraction décimale est périodique simple et la période est 27.

153. Considérons maintenant une fraction périodique mixte

0,385272727........ En prenant, par exemple, trois périodes, nous avons une fraction décimale limitée 0,385272727. Transportons successivement la virgule au commencement et à la fin de la première période, en multipliant par 1000 et par 10000, ce qui donne les nombres décimaux 385,272727 et 38527,2727; puis retranchons le premier résultat du second

$$
\begin{array}{r}
38527,2727 \\
385,272727 \\
\hline
138 - 0,000027
\end{array}
$$

Nous avons retranché la partie entière et les deux premières périodes, et il reste à retrancher la dernière période ; la différence est égale au nombre entier 138, moins la dernière période. Or de 100000 fois la fraction, nous avons retranché 1000 fois cette fraction, la différence est égale à 99000 fois la fraction ; on obtiendra la fraction elle-même en divisant cette différence par 99000 ; donc la fraction décimale est égale à la fraction $\frac{138}{99000}$, moins la 99000me partie de la dernière période. Si on prend un nombre de périodes de plus en plus grand, la valeur de la dernière période diminue et devient aussi petite qu'on veut ; donc la fraction décimale proposée diffère de la fraction ordinaire $\frac{138}{99000}$ d'une quantité aussi petite qu'on veut. En un mot, la fraction décimale a pour limite cette fraction ordinaire. Ainsi :

THÉORÈME III. *Une fraction décimale périodique mixte est égale à une fraction ordinaire ayant pour numérateur la différence des nombres entiers obtenus en transportant la virgule à la fin et au commencement de la première période, et pour dénominateur un nombre formé d'autant de 9 qu'il y a de chiffres à la période, suivis d'autant de zéros qu'il y a de chiffres irréguliers.*

154. Remarquons que le numérateur ne peut jamais être terminé par un zéro ; car pour cela il faudrait que le dernier des chiffres irréguliers fût le même que le dernier chiffre de la pé-

riode, et alors la période commencerait un chiffre plus tôt. Dans l'exemple précédent, il faudrait que le dernier chiffre irrégulier fût un 7, et alors, la fraction devenant 0,38727272......., la période serait 72 et commencerait un chiffre plus tôt ; il n'y aurait que deux chiffres irréguliers et non pas trois, comme nous l'avons supposé.

Le dénominateur 99×1000, d'après sa composition, renferme les facteurs 2 et 5 avec des exposants égaux au nombre des chiffres irréguliers, et en outre des facteurs premiers autres que 2 et 5. En simplifiant la fraction on pourra bien supprimer des facteurs 2 ou des facteurs 5 ; mais on ne pourra pas supprimer à la fois un facteur 2 et un facteur 5 ; car alors on diviserait par 10, et le numérateur n'est pas divisible par 10. On arrivera donc à une fraction irréductible renfermant à son dénominateur l'un des facteurs 2 ou 5 avec un exposant égal au nombre des chiffres irréguliers.

155. Nous avons dit que, lorsque le dénominateur d'une fraction ordinaire ne renfermait que les facteurs premiers 2 et 5, la fraction se convertissait en une fraction décimale limitée, et que, si le dénominateur renfermait des facteurs premiers autres que 2 et 5, la fraction décimale était indéfinie et périodique. Nous pouvons maintenant compléter cette théorie et indiquer à quel caractère on reconnaîtra d'avance si la fraction périodique est simple ou mixte.

Théorème IV. *Une fraction ordinaire irréductible, dont le dénominateur ne renferme que des facteurs premiers autres que 2 et 5, donne naissance à une fraction décimale périodique simple.*

En effet, nous savons déjà que la fraction décimale est périodique ; elle ne peut être mixte ; car la fraction ordinaire irréductible que représente une fraction périodique mixte renferme à son dénominateur les facteurs 2 et 5 ou au moins l'un d'eux ; donc la fraction décimale sera périodique simple.

156. Théorème V. *Une fraction ordinaire irréductible, dont* *le dénominateur renferme les facteurs 2 et 5 et d'autres facteurs, donne naissance à une fraction décimale périodique mixte, et le nombre des chiffres irréguliers est égal au plus haut exposant des facteurs 2 et 5 dans le dénominateur.*

En effet, la fraction décimale est périodique ; elle ne peut être simple, car la fraction ordinaire irréductible que représente une fraction périodique simple ne renferme à son dénominateur ni le facteur 2 ni le facteur 5 ; donc la fraction décimale sera périodique mixte. D'après une remarque faite précédemment, le nombre des chiffres irréguliers doit être égal précisément au plus haut exposant des facteurs 2 et 5 dans le dénominateur.

Appliquons à la fraction $\frac{57}{88}$; puisque $88 = 2^3 \times 11$, on aura une fraction périodique mixte avec trois chiffres irréguliers.

157. Remarque. Les développements de toutes les fractions ordinaires qui ont même dénominateur peuvent se déduire du développement de la plus simple d'entre elles, de celle qui a pour numérateur l'unité.

Considérons, par exemple, les fractions qui ont pour dénominateur 11. La fraction $\frac{1}{11}$ est égale à 0,090909..... Nous obtiendrons immédiatement la fraction $\frac{3}{11}$, en multipliant la période par 3, ce qui nous donne $\frac{3}{11} = 0,272727.....$ Et en effet, en rendant la période trois fois plus grande, il est clair que nous rendons la fraction décimale elle-même trois fois plus grande.

Une fraction ordinaire, comme $\frac{77}{88}$, qui a pour dénominateur le produit de 11 par des facteurs 2 et 5, se ramène aussi à la fraction $\frac{1}{11}$. Multiplions en effet les deux termes de la fraction par 5^3, elle prend la forme $\dfrac{57 \times 5^3}{2^3 \times 5^3 \times 11} = \dfrac{7125}{10^3 \times 11}$; la fraction $\frac{7125}{11}$ est égale au nombre fractionnaire $647 + \frac{8}{11}$; or le développement de la fraction $\frac{8}{11}$ se déduit du développement de $\frac{1}{11}$ en multipliant la période par 8 ; donc la fraction $\frac{7125}{11}$ est égale à 647,727272....... On obtiendra la fraction proposée en divisant ce résultat par 1000 ; ainsi $\frac{57}{88} = 0,6477272.......$

CHAPITRE VI

SYSTÈME MÉTRIQUE

158. Pour évaluer chaque espèce de grandeurs, il faut, avons-nous dit, une unité fixe ou mesure qui serve de terme de comparaison. Autrefois, en France comme dans les autres pays, la plus grande confusion régnait dans les mesures ; chaque province avait ses mesures particulières ; il en résultait des embarras extrêmes pour le commerce. Les rois de France tentèrent, mais inutilement, d'établir l'uniformité et de ramener toutes les mesures à celles de Paris ; enfin, le 8 mai 1790, l'Assemblée constituante rendit un décret par lequel elle reconnaissait la nécessité d'une réforme complète et établissait une commission de savants chargée de préparer un système général de mesures. Le système nouveau fut adopté par la Convention, sanctionné plus tard par le corps législatif et déclaré obligatoire à partir du 2 novembre 1801 ; il règne aujourd'hui dans toute l'étendue de la France. On l'appelle système *métrique*, parce que toutes les unités dérivent de l'unité de longueur ou du *mètre*.

Longueurs.

159. On aurait pu prendre l'unité de longueur arbitrairement ; mais, afin qu'on puisse la retrouver dans les siècles futurs, les savants français ont eu l'heureuse idée de la lier à la grandeur de la terre ; ils ont mesuré la distance du pôle à l'équateur, en suivant constamment un méridien. Cette longueur, qui n'est autre chose que le quart de la circonférence de la terre, a été partagée en dix millions de parties égales ; une des parties a été prise pour unité de longueur ; on lui a donné le nom de *mètre*.

Le mètre est donc l'unité principale de longueur.

On a formé ensuite, au moyen du mètre, des unités de dix en dix fois plus grandes. Ce sont : le *décamètre* ou dix mètres, l'*hectomètre* ou cent mètres, le *kilomètre* ou mille mètres, le *myriamètre* ou dix mille mètres. (Les mots DÉCA, HECTO, KILO, MYRIA, tirés du grec, signifient dix, cent, mille, dix mille.)

Pour mesurer les petites longueurs, on a subdivisé le mètre en parties de dix en dix fois plus petites ; ce qui donne : d'abord le *décimètre* ou dixième partie du mètre, puis le *centimètre*, dixième partie du décimètre ou centième partie du mètre, le *millimètre*, dixième partie du centimètre ou millième partie du mètre, etc....... (Les mots DÉCI, CENTI, MILLI, tirés du latin, signifient dixième, centième, millième.)

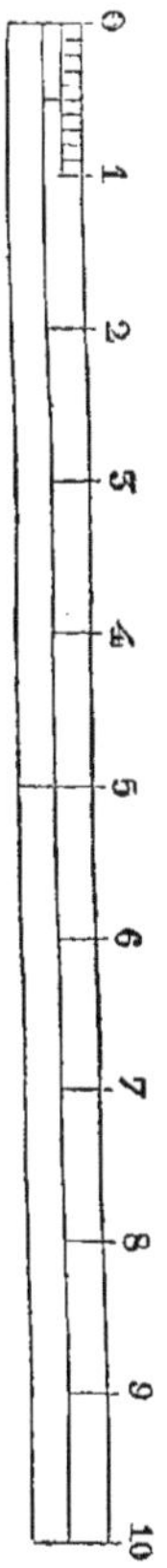

La figure ci-jointe représente un décimètre divisé en centimètres, le premier centimètre étant d'ailleurs subdivisé en millimètres.

160. Au moyen de ces unités de différents ordres, une longueur quelconque, ainsi que nous l'avons expliqué plus haut, s'exprimera par un nombre décimal. Les longueurs

Trois *décimètres*,

Deux *décamètres*, cinquante-quatre *centimètres*,

Huit *hectomètres*, sept *mètres*, neuf *millimètres*,

S'écriront : $0^m,3$ — $20^m,54$ — $807^m,009$.

Cependant on ne met pas toujours la virgule après les mètres. Quand il s'agit de grandes longueurs, on compte par kilomètres ou même par myriamètres. Ainsi on dit que la longueur d'un canal est de 48 kilomètres, 7 hectomètres, et l'on écrit $48^{k.m},7$. De même, la distance de deux villes est de 32 myriamètres 5 kilomètres, et l'on écrit $325^{k.m}$.

Au contraire, quand il s'agit de longueurs très-

petites, on compte par millimètres ; on dira, par exemple, que
l'épaisseur d'une glace est de huit millimètres cinq dixièmes, et
l'on écrira $8^{mm},5$.

Surfaces.

161. *On prend pour unités de surface les carrés construits
sur les unités de longueur.* Ainsi l'unité principale de surface
est le *mètre carré ;* c'est un carré dont chaque côté a un mètre de
longueur.

On a ensuite : d'une part, le *décamètre carré*, l'*hectomètre
carré*, le *kilomètre carré*.......; d'autre part, le *décimètre carré*,
le *centimètre carré*....... Ce sont des carrés ayant pour côtés le
décamètre, l'hectomètre, le kilomètre........; le décimètre, le
centimètre.......

Les unités de surface sont de cent en cent fois plus grandes.
Démontrons, par exemple, que le mètre carré vaut cent décimètres carrés. Plaçons dix décimètres carrés à la suite les uns des
autres sur une même ligne, nous formons ainsi une bande ayant
dix décimètres ou un mètre de longueur et un décimètre de
hauteur. Formons une seconde bande pareille au-dessus de la
première, puis une troisième, etc. Quand nous aurons formé dix
bandes semblables, l'ensemble sera un carré ayant un mètre de
longueur et un mètre de hauteur ; ce sera par conséquent un
mètre carré.

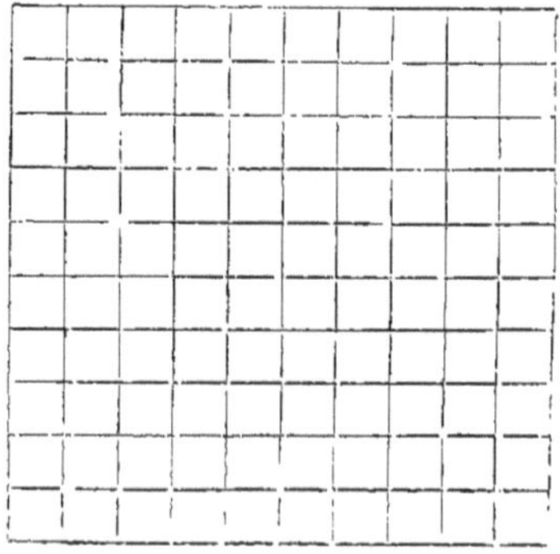

Or les dix bandes renferment dix fois dix ou cent décimètres carrés; donc le mètre carré contient *cent* décimètres carrés; en d'autres termes, le décimètre carré est la centième partie du mètre carré.

De même, le centimètre carré est la centième partie du décimètre carré, le millimètre carré est la centième partie du centimètre carré, etc....... D'autre part, le décamètre carré vaut cent mètres carrés, l'hectomètre carré vaut cent décamètres carrés, etc.....

162. Mesurer une surface, c'est chercher combien elle contient de mètres carrés, combien le reste contient de décimètres carrés, etc.....; en un mot, combien elle contient d'unités de chaque ordre, et il peut y avoir jusqu'à 99 unités de chaque ordre. La surface s'exprimera ainsi par un nombre décimal, en ayant soin d'affecter deux chiffres pour chaque ordre d'unités.

Considérons, par exemple, le nombre

$$24537^{mq},68195.$$

En partant de la virgule et allant vers la gauche, nous trouvons successivement : 37 mètres carrés, 45 centaines de mètres carrés ou 45 décamètres carrés, 2 centaines de décamètres carrés ou 2 hectomètres carrés. En allant vers la droite, nous trouvons : 68 centièmes de mètre carré ou 68 décimètres carrés, 19 centièmes de décimètre carré ou 19 centimètres carrés, 5 dixièmes ou 50 centièmes de centimètres carrés, c'est-à-dire 50 millimètres carrés. Le nombre proposé s'énoncera donc : 2 hectom. q., 45 décam. q., 37 m. q., 68 décim. q., 19 cent. q., 50 millim. q.

Les surfaces suivantes :

3 décimètres carrés;

7 décamètres carrés, 54 centim. q.;

2 kilom. q., 73 décam. q., 8 mètres q., 235 millim. q. ;

s'écriront : $0^{mq},03$ — $700^{mq},0054$ — $2007308^{mq},000235$.

163. Mesure des terrains. Pour la mesure des terrains, on emploie comme unité principale le décamètre carré, auquel on donne alors le nom d'*are*. Parmi les multiples de l'are, remarquons l'*hectare* ou centiares, et, parmi les subdivisions, le *centiare* ou centième partie de l'are. L'hectare, qui vaut cent ares ou cent décamètres carrés, n'est autre chose que l'hectomètre carré. D'autre part, le centiare, qui est la centième partie de l'are ou du décamètre carré, n'est autre chose que le mètre carré.

Les seules unités employées dans la mesure des terrains sont l'hectare, l'are et le centiare. Ainsi on dit : un domaine de 125 hectares 47 ares ; un jardin de 23 ares 50 centiares ; et ces quantités s'écrivent :

$$12547 \text{ ares.} \quad - \quad 23^{\text{ares}},50.$$

Afin de résumer ce qui précède, nous représenterons dans un tableau les unités de surface.

Hectomètre carré. . . . . *hectare.*
Décamètre carré. . . . . . *are.*
Mètre carré. . . . . *centiare.*
Décimètre carré.
Centimètre carré.

Volumes.

164. On appelle *cube* un volume ayant la forme d'une boîte terminée par six faces carrées ; un dé à jouer a la forme d'un cube ; tous les côtés du cube ont la même longueur.

On prend pour unités de volume les cubes construits sur les unités de longueur. L'unité principale de volume est donc le *mètre cube;* c'est un cube dont chaque côté a un mètre de longueur.

On a ensuite : d'une part, le *décamètre cube,* l'*hectomètre cube,* etc.....; d'autre part, le *décimètre cube,* le *centimètre cube*, etc...... Ce sont des cubes ayant pour côtés le décamètre, l'hectomètre........, le décimètre, le centimètre.....

Les unités de volume sont de mille en mille fois plus grandes. Concevons, par exemple, une caisse qui soit exactement un mètre cube, et remplissons-la avec des décimètres cubes. Le fond de la caisse étant un mètre carré, on le couvrira avec cent décimètres cubes; nous formons ainsi une couche ayant un décimètre de hauteur. Disposons une seconde couche pareille au-dessus de la première, puis une troisième, etc....., ainsi que le représente la figure suivante

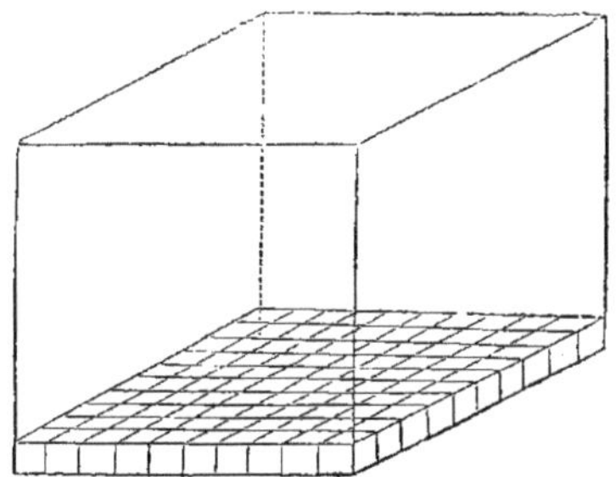

Quand nous aurons disposé dix couches semblables, la hauteur totale étant dix décimètres ou un mètre, la caisse sera pleine. Ainsi un mètre cube contient dix fois cent, c'est-à-dire *mille* décimètres cubes; en d'autres termes, le décimètre cube est la millième partie du mètre cube.

De même, le centimètre cube est la millième partie du décimètre cube, le millimètre cube est la millième partie du centimètre cube. D'autre part, le décamètre cube vaut mille mètres cubes, l'hectomètre cube vaut mille décamètres cubes, etc.

165. Mesurer un volume, c'est chercher combien il contient de mètres cubes, de décimètres cubes......; en un mot, combien il contient d'unités de chaque ordre, et il peut y avoir jusqu'à 999 unités de chaque ordre. Le volume s'exprime ainsi par un nombre décimal, en ayant soin d'affecter trois chiffres à chaque ordre d'unités.

Considérons, par exemple, le nombre

$$24507638^{mc},0750098$$

En partant de la virgule et allant vers la gauche, nous trouvons successivement : 638 mètres cubes, 507 mille mètres cubes ou 507 décamètres cubes, 24 mille décamètres cubes ou 24 hecto-mètres cubes. En allant vers la droite, nous trouvons : 75 milliè-mes de mètres cubes ou 75 décimètres cubes, 9 millièmes de décimètre cube ou 9 centimètres cubes, enfin 8 dizièmes ou 800 millièmes de centimètre cube, c'est-à-dire 800 millimètres cubes. Le nombre s'énoncera donc : 24 hectom. c., 507 décam. c., 638 mètres c., 75 décim. c., 9 centim. c., 800 mill. c.

Les volumes suivants :

3 décimètres cubes ;

27 décam. c., 349 centim. c. ;

6 kilom. c., 467 décam. c., 8 m. c., 2700 centim. c.;

s'écriront :

$$0^{mc},003 \;-\; 27000^{mc},000349 \;-\; 6000467008^{mc},0027.$$

166. MESURE DES LIQUIDES. Pour mesurer les liquides comme le vin, l'huile, on emploie comme unité principale le *litre ;* c'est un vase de forme cylindrique, dont la capacité est égale à un décimètre cube; la hauteur du cylindre étant d'ailleurs double du diamètre de la base.

Les multiples du litre sont : le *décalitre*, l'*hectolitre*, le *kilo-litre*......., ou dix litres, cent litres, mille litres....... Les subdi-visions du litre sont : le *décilitre*, le *centilitre*, le *millilitre*, ou le dixième, le centième, le millième du litre.

Le kilolitre, qui vaut mille litres ou mille décimètres cubes, n'est autre chose que le mètre cube. Le millilitre, qui est la millième partie du litre ou du décimètre cube, n'est autre chose que le centimètre cube.

Ainsi on dira : la capacité d'un vase est de trois décalitres, cinq décilitres (30^l,5). — La capacité d'un tonneau est de deux hectolitres, huit litres (208 l).

Pour la mesure des bois de chauffage ou de charpente, on se sert du mètre cube, qui prend alors le nom de *stère.*

Résumons dans un tableau les unités de volume.

Hectomètre cube.
Décamètre cube.
Mètre cube. . . . . . *kilolitre.* . . . . . *stère.*
Décimètre cube . . *litre.*
Centimètre cube . . *millilitre.*
Millimètre cube.

Poids.

167. L'unité de poids est le *gramme;* c'est le poids dans le vide d'un centimètre cube d'eau distillée, à la température de 4 degrés au-dessus de zéro du thermomètre centésimal. On s'est servi d'eau distillée, parce que l'eau distillée est parfaitement pure. On a choisi la température de 4 degrés au-dessus de zéro, parce que c'est à cette température que l'eau a la plus grande densité. Enfin on a pris le poids dans le vide, parce que dans l'air les corps pèsent moins que dans le vide, et que dans l'air le poids est variable suivant l'état de l'atmosphère. Le gramme étant défini de cette manière, on a construit un étalon en platine qui dans le vide pèserait un gramme.

Les mesures dérivées du gramme sont : d'une part, le *déca-*

gramme, l'*hectogramme,* le *kilogramme.......,* ou dix, cent, mille...... grammes; d'autre part, le *décigramme,* le *centigramme,* le *milligramme,* ou dizième, centième, millième de gramme.

Le gramme, étant le poids d'un centimètre cube ou d'un millilitre d'eau, le litre d'eau pèse un kilogramme. Le kilolitre ou le mètre cube d'eau pèse mille kilogrammes.

Le gramme étant un poids très-petit, on rapporte dans le commerce les marchandises ordinaires au kilogramme. Ainsi on dit qu'un ballot pèse 15 kilogrammes, 8 hectogrammes, et on écrit 15^k,8. Les fortes pesées s'évaluent au moyen du *quintal* ou cent kilogrammes. Pour évaluer le chargement des navires, on emploie une unité plus grande encore, le *tonneau* ou mille kilogrammes; un vaisseau de cent tonneaux est un vaisseau capable de porter cent mille kilogrammes.

Monnaies.

168. L'unité de monnaie est le *franc.* Le franc est une pièce du poids de 5 grammes, composée de neuf parties d'argent et d'une partie de cuivre. Les subdivisions du franc sont le *décime* (dixième partie du franc) et le *centime* (centième partie du franc). On ne désigne pas les multiples du franc d'une manière spéciale; on dit simplement : dix francs, cent francs, mille francs.

Les pièces d'argent que fabrique aujourd'hui l'État en France sont : 1° la pièce de 1 franc; 2° celle de deux francs; 3° celle de 5 francs; 4° d'autre part, la pièce de un demi-franc ou de cinquante centimes; 5° la pièce de un quart de franc ou de vingt-cinq centimes. Toutes ces pièces d'argent sont formées avec un même alliage, composé, comme nous l'avons dit, de neuf parties d'argent pur contre une partie de cuivre. Puisque la pièce de 1 franc pèse 5 grammes, la pièce de 5 francs pèse cinq fois plus ou 25 grammes; la pièce de 50 centimes pèse 2^g,5 et celle de 25 centimes 1^g,25. Deux cents francs en pièces d'argent pèsent un kilogramme.

On emploie aussi en France trois sortes de pièces d'or ; la pièce de 10 francs, celle de 20 francs, et celle de 40 francs. Elles sont composées de neuf parties d'or pur et d'une partie de cuivre. D'après la loi, la monnaie d'or a une valeur quinze fois et demie plus grande que celle de l'argent, à poids égal ; il en résulte que la pièce de 20 francs pèse $\frac{5 \times 20}{15,5}$ grammes, ou $\frac{200}{31} = 6^g,452$.

Les monnaies d'une petite valeur sont composées, soit de cuivre, soit d'un alliage de cuivre de zinc et d'étain ; on les appelle monnaies de *billon*. Les plus répandues sont : 1° la pièce de 5 centimes ; il en faut 20 pour faire 1 franc ; c'est le *sou* vulgaire ; 2° la pièce de 10 centimes ou *d'un décime ;* c'est le *deux sous*. La monnaie de billon vaut 40 fois moins que la monnaie d'argent, à poids égal ; ainsi la pièce d'un décime pèse $5 \times 0,1 \times 40 = 20$ grammes. Les monnaies de billon sont très-variables, elles n'ont pas toutes la même composition ni le même poids. Aussi est-il question aujourd'hui d'une refonte complète des monnaies de ce genre.

169. Résumé. Il est facile de comprendre maintenant les avantages du système métrique : 1° les unités principales, destinées à la mesure des différentes espèces de grandeurs, dérivent toutes du mètre d'une manière simple, et le mètre lui-même est lié à la grandeur du globe terrestre ; 2° l'échelle des unités qui se rapportent à une même espèce de grandeur est en harmonie avec notre système de numération ; de sorte qu'une grandeur quelconque s'exprime par un nombre décimal, et que les opérations à faire sur les quantités s'effectuent avec une grande rapidité.

Le système métrique est aujourd'hui en vigueur dans toute la France ; il serait à désirer que les autres peuples de l'Europe l'adoptassent également. La nation française, lorsqu'elle préparait cette grande réforme, invita plusieurs fois les autres nations à se joindre à elle pour l'opérer en commun ; mais les guerres de la Révolution et de l'Empire, des susceptibilités nationales mal entendues, firent échouer ce magnifique projet.

CHAPITRE VII

PROBLÈMES

Problèmes divers.

Problème I. 48 mètres d'étoffes ont coûté 150 francs. Combien coûteront 60 mètres de la même étoffe ?

Puisque 48 mètres d'étoffe ont coûté 150 fr., un seul mètre coûtera 48 fois moins, soit $\dfrac{150^{fr.}}{48}$; 60 mètres coûteront 60 fois plus qu'un mètre, soit

$$\frac{150 \times 60}{48} = 187^{f},50.$$

Problème II. $48^m,5$ d'étoffe ont coûté $157^f,45$. Combien coûteront $62^m,32$?

Cherchons d'abord le prix du mètre ; nous savons que pour l'obtenir il faut diviser la somme payée $157^f,45$ par la quantité d'étoffe achetée $48^m,5$; le prix du mètre est donc $\dfrac{157,45}{48,5}$. Connaissant le prix du mètre, il est facile de calculer ce que coûtera une quantité quelconque d'étoffe ; il suffit de multiplier le prix du mètre par cette quantité d'étoffe. Ainsi $62^m,32$ coûteront

$$\frac{157,45 \times 62,32}{48,5} = 202^f,32.$$

Pour abréger, on dispose le raisonnement de la manière suivante :

$$48^m,5 \text{ coûtent} \ldots \quad 157,45$$

$$1^m \ldots \ldots \quad \frac{157,45}{48,5}$$

$$62^m,32 \ldots \ldots \quad \frac{157,45 \times 62,32}{48,5} = 202,32.$$

Dans le calcul, nous avons négligé les millièmes, ce qui donne le résultat à moins d'un demi-centième près.

Problème III. On veut échanger 50 mètres d'un drap, qui vaut

12ᶠ,75 le mètre, contre de la soie qui vaut 8ᶠ,50 le mètre. Quelle quantité de soie doit-on recevoir en échange?

La valeur des 50 mètres de drap est de 12ᶠ,75 × 50. *On obtiendra la quantité de soie qui a même valeur, en divisant cette somme par le prix du mètre* 8ᶠ,50, *ce qui donne*

$$\frac{12,75 \times 50}{8,50} = \frac{12,75 \times 100}{17} = \frac{1275}{17} = 75^{\mathrm{m}}.$$

Nous avons multiplié les deux termes de la fraction par 2, afin de remplacer 50 par 100, ce qui simplifie les calculs. Ainsi on devra recevoir 75 mètres de soie en échange.

Problème IV. Une locomotive, qui fait 6 lieues à l'heure, a employé 10 heures pour parcourir une certaine distance. Combien d'heures emploierait la locomotive pour franchir la même distance, si elle faisait 8 lieues à l'heure?

Puisque la locomotive parcourt 6 lieues dans une heure, elle a parcouru en 10 heures une distance 10 fois plus grande, soit 6 × 10 = 60 *lieues. Si maintenant la locomotive fait 8 lieues par heure, il lui faudra autant d'heures pour parcourir cette même distance que 8 lieues sont contenues de fois dans 60 lieues. En divisant 60 par 8, nous trouvons pour quotient* $7 + \frac{1}{2}$. *Ainsi, avec la nouvelle vitesse, la locomotive emploiera 7 heures et demie ou* 7ʰ30' *pour parcourir la distance donnée.*

Problème V. Une fontaine a mis 2ʰ52'46″ à remplir un bassin d'une capacité de 7 mètres cubes et 46 décimètres cubes. Combien de temps mettra-t-elle pour remplir un bassin d'une capacité de 12 mètres cubes, et 620 décimètres cubes?

Réduisons le temps en secondes; la fontaine, en 10366 secondes, a rempli le premier bassin, dont la capacité est de 7046 litres; elle donne donc en une seconde une quantité d'eau égale à $\frac{7046}{10366}$ *litre. La capacité du second bassin est de 12620 litres; autant de fois ce second bassin contiendra la quantité d'eau versée en une seconde, autant de secondes la fontaine emploiera pour le remplir. Il faut donc diviser 12620 par* $\frac{7046}{10366}$, *ce qui donne* $\frac{12620 \times 10366}{7046}$ = 18566 *secondes* = 5ʰ9'26″, *en négligeant une fraction de seconde.*

Problème VI. Deux fontaines coulent dans un bassin ; la première, coulant seule, remplit le bassin en 5 heures ; la seconde, coulant seule, en 7 heures. On demande combien de temps les deux fontaines, coulant ensemble, mettraient pour remplir le bassin.

Prenons pour unité de volume la capacité du bassin. La première fontaine, remplissant le bassin en 5 heures, donne en une heure une quantité d'eau marquée par la fraction $\frac{1}{5}$; la seconde, remplissant le bassin en 7 heures, donne en une heure une quantité d'eau marquée par la fraction $\frac{1}{7}$. Les deux fontaines, coulant ensemble, verseront en une heure une quantité d'eau égale à $\frac{1}{5} + \frac{1}{7} = \frac{12}{35}$. Autant le bassin contiendra de fois cette quantité d'eau versée en une heure, autant d'heures il faudra aux deux fontaines coulant ensemble pour remplir le bassin. Nous diviserons donc 1 par $\frac{12}{35}$, ce qui donne le quotient $\frac{35}{12} = 2^h + \frac{11}{12}$.

Réduisons cette fraction d'heure en minutes : puisqu'une heure vaut 60 minutes, les $\frac{11}{12}$ d'une heure valent les $\frac{11}{12}$ de 60 minutes, qui fait $\frac{60 \times 11}{12} = 55'$. Dans l'exemple actuel, on aurait pu opérer immédiatement la conversion en multipliant les deux termes de la fraction par 5, ce qui fait $\frac{55}{60}$ ou 55 minutes. Ainsi les deux fontaines coulant ensemble mettront $2^h 55'$ pour remplir le bassin.

Problème VII. Il faut 10 quintaux de foin pour nourrir 8 chevaux pendant 15 jours. Combien de foin faudra-t-il pour nourrir 13 chevaux pendant 20 jours ?

Cherchons d'abord ce que mange un seul cheval en un jour. 8 chevaux en 15 jours mangent 10 quintaux ou 1000 kilog. ; un cheval en 15 jours mange une quantité de foin 8 fois plus petite, soit $\frac{1000}{8}$; un cheval en un jour mange une quantité 15 fois plus petite ; soit $\frac{1000}{8 \times 15}$.

Maintenant que nous connaissons ce que mange un cheval en un jour, multiplions cette quantité par 13, nous aurons ce que mangent 13 chevaux en un jour ; puis par 20, nous aurons ce que mangent 13 chevaux en 20 jours. Ainsi la quantité cherchée est

$$\frac{1000 \times 13 \times 20}{8 \times 15} = \frac{1000 \times 13 \times 10}{4 \times 15} = \frac{130000}{60} = \frac{13000}{6} = 2166^k,7.$$

Nous négligeons les décagrammes.

Afin d'embrasser d'un seul coup d'œil la suite des raisonnements, on les dispose en tableau de cette manière :

8 chevaux en 15 jours mangent 1000$_k$ de foin

1 . . . . en 15 . . . . $\dfrac{1000}{8}$

1 . . . . en 1 . . . . $\dfrac{1000}{8 \times 15}$

13 . . . en 1 . . . . . . $\dfrac{1000 \times 13}{8 \times 15}$

13 . . . en 20 . . . . . $\dfrac{1000 \times 13 \times 20}{8 \times 15} = 2166^k,7.$

PROBLÈME VIII. Avec 28^k,5 de fil, on a fabriqué une pièce de toile ayant 120 mètres de longueur sur 1^m,25 de largeur. Combien de mètres d'une toile semblable à la première, mais ayant 0,92 de largeur, pourrait-on fabriquer avec 40^k de fil ?

Évaluons les largeurs en centimètres, et cherchons d'abord quelle longueur on pourrait fabriquer avec un kilogramme de fil, si la toile n'avait qu'un centimètre de largeur. La première toile avait 125 centimètres de largeur ; si elle n'avait qu'un centimètre de largeur, avec là même quantité de fil, on en aurait fabriqué une longueur 125 fois plus grande, soit 120×125^m. *Pour avoir ce qu'on aurait fabriqué avec un seul kilogramme, il faut diviser cette quantité par 28,5, ce qui donne* $\dfrac{120 \times 125^m}{28,5}$

Pour avoir ce qu'on fabriquerait avec 40 kilogrammes de fil, la largeur étant toujours d'un centimètre, il faut multiplier cette dernière quantité par 40, ce qui donne $\dfrac{120 \times 125 \times 40^m}{28,5}$. *Supposons maintenant que la largeu de la toile soit de 92 centimètres, la longueur deviendra 92 fois plus petite,*

soit $\dfrac{120 \times 125 \times 40}{28,5 \times 92} = \dfrac{120.25.100}{57.20} = 228^m,8,$ *à moins d'un décimètre près.*

Disposons en tableau les raisonnements :

Avec 28^k,5 de fil, la largeur étant 125^m , on fabrique 120^m

. . . 28, 5 . . . , ... 1. , ... 120$\times$125

. . . 1 . . . . , ... 1. , ... $\dfrac{120 \times 125}{28,5}$,

. . . 40 . . . . , ... 1. , ... $\dfrac{120 \times 125 \times 40}{28,5}$

. . . 40 . . . . , ... 92. , ... $\dfrac{120.125.40}{28,5.92} = 228^m,8.$

Questions sur l'intérêt de l'argent.

On appelle *capital* une somme prêtée, *intérêt* le bénéfice que le prêteur exige de l'emprunteur en échange de la jouissance du capital. L'intérêt de 100 francs pour un an est ce que l'on nomme le *taux* de l'intérêt. Ordinairement l'intérêt du capital prêté se paie chaque année et constitue une *rente* annuelle.

Problème I. Quelle est la rente produite par un capital de 12648 francs, placé à 5 pour 100 par an ?

Puisque 100 fr. rapportent 5 fr. par an, un capital d'un franc rapporte-rait 100 fois moins, soit $\frac{5}{100}$; le capital 12648 fr. rapportera 12648 fois plus, soit

$$\frac{5\times12648}{100} = \frac{12648\times5}{100} = 632^f,40.$$

Problème II. Quelle est la rente produite par un capital de 687^f,50, placé à 4^f,25 pour 100 par an ?

Puisque 100 fr. rapportent 4^f,25 par an, un capital d'un franc rapporte-rait $\frac{4,25}{100}$. Pour avoir l'intérêt d'un capital quelconque, il faut évidemment multiplier l'intérêt d'un franc par ce capital. Le capital 687^f,50 rapportera donc

$$\frac{4,25 \times 687,50}{100} = \frac{687,50 \times 4,25}{100} = 29^f,22,$$

en négligeant les millièmes. Ainsi :

Règle I. *Pour calculer l'intérêt annuel d'un capital donné, multipliez le capital par le taux et divisez par 100.*

On divisera par 100 en reculant la virgule de deux rangs vers la gauche.

Problème III. Quel est l'intérêt de 12648 fr., placé à 5 pour 100 par an pendant 8 mois ?

L'intérêt d'un an est $\frac{12648 \times 5}{100}$. Puisque 8 mois sont les $\frac{8}{12}$ d'un an, l'in-térêt de 8 mois sera les $\frac{8}{12}$ de l'intérêt d'un an, soit

$$\frac{12648 \times 5 \times 8}{100 \times 12} = \frac{12648 \times 5 \times 2}{100 \times 3} = \frac{4216}{10} = 421^f,60.$$

On arrive au même résultat par une autre méthode, qui est souvent plus simple que la précédente :

Intérêt d'un an, $\dfrac{12648 \times 5}{100} = 632^f,40.$

L'intérêt de 6 mois est le $\frac{1}{2}$ de l'intérêt d'un an. . . . .   316^f,20

L'intérêt de 2 mois est le $\frac{1}{3}$ de l'intérêt de 6 mois 105, 40

L'intérêt de 8 mois est la somme. . . . .   421, 60.

PROBLÈME IV. Quel est l'intérêt de 687$_f$,50, placé à 4^f,25 pour 100 par an pendant 8 mois et 20 jours?

Dans les calculs d'intérêt, on considère le mois comme étant composé de 30 jours, et l'année de 360 jours.

Réduisons en jours la durée du placement, nous trouvons 260 jours.

$$\text{Intérêt d'un an} \ldots \frac{687,50 \times 4,25}{100}$$

$$d'un\ jour \ldots \frac{687,50 \times 4,25}{100 \times 360}$$

$$de\ 260\ jours \ldots \frac{687,50 \times 4,25 \times 260}{100 \times 360} = 21^f,10.$$

Dans l'exemple actuel, il serait plus simple de calculer d'abord l'intérêt de 8 mois, puis l'intérêt de 20 jours :

Pour un an $\dfrac{687,50 \times 4,25}{100} = 29^f,219.$

Pour 6 mois, ou le $\frac{1}{2}$ d'un an   14,609

Pour 2 mois, ou le $\frac{1}{3}$ de 6 mois   4,870

Pour 20 jours, ou le $\frac{1}{3}$ de 2 mois.   1,623

L'intérêt de 8 mois et 20 jours est la somme   21,10

PROBLÈME V. Quel est le capital qui, placé à 5 pour 100 par an, produit une rente de 854^f,2.

Pour avoir 5 fr. de rente, il faut un capital de 100 fr.; pour avoir 1 fr. de rente, il faut un capital 5 fois plus petit, soit $\dfrac{100}{5}$; pour avoir 854 fr. de rente, il faut un capital 854 fois plus grand, soit

$$\frac{100 \times 854}{5} = \frac{854 \times 100}{5} = 17080^f.$$

Problème VI. Quel est le capital qui, placé à $4^f,75$ pour 100 par an, produit une rente de $342^f,60$?

La rente d'un capital quelconque est égale à l'intérêt d'un franc multiplié par le capital; réciproquement si l'on divise la rente par l'intérêt d'un franc, on obtiendra le capital. Dans l'exemple actuel, l'intérêt d'un franc est $\frac{4,75}{100}$, le capital cherché est donc égal à

$$342,60 : \frac{4,75}{100} = \frac{342,60 \times 100}{4,75} = 7212^f,63.$$

Règle II. *Pour calculer le capital capable de produire une rente donnée, multipliez la rente par 100 et divisez par le taux de l'intérêt.*

Problème VII. Quel est le capital qui, placé à $4^f,50$ pour 100 par an, a rapporté 500 fr. en 7 mois et 18 jours?

Le capital un franc, en 7 mois et 18 jours ou 228 jours, rapporterait $\frac{4,50 \times 228}{100 \times 360}$. L'intérêt d'un capital quelconque, pendant le même temps, est égal à l'intérêt d'un franc multiplié par ce capital; donc on obtiendra le capital cherché en divisant 500 fr. par l'intérêt d'un franc, ce qui fait

$$500 : \frac{4,50 \times 228}{100 \times 360} = \frac{500 \times 100 \times 360}{4,50 \times 228} = \frac{1000000 \times 36}{9 \times 228} = \frac{1000000}{57} = 17543^f,86.$$

Problème VIII. A quel taux faut-il placer un capital de 5680 francs pour qu'il produise une rente de $261^f,28$?

Chercher le taux de l'intérêt, c'est chercher ce que rapportent 100 fr. en un an.

$$5680 \text{ fr. rapportent. . .} \quad 261,28$$
$$1 \text{ . . . .} \quad \frac{261,28}{5680}$$
$$100 \text{ . . . .} \quad \frac{261,28 \times 100}{5680} = \frac{2612,8}{568} = 4,60.$$

Il faut donc placer le capital à $4^f,60$ pour 100 par an.

Règle III. *Pour calculer le taux de l'intérêt, multipliez la rente par 100, et divisez par le capital.*

PROBLÈME IX. Un capital de 687^f,50 a rapporté 21^f,10 en 8 mois et 20 jours. A quel taux était-il placé?

Cherchons encore ce qu'auraient rapporté 100 francs en un an.

687,50 *en* 260 *jours rapportent* 21,10

$$\text{Id.} \quad \text{en} \quad \text{1 jour} \ldots \ldots \quad \frac{21,10}{260}$$

$$\text{Id.} \quad \text{en} \quad \text{1 an} \ldots \ldots \quad \frac{21,10 \times 360}{260}$$

$$1 \quad \text{en} \quad \text{id.} \ldots \ldots \quad \frac{21,10 \times 360}{260 \times 687,50}$$

$$100 \quad \text{en} \quad \text{id.} \ldots \ldots \quad \frac{21,10 \times 360 \times 100}{260 \times 687,50} = 4^f,25.$$

PROBLÈME X. Pendant combien de jours faut-il placer un capital de 687^f,50 à 4^f,25 pour 100 par an pour qu'il rapporte 21^f,10?

$$687,50 \text{ } en \text{ } un \text{ } an \text{ } rapportent \quad \frac{687,50 \times 4,25}{100}$$

$$\text{Id.} \quad en \text{ } un \text{ } jour \ldots \ldots \quad \frac{687,50 \times 4,25}{100 \times 360}.$$

Autant de fois l'intérêt d'un jour sera contenu dans 21^f,10, *autant de jours on aura. Le nombre de jours cherché est donc égal à*

$$21,10 : \frac{687,50 \times 4,25}{100 \times 360} = \frac{21,10 \times 360 \times 100}{687,50 \times 4,25} = 260^j = 8^m 20^j.$$

PROBLÈME XI. Trouver l'intérêt d'un capital de 12648 francs, placé à intérêt simple à 5 pour 100 par an pendant 4 ans 8 mois et 20 jours.

Nous avons dit qu'habituellement l'emprunteur payait chaque année l'intérêt du capital; s'il n'en était pas ainsi, si l'emprunteur ne payait l'intérêt qu'après un certain nombre d'années, on pourrait calculer l'intérêt total d'après deux conventions différentes. Ou bien il a été convenu que le capital resterait le même pendant toute la durée du placement, de sorte que l'intérêt de plusieurs années est égal à l'intérêt d'un an répété un certain nombre de fois; c'est là ce qu'on appelle *intérêt simple.* Ou bien à la fin de chaque année on ajoute au capital les intérêts de cette année, pour former un nouveau capital produisant intérêt pendant l'année suivante. Ainsi à la fin de la première année, on ajouterait au capital primitif les intérêts de cette première année, ce qui donnerait un nouveau capital produisant intérêt pendant la seconde année ; on ajouterait à ce second capital les intérêts de la seconde année, ce qui donnerait un nouveau capital produisant intérêt pendant la troisième année, et ainsi de suite. De cette manière le capital augmente d'année en année ; c'est là ce qu'on appelle prendre les *intérêts composés*. Nous examinerons plus tard les questions qui se rapportent aux intérêts composés ; bornons-nous, pour le moment, aux intérêts simples.

Intérêt d'un an $\dfrac{12648 \times 5}{100}$

Intérêt de 4 ans $\dfrac{12648 \times 5 \times 4}{100}$ 2529ʳ,60

Intérêt de 8ᵐ 20ʲ *ou* 260ʲ $\dfrac{12648 \times 5 \times 260}{100 \times 360}$ 456, 73

L'intérêt de 4ᵃ 8ᵐ 20ʲ *est égal à la somme.* 2986, 33

Nous avons calculé les intérêts simples de 4 ans en multipliant par 4 l'intérêt d'un an ; puis nous avons ajouté l'intérêt de 8ᵐ 20ʲ.

PROBLÈME XII. Pendant combien de temps faut-il placer un capital de 12648 fr., à intérêt simple à 5 pour 100 par an, pour qu'il produise 2986ʳ,33 ?

En un an le capital produit $\dfrac{12648 \times 5}{100}$. *Autant de fois l'intérêt d'un an sera contenu dans* 2986ʳ,33, *autant d'années nous aurons. Il faut donc effectuer la division suivante :*

$$2986,33 : \frac{12648 \times 5}{100} = \frac{298633}{63240} = 4^{\mathrm{a}} + \frac{45673^{\mathrm{a}}}{63240}.$$

Nous avons donc 4 ans, plus une fraction d'année. Au lieu de dire une fraction d'année, on peut dire une fraction de 12 mois, ce qui fait

$$12^{\mathrm{m}} \times \frac{45673}{63240} = \frac{45673 \times 12}{63240} = 8^{\mathrm{m}} + \frac{42156^{\mathrm{m}}}{63240}$$

Nous avons 8 mois, plus une fraction de mois. De même, cette fraction de mois est une fraction de 30 jours, ce qui fait

$$30j \times \frac{42156}{63240} = \frac{42156 \times 30}{63240} = 19j + \frac{63120j}{63240} = 20j.$$

La durée du placement est donc de 4ᵃ 8ᵐ 20ʲ.

Pour abréger, on dispose la division de la manière suivante :

$$
\begin{array}{l|l}
298633_a & 63240 \\
45673 & \overline{\quad 4^a 8^m 19^j + \quad = 4^a 8^m 20^j.} \\
12 & \\
\hline
91346 & \\
45673 & \\
\hline
548076^m & \\
42156 & \\
30 & \\
\hline
1264680 & \\
632280 & \\
63120 &
\end{array}
$$

On peut rendre compte de cette opération d'une autre manière. La division qu'il s'agit d'effectuer peut être considérée comme ayant pour but de partager 298633 années en 63240 parties égales ; nous trouvons d'abord les années, et il reste 45673 années que nous convertissons en mois en multipliant par 12. Nous partageons les 548076 mois, ce qui donne 8 mois, et il reste 42156 mois que nous convertissons en jours en multipliant par 30. Nous partageons enfin les jours.

Questions sur les rentes.

La dette publique est de plusieurs sortes. Le 5 *pour cent* est un titre portant un capital nominal de 100 fr., et produisant 5 fr. de rente. Le 3 *pour cent* est un titre portant un capital nominal de 100 fr., et produisant 3 fr. de rente.

Problème I. Une personne achète du 5 pour cent au cours de 115ᶠ,40. A quel taux place-t-elle son argent ?

Acheter du 5 pour cent au cours de 115,40, c'est acheter pour 115,40 une rente de 5 fr. Nous dirons donc

Le capital 115,40 produit une rente de 5 fr.

$$. . . . . \quad 1 . . . . \quad \frac{5}{115,40}$$

$$. . . . . \quad 100 . . . . \quad \frac{5 \times 100}{115,40} = 4,33.$$

On place donc son argent à 4f,33 pour cent par an.

Problème II. Combien coûtent 500 francs de rente 3 pour cent au cours de 68f,40 ?

3 fr. de rente coûtent 68,40

$$1 . . . . \quad \frac{68,40}{3}$$

$$500 . . . . \quad \frac{68,40 \times 500}{3} = 11400 \; fr.$$

Problème III. Si le 5 pour cent est à 92f,60, quel doit-être le cours correspondant du 3 pour cent ?

5 fr. de rente coûtent 92,60

$$1 . . . . \quad \frac{92,60}{5}$$

$$3 . . . . \quad \frac{92,60 \times 3}{5} = 55f,56.$$

Questions sur les escomptes.

On 'appelle *escompte* la retenue que l'on fait sur 'un billet, quand on le paie avant son échéance.

On distingue dans un billet deux sortes de valeurs : 1° la *valeur nominale*, ou la somme inscrite sur le billet et qui ne sera payée qu'à l'échéance ; 2° la *valeur actuelle,* ou la somme qui, augmentée de ses intérêts depuis le moment actuel jusqu'à l'époque de l'échéance, serait égale à la valeur nominale.

Il y a deux espèces d'escompte : *l'escompte en dehors* et *l'escompte en dedans.* On fait l'escompte en dehors, quand on retient l'intérêt de la valeur nominale du billet pendant le temps qui reste à s'écouler jusqu'à l'échéance du billet. On fait l'escompte en dedans, quand on retient l'intérêt de la valeur actuelle du billet pendant le même temps; alors on paie exactement la valeur actuelle du billet.

C'est l'escompte en dehors qui est usité généralement en France; il est plus fort que l'escompte en dedans, le taux étant le même.

PROBLÈME I. Quel est l'escompte à 6 pour cent d'un billet de 3780 fr., payable dans 90 jours?

1° ESCOMPTE EN DEHORS. *Il faut calculer l'intérêt de 3780 fr. à 6 pour cent pendant 90 jours.*

Intérêt d'un an $\dfrac{3780 \times 6}{100}$

Intérêt de 90 jours $\dfrac{3780 \times 6 \times 90}{100 \times 360} = 56^f,70.$

2° ESCOMPTE EN DEDANS. *Il faut chercher la valeur actuelle du billet, c'est-à-dire quel est le capital qui, placé à 6 pour cent par an pendant 90 jours, vaudrait après ce temps 3780 fr.*

1 fr. en 90 jours produit un intérêt de $\dfrac{6 \times 90}{100 \times 360}$

1 fr. après 90 jours vaut donc $1 + \dfrac{6 \times 90}{100 \times 360} = \dfrac{203}{200}.$

La valeur du capital cherché après 90 jours est égale à la valeur de 1 fr. après le même temps, multipliée par ce capital. Donc, si on divise la valeur nominale par la valeur de 1 fr., on aura le capital cherché. Ainsi la valeur actuelle du billet est égale à

$$3780 : \dfrac{203}{200} = \dfrac{3780 \times 200}{203} = 3728^f,08.$$

La retenue faite ou l'escompte en dedans est de $51^f,92$
L'escompte en dehors surpasse l'escompte en dedans de $4,78.$

RÈGLE. *Pour trouver la valeur actuelle d'un billet, divisez sa valeur nominale par l'unité augmentée des intérêts d'un franc pendant le temps indiqué.*

PROBLÈME II. On veut changer un billet de 2000 fr., payable dans 10 mois, en un autre payable dans 6 mois. Quelle doit être la valeur nominale de ce dernier, le taux de l'intérêt étant de 5,75 pour cent par an?

La question revient évidemment à trouver la valeur du billet 4 mois avant son échéance. Il faut diviser 2000 fr. par la valeur de 1 fr. au bout de 4 mois.

$$2000 : \left(1 + \frac{5,75 \times 4}{100 \times 12}\right) = 2000 : \frac{30575}{30000} = \frac{60000000}{30575} = 1962^f,42.$$

PROBLÈME III. On doit une somme de 5000 fr. et on voudrait la payer en trois billets égaux, échéant le premier dans 4 mois, le second dans 8 mois, et le troisième dans un an. Quel doit être le montant de chaque billet, le taux de l'intérêt étant 6 pour cent par an?

Il faut calculer la valeur nominale de manière à ce que la valeur actuelle des trois billets soit égale à la somme due.

Supposons que cette valeur nominale soit de 1 fr., et cherchons la valeur actuelle des trois billets.

La valeur actuelle du 1ᵉʳ billet est $1 : \left(1 + \frac{6 \times 4}{100 \times 12}\right) = \frac{100}{102}$

celle du 2ᵐᵉ . . . . $1 : \left(1 + \frac{6 \times 8}{100 \times 12}\right) = \frac{100}{104}$

celle du 3ᵐᵉ . . . . $1 : \left(1 + \frac{6}{100}\right) \quad = \frac{100}{106}$

La valeur actuelle des trois billets de 1 fr. est la somme $\frac{3244400}{1124448}$.

Si les trois billets étaient de 2 fr., leur valeur actuelle serait deux fois plus grande. En un mot, la valeur actuelle de trois billets égaux, aux échéances indiquées, est égale à la valeur actuelle de trois billets d'un franc, multipliée par la valeur nominale. Donc on obtiendra la valeur nominale cherchée en divisant la somme due par $\frac{3244400}{1124448}$, *ce qui fait*

$$\frac{3000 \times 1124448}{3244400} = 1039^f,74.$$

Questions sur les sociétés.

PROBLÈME I. Trois négociants se sont associés : le premier a mis dans la société 12000 fr., le second 10500 fr., le troisième

7840 fr. A la fin de l'année les bénéfices s'élèvent à 6375 fr. Partager ce bénéfice en proportion des mises.

Le capital social ou la somme des mises est de 30340 fr. Ce capital a produit un bénéfice de 6375 fr.; à une mise d'un franc il revient donc $\dfrac{6375}{30340}$. Il suffit maintenant, pour avoir la part de chaque associé, de multiplier le bénéfice d'un franc par sa mise des fonds. Ainsi :

$$\text{Part du 1er} \quad \frac{6375 \times 12000}{30340} = 2521^f,42$$

$$\text{— 2me} \quad \frac{6375 \times 10500}{30340} = 2206,25$$

$$\text{— 3me} \quad \frac{6375 \times 7840}{30340} = 1647,33$$

$$6375,00$$

Il se présente ici une vérification ; en additionnant les parts, on doit reproduire le bénéfice total.

PROBLÈME II. Trois associés ont fait un bénéfice de 1250 fr. Le premier a mis dans la société 3000 fr. pendant 6 mois, le second 4000 fr. pendant 8 mois, et le troisième 2000 fr. pendant 10 mois. Partager le bénéfice proportionnellement au temps et au montant de chaque mise.

Le premier a mis 3000 fr. pendant 6 mois, c'est comme s'il avait mis $3000 \times 6 = 18000$ fr. pendant un mois.

Le second a mis 4000 fr. pendant 8 mois, c'est comme s'il avait mis $4000 \times 8 = 32000$ fr. pendant un mois.

Le troisième a mis 2000 fr. pendant 10 mois, c'est comme s'il avait mis $2000 \times 10 = 20000$ fr. pendant un mois.

La question est ainsi ramenée au problème précédent. Supposons que les trois associés aient mis dans la société, le premier 18000 fr., le second 32000, le troisième 20000, pendant le même temps; il faut répartir le bénéfice proportionnellement aux mises.

$$\text{Part du 1er} \quad \frac{1250 \times 18000}{70000} = 321^f,43$$

$$\text{— du 2me} \quad \frac{1250 \times 32000}{70000} = 571,43$$

$$\text{— du 3me} \quad \frac{1250 \times 20000}{70000} = 357,14$$

$$1250,00$$

Problème III. Un arrondissement, composé de quatre cantons, doit fournir à la conscription un contingent de 162 soldats. La population du premier canton est de 30100 habitants, celle du deuxième de 28300, celle du troisième de 15200, et celle du quatrième de 7400. Répartir le contingent entre les divers cantons d'après la population.

La population totale de l'arrondissement est de 81000 habitants, ce qui fait un soldat pour $\dfrac{81000}{162}$ ou 500 habitants. Autant de fois la population de chaque canton contiendra 500, autant de soldats ce canton devra fournir. On trouve ainsi

$$\text{Pour le 1}^{\text{er}}\text{ canton.} \quad \frac{30100}{500} = \frac{30100 \times 2}{1000} = 60,2$$

$$\text{— le 2}^{\text{me}}. \quad \frac{28300 \times 2}{1000} = 56,6$$

$$\text{— le 3}^{\text{me}}. \quad \frac{15200 \times 2}{1000} = 30,4$$

$$\text{— le 4}^{\text{me}}. \quad \frac{7400 \times 2}{1000} = 14,8$$

Mais la répartition entre les cantons doit évidemment être opérée en nombres entiers; comme il est impossible dans ce cas de l'effectuer exactement, on la fera aussi exactement que possible. Attribuons d'abord 60 soldats au 1er canton, 56 au 2me, 30 au 3me, et 14 au 4me; il reste deux hommes qu'il s'agit d'attribuer à deux des quatre cantons.

On pourrait croire au premier abord qu'il faut prendre en excès les deux nombres 56,6 et 14,8, qui renferment les fractions les plus fortes, ce qui ferait 57 soldats pour le 2me canton et 15 pour le 4me. Mais on se tromperait en agissant ainsi. Car il ne faut pas considérer seulement la valeur absolue de l'augmentation du nombre fractionnaire, il faut encore comparer cette augmentation au nombre des habitants.

Prenons en excès les quatre nombres fractionnaires. En prenant 61 pour le 1er canton, l'augmentation absolue serait 0,8, ce qui fait par habitant une augmentation relative de $\dfrac{0,8}{30100} = 0,00026$. Prenons de même l'augmentation relative à un habitant pour les autres cantons, nous aurons,

Pour le 1er canton, augmentation relative. . . . $\dfrac{0,8}{30100} = 0,00026$

   — *le 2me . . . .* $\dfrac{0,4}{28300} = 0,00014$

   — *le 3me . . . .* $\dfrac{0,6}{15200} = 0,00039$

   — *le 4me . . . .* $\dfrac{0,2}{7400} = 0,00027$

On voit que les deux augmentations relatives les plus petites sont celles du 1er et du 2me canton. La meilleure répartition est donc de demander 61 soldats au 1er canton, 57 au 2me, 30 au 3me, et 14 au 4me.

Questions sur les mélanges et les alliages.

Problème I. On mélange 80 litres de vin à 50^c le litre avec 100 de vin à 35^c le litre. Quelle sera la valeur d'un litre de mélange?

80 litres du 1er vin valent . . . $0,50 \times 80 = 40$ *fr.*
100 . . . du 2me . . . . $0,35 \times 100 = 35$
180 litres de mélange valent. . . $40 + 35 \quad = 75$

   1 litre de mélange vaut. . . . $\dfrac{75}{180} = 0^f,417$, *à un demi-millième près.*

Problème II. Dans quel rapport faut-il mélanger deux vins qui valent l'un 45^c le litre, l'autre 35^c, afin d'obtenir un mélange valant 40^c le litre?

Écrivons les prix des deux vins à mélanger, et en regard à gauche le prix du mélange.

$$40 \left\{ \begin{array}{l} 45 \cdots\!\!\searrow\!\!\cdots 7 \\ 35 \cdots\!\!\nearrow\!\!\cdots 5 \end{array} \right.$$

Prenons les différences du nombre 40 aux deux nombres 45 et 35, et écrivons les différences 5 et 7 en croix. Je dis qu'en mélangeant 7 litres du premier vin avec 5 litres du second, on formera le mélange demandé. En effet, comme on vend le mélange 40^c, chaque litre du premier vin que l'on introduit dans le mélange occasionne une perte de 5^c; chaque litre du second vin produit au contraire un gain de 7^c. Si donc on mélange 7 l. du premier vin avec 5 l. du second, il y aura, d'une part, un gain 5 × 7, d'autre part *une perte 7×5. La perte est égale au gain et le mélange vaut bien 40^c le litre.*

On indique ordinairement la composition d'un mélange, en indiquant les quantités des substances mélangées qui entrent dans la composition d'une unité du mélange. En mélangeant 7 litres du premier vin avec 5 litres du second, nous avons formé 12 litres de mélange. Un litre de mélange est donc formé de $\dfrac{7}{12}$ du premier vin et de $\dfrac{5}{12}$ du second.

PROBLÈME III. Combien faut-il mélanger de vin à 45^c le litre et de vin à 35^c pour former 150 litres de mélange à 40^c?

En appliquant la règle précédente, on trouve que, pour former un litre du mélange, il faut prendre $\dfrac{7}{12}$ du premier vin et $\dfrac{5}{12}$ du second. Pour former 150 litres de mélange, il faudra prendre des quantités 150 fois plus grandes, soit

$$\text{Du } 1^{er} \text{ vin.} \ldots \ldots \quad \frac{7 \times 150}{12} = 87^l,5$$

$$\text{Du } 2^{me} \text{ vin} \ldots \ldots \quad \frac{15 \times 150}{12} = 62,5.$$

PROBLÈME IV. Combien faut-il mélanger de vin à 45^c le litre avec 28 litres de vin à 35^c, pour former un mélange à 40^c?

D'après la règle pratique, on forme le mélange demandé en mélangeant 7 l. du premier avec 5 l. du second.

Avec 5 l. du second vin, il faut mettre 7 l. du premier.

$$- 1 \ldots \ldots \ldots \ldots \ldots \quad \frac{7}{5} \ldots \ldots$$

$$\text{Avec 28 l. du second vin} \ldots \quad \frac{7 \times 28}{5} = \frac{7 \times 56}{10} = 39^l,2.$$

PROBLÈME V. Combien faut-il mettre d'eau dans 125 litres de vin à 50^c, pour que le prix du mélange s'abaisse à 42^c?

On peut considérer l'eau comme du vin à 0^c, et alors la question se traite comme la précédente.

$$42 \left\{ \begin{array}{l} 50 \cdots\cdots\cdots\cdots 42 \\ 0 \cdots\cdots\cdots\cdots 8 \end{array} \right.$$

Dans 42 litres de vin, il faut mettre 8 l. d'eau.

— 1 . . . . $\dfrac{8}{42}$

— 125 . . . . $\dfrac{8 \times 125}{42}$ 23^l,8.

PROBLÈME VI. On forme le laiton en fondant ensemble 30 kilogrammes de zinc avec 70 de cuivre. Le kilogramme de cuivre valant 2^f,70, et le kilogramme de zinc 0,90, on demande le prix du kilogramme de laiton.

Un kil. de laiton étant composé de 0^k,7 *de cuivre et de* 0^k,3 *de zinc,*

0^k,7 *de cuivre coûte.* . . . 2,70 $\times$ 07, $=$ 1^f,89

0, 3 *de zinc.* . . . . 0,90 $\times$ 0,3 $=$ 0, 27

1^k *de laiton coûtera.* 2, 16

PROBLÈME VII. Le bronze des canons et des statues est formé de 11 kilog. d'étain sur 100 de cuivre. Combien un canon pesant 1200^k contient-il de cuivre et d'étain?

PROBLÈME VIII. Le métal des cloches s'obtient en fondant ensemble 110 kilog. d'étain avec 590 de cuivre, 5 de zinc et 4 de plomb. Quels poids de ces différents métaux faut-il mettre dans le creuset pour faire une cloche pesant 5000 kilog.?

Questions sur les matières d'or et d'argent.

PROBLÈME I. On a fondu ensemble deux lingots d'argent; le premier, au titre de 0,92, pèse 1250 grammes; le second, au titre de 0,80, pèse 786 gr. On demande le titre du lingot ainsi obtenu?

Les lingots d'argent contiennent ordinairement une petite quantité de cuivre. On appelle *titre* du lingot la quantité d'argent pur que renferme un gramme du lingot.

Le premier lingot contient. . . 0,92 $\times$ 1240 $=$ 1140^g,80 *d'argent pur.*

Le second. . . . . 0,80 $\times$ 786 $=$ 628, 80

Le nouveau pèse 2026 *gr. et contient.* . . . . . . 1769, 60 *d'argent.*

1 gr. *du nouveau lingot contient* $\dfrac{1769{,}60}{2026} = 0{,}873$ *à un demi-millième*

près. Tel est le titre du nouveau lingot.

PROBLÈME II. On a deux lingots d'argent ; l'un au titre 0,95, l'autre au titre 0,76. Dans quel rapport faut-il les allier pour former un lingot au titre de 0,90 ?

On traitera cette question comme une question de mélange. On écrira les titres des deux lingots, et en regard le titre de l'alliage ; puis on prendra les deux différences que l'on écrira en croix.

$$90 \left\{ \begin{array}{l} 95 \diagdown \quad 14 \\ 76 \diagup \quad 5 \end{array} \right.$$

Il faut allier 14 gr. du premier lingot avec 5 gr. du second. En effet, pour chaque gramme du premier lingot que l'on met dans le creuset, il y a un excès de 0,05 d'argent pur ; pour chaque gramme du second lingot, il y a au contraire un déficit 0,14 d'argent pur. Si on allie 14 gr. du premier lingot avec 5 gr. du second, l'excès et le déficit sont égaux, et l'on obtient un nouveau lingot qui est exactement au titre 0,90.

PROBLÈME III. Un lingot d'argent, au titre 0,94, pèse 3450 grammes. Combien faut-il ajouter de cuivre pour que le titre s'abaisse à 0,90 ?

Le lingot contient $0{,}94 \times 3450 = 3243$ *gr. d'argent pur ; pour que le titre devienne 0,90, il faut que le lingot pèse* $\dfrac{3243}{0{,}90} = 3603^{\text{gr}},33$. *On ajoutera donc* $153^{\text{gr}},33$ *de cuivre.*

PROBLÈME IV. Quelle est la valeur d'un kilogramme d'argent pur, au change des monnaies ?

Le titre des monnaies est 0,90. La loi a fixé à 2 francs le prix de fabrication d'un kilogramme d'argent monnayé.

Un kilogramme d'argent monnayé ne renferme que 900 grammes d'argent pur ; ces 900 grammes valent, non pas 200 francs, puisqu'il y a 2 francs de frais de fabrication, mais 198 fr. Un kilogramme d'argent pur vaut donc $\dfrac{198 \times 1000}{900} = 220$ *fr.*

PROBLÈME V. Quelle est la valeur d'un kilogramme d'or pur, au change des monnaies?

D'après la loi, la monnaie d'or a une valeur 15 fois et demie plus grande que la monnaie d'argent, à poids égal. Le prix de fabrication du kilogramme de monnaie d'or a d'ailleurs été fixé à 6 fr.

Un kilogramme d'or monnayé ne renferme que 900 grammes d'or pur, qui valent $200 \times 15,5 - 6 = 3094$ francs. Un kilogramme d'or pur vaut donc

$$\frac{3094 \times 1000}{900} = 3437^{f},78.$$

PROBLÈME VI. Comme il serait difficile, dans la fabrication des monnaies, de donner aux pièces le poids exact, la loi tolère les petites erreurs, soit en plus, soit en moins, pourvu qu'elles ne dépassent pas les 3 millièmes du poids pour les pièces de 5 fr., les 5 millièmes pour les pièces de 1 et de 2 fr., les 7 millièmes pour celles de 50 c., et les 10 millièmes pour celles de 25 c. On demande à quelle valeur s'élève la tolérance des poids sur les différentes pièces d'argent.

PROBLÈME VII. La loi tolère également une erreur de 2 millièmes, soit en plus, soit en moins, sur le poids des pièces d'or. On demande à quelle valeur s'élève la tolérance du poids sur les pièces d'or de 20 et de 40 fr.

PROBLÈME VIII. Comme il serait difficile de donner à l'alliage, qui doit servir à la fabrication des monnaies, exactement le titre 0,90, la loi tolère une erreur de 3 millièmes pour l'argent et de 2 millièmes pour l'or. On demande à quelle valeur s'élève la tolérance du titre pour les pièces d'or et d'argent.

On demande quelle est la plus grande et la plus petite valeur que puissent avoir les pièces d'or et d'argent, en tenant compte de la tolérance du poids et du titre.

PROBLÈME IX. Combien paierait-on, au change des monnaies, un vase d'argent au premier titre, pesant 475 grammes?

La loi ne reconnaît que deux titres pour les ouvrages d'argent. Le premier titre est 0,950, le second 0,800. Elle tolère 5 millièmes d'erreur.

Problème X. Combien paierait-on, au change des monnaies, un vase d'or au troisième titre, pesant 475 grammes ?

La loi reconnaît trois titres pour les ouvrages d'or. Le premier titre est 0,920, le second 0,840, le troisième 0,750. Elle tolère 3 millièmes d'erreur.

LIVRE IV

PUISSANCES ET RACINES

CHAPITRE I

FORMATION DES CARRÉS

170. Définition. Nous avons appelé *puissance* le produit de plusieurs facteurs égaux, et, pour simplifier la notation, nous avons indiqué par un exposant le nombre des facteurs. La seconde puissance ou le produit de deux facteurs égaux porte le nom spécial de *carré*, parce que le nombre d'unités de surface contenues dans la figure géométrique nommée carré est égal à la seconde puissance du nombre d'unités de longueur contenues dans le côté de la figure. Rappelons, en effet, la manière dont nous avons fait voir dans le système métrique que le décamètre carré vaut cent mètres carrés. Concevons un carré dont le côté ait 5 mètres de longueur : on peut décomposer ce carré en cinq bandes renfermant chacune cinq petits carrés ou 5 mètres carrés, et la figure entière contient 5 fois 5 ou 5^2 mètres carrés.

Ainsi *nous appelons carré d'un nombre le produit de ce nombre multiplié par lui-même.* Les carrés des nombres entiers consécutifs forment les nombres carrés

$$1, \quad 4, \quad 9, \quad 16, \quad 25, \quad 36, \quad 49, \quad 64, \quad 81, \quad 100, \ldots$$

171. Théorème I. *Pour élever au carré l'unité suivie d'un certain nombre de zéros, il suffit de doubler le nombre des* *zéros*. Ainsi les carrés de 10, 100, 1000,... sont 100, 10000, 1000000,...

Théorème II. *Pour élever au carré le produit de plusieurs facteurs, il suffit d'élever séparément chaque facteur au carré.* Par exemple

$$(5 \times 8)^2 = (5 \times 8) \times (5 \times 8) = 5 \times 8 \times 5 \times 8 = 5^2 \times 8^2.$$

Corollaire. *Pour élever au carré un nombre terminé par des zéros, on peut négliger d'abord les zéros, puis en ajouter un nombre double à la suite du résultat.* En effet :

$$(70)^2 = (7 \times 10)^2 = 7^2 \times 10^2 = 49 \times 100 = 4900.$$

Théorème III. *Pour élever au carré le produit de plusieurs facteurs affectés d'exposants quelconques, il faut doubler tous les exposants.* Ainsi

$$(5^3 \times 8^2)^2 = (5^3 \times 8^2) \times (5^3 \times 8^2) = 5^3 \times 8^2 \times 5^3 \times 8^2 = 5^6 \times 8^4.$$

Théorème IV. *Pour élever une fraction au carré, il suffit d'élever au carré chaque terme séparément.* En effet

$$\left(\tfrac{5}{7}\right)^2 = \tfrac{5}{7} \times \tfrac{5}{7} = \tfrac{5 \times 5}{7 \times 7} = \tfrac{5^2}{7^2}.$$

Pour élever au carré un nombre fractionnaire, on le mettra d'abord sous forme de fraction.

Corollaire. *Le carré d'une fraction ordinaire irréductible est une fraction irréductible dont les deux termes sont des nombres carrés.* En élevant au carré la fraction irréductible $\tfrac{10}{21}$, nous formons un fraction $\tfrac{10^2}{21^2}$, aussi irréductible; car nous savons que lorsque deux nombres, 10 et 21, sont premiers entre eux, leurs carrés sont aussi premiers entre eux. De plus, les deux termes de la nouvelle fraction sont des nombres carrés.

172. Remarque. Le carré d'un nombre, entier ou fractionnaire, est plus grand que le nombre lui-même; car le multiplicateur étant plus grand que l'unité, le produit est plus grand que le multiplicande : au contraire le carré d'une fraction proprement dite est une fraction plus petite que la proposée. Ainsi le carré de $\frac{1}{2}$ est $\frac{1}{4}$; le carré de $\frac{3}{5}$ est $\frac{9}{25}$.

Si on augmente le nombre que l'on élève au carré (et ici nous entendons le mot nombre dans son acception la plus générale), le carré augmente; car les deux facteurs du produit augmentant, il est clair que le produit augmente.

173. Théorème V. *Lorsqu'un nombre entier n'est pas un nombre carré, il n'existe pas de nombre fractionnaire qui, élevé au carré, reproduise ce nombre entier.* Soit un nombre entier 28 non carré; ce nombre est compris entre les deux carrés consécutifs 25 et 36. Il n'existe pas de nombre entier qui, élevé au carré, reproduise 28; le nombre 5 donne un carré trop petit, le nombre 6 un carré trop grand. Mais n'existe-t-il pas entre 5 et 6 un nombre fractionnaire dont le carré reproduise exactement le nombre donné 28? Supposons que le nombre 5 plus une fraction irréductible $\frac{4}{7}$ jouisse de cette propriété; en mettant ce nombre fractionnaire sous forme de fraction, la fraction $\frac{39}{7}$ ainsi obtenue est aussi irréductible; car si on pouvait la simplifier, en extrayant les entiers, on retrouverait 5 plus une fraction égale à la fraction irréductible $\frac{4}{7}$ et plus simple que celle-ci, ce qui est impossible. Élevons au carré la fraction irréductible $\frac{39}{7}$, nous aurons une fraction irréductible $\frac{39^2}{7^2}$. Puisque la fraction $\frac{39^2}{7^2}$ est irréductible, elle ne peut être égale à un nombre entier 28.

Théorème VI. *Lorsque les deux termes d'une fraction irréductible ne sont pas des nombres carrés, il n'existe pas de fraction qui, élevée au carré, reproduise exactement la fraction proposée*

Soit, par exemple, la fraction $\frac{20}{40}$ dont le numérateur n'est pas un nombre carré. Voyons si cette fraction peut être égale au carré d'une fraction que nous supposerons réduite à sa plus simple expression, et que nous représenterons par $\frac{a}{b}$. Le carré de la fraction $\frac{a}{b}$ est une fraction irréductible $\frac{a^2}{b^2}$. Mais deux fractions irréductibles $\frac{a^2}{b^2}$ et $\frac{20}{19}$ ne peuvent être égales, que si elles sont formées des mêmes nombres ; il faudrait donc que 20 fût égal à a^2, ce qui est impossible, puisque 20 n'est pas un nombre carré.

174. THÉORÈME. VII. *Le carré de la somme de deux nombres se compose du carré du premier nombre, plus deux fois le produit du premier par le second, plus le carré du second.*

Soit la somme $7+5$ à élever au carré ; il faut multiplier $7+5$ par $7+5$. Multiplions d'abord par 7 chacune des parties du multiplicande, nous aurons le carré de 7 et le produit 5×7. Multiplions ensuite par 5, nous aurons le produit 7×5 et le carré de 5. En définitive le carré de $5+7$ se compose du carré de 7, plus deux fois le produit de 7 par 5, plus le carré de 5.

$$
\begin{aligned}
&7+5\\
&7+5\\
\hline
&7^2+7\times5\\
&+7\times5+5^2\\
\hline
&7^2+7\times5\times2+5^2
\end{aligned}
$$

COROLLAIRE I. *La différence entre les carrés de deux nombres entiers consécutifs est égale à deux fois le plus petit, plus un.* Ainsi :

$$8^2=(7+1)^2=7^2+7\times2+1.$$

Quand on connaît un carré, il est facile d'après cela de former le carré suivant. Ainsi, pour avoir le carré de 11, il suffit au carré de 10 ou 100 d'ajouter deux fois 10 plus 1 ou 21, ce qui donne 121.

COROLLAIRE II. Lorsqu'un nombre, comme 68, contient plusieurs chiffres, on peut le considérer comme une somme de deux nombres, les dizaines 60, et les unités 8 ; alors son carré se compose de trois parties, le carré des dizaines, le double produit des dizaines par les unités, le carré des unités. La première partie 60^2 ou $6^2\times10^2$ exprime un nombre de centaines marqué par

6^2; la seconde partie $60 \times 8 \times 2$, ou $6 \times 8 \times 2 \times 10$, exprime un nombre de dizaines marqué par $6 \times 8 \times 2$; enfin la troisième partie 8^2 exprime des unités.

Cette décomposition permet souvent d'élever un nombre au carré avec une grande rapidité. Soit à former le carré de 15. La première partie est 100, la seconde 100, et la troisième 25; en tout 225.

Corollaire III. *Un nombre entier terminé par l'un des chiffres 2, 3, 7, 8, n'est pas un nombre carré.*

Et en effet, dans le carré d'un nombre entier, le chiffre des unités provient du carré du chiffre des unités, et les carrés des neuf premiers nombres sont terminés par les chiffres 1, 4, 9, 6, 5.

CHAPITRE II

DES RACINES CARRÉES

175. On appelle *racine carrée* d'un nombre, un nombre qui, élevé au carré, reproduit le nombre proposé. La racine carrée de 64 est 8, puisque le carré de 8 est 64. On désigne la racine carrée par le signe $\sqrt{}$ que l'on nomme radical. Ainsi $\sqrt{64} \times 8$.

Extraction de la racine carrée des nombres entiers.

176. On donne un nombre entier. Si c'est un nombre carré, nous cherchons sa racine; si ce n'est pas un nombre carré, nous nous bornons pour le moment à chercher la racine du plus grand carré contenu dans le nombre proposé. L'excès du nombre proposé sur le plus grand carré qu'il renferme s'appelle *reste*.

Considérons d'abord un nombre plus petit que 100; sachant par cœur les carrés des neuf premiers nombres, nous verrons de suite le résultat. Soit, par exemple, le nombre 45; le plus grand carré contenu dans ce nombre est 36, dont la racine est 6, et nous avons un reste 9.

177. Première méthode. Considérons maintenant un nombre plus grand que 100, par exemple 4587. Le plus grand carré contenu dans ce nombre étant au moins égal à 100, la racine cherchée est au moins égale à 10; elle se compose donc d'un chiffre des unités et d'un certain nombre de dizaines Le nombre proposé se compose du carré de la racine, plus le reste; or, le carré de la racine, d'après ce que nous avons dit, est formé de trois parties : le carré des dizaines, le double produit des dizaines par les unités, le carré des unités. La première partie, le carré des dizaines, exprimant des centaines, doit être contenu dans les 45 centaines du nombre proposé, et je vais démontrer le théorème suivant :

THÉORÈME. *La racine du plus grand carré contenu dans les centaines d'un nombre exprime les dizaines de la racine de ce nombre.*

Le nombre 45 est compris entre les deux carrés consécutifs 36 et 49, carrés de 6 et de 7. Le nombre proposé 4587 contient donc 36 centaines ou le carré de 60 ; il ne contient pas 49 centaines ou le carré de 70. Il en résulte que la racine cherchée est ou 60, ou un nombre plus grand que 60, mais plus petit que 70 ; en un mot, le chiffre des dizaines de la racine est 6.

Nous connaissons les dizaines de la racine ; du nombre proposé retranchons le carré des dizaines 3600, le reste 987 ne renferme plus que deux parties : le double produit des dizaines par les unités, ou le produit de 12 dizaines par le chiffre des unités, et le carré des unités. La première partie, exprimant des dizaines, est contenue dans les 98 dizaines ; mais ce produit n'est pas nécessairement le plus grand multiple de 12 contenu dans 98 ; car 98 contient en outre les dizaines de retenue fournies par le carré des unités. En divisant 98 par 12, on trouve 8 pour quotient ; le chiffre des unités est donc 8 ou un chiffre plus petit. Essayons 8 ; pour cela écrivons 8 à la droite de 12, et multiplions le nombre 128 ainsi formé par 8 ; le produit 1024 se compose du produit de 12 dizaines par 8, c'est-à-dire du double produit des dizaines par les unités, et en outre du produit de 8 par 8, c'est-à-dire du carré des unités. Or, la somme de ces deux parties doit être contenue dans 987 ; puisque 1024 est plus grand que 987, on en conclut que le chiffre 8 est trop fort. On essaiera 7 de la même manière, en multipliant 127 par 7 ; le produit 889 étant moindre que 987, le chiffre 7 est le chiffre des unités de la racine.

Ainsi la racine du plus grand carré contenu dans le nombre 4587 est 67, et il y a un reste 98.

178. Soit encore à extraire la racine du nombre 458732. On raisonnera comme précédemment : ce nombre étant plus grand que 100, la racine est égale ou supérieure à 10, et par conséquent se compose d'un chiffre des unités et d'un certain nombre de dizaines. En vertu du théorème démontré, on obtiendra les dizaines de la racine en extrayant la racine du plus grand carré contenu dans les 4587 centaines.

Reprenons d'ailleurs la démonstration du théorème, afin d'en bien faire comprendre la généralité. Appelons a la racine du plus grand carré contenu dans les centaines du nombre proposé ; ce nombre contient a^2 centaines, ou le carré de a dizaines ; il ne contient pas $a+1$ centaines, ou le carré de $a+1$ dizaines. Donc la racine cherchée est ou a dizaines, ou un nombre plus grand, mais plus petit que $a+1$ dizaines. En un mot, a exprime exactement le nombre des dizaines de la racine.

Il s'agit donc d'extraire la racine du nombre 4587, ce qui donne 67 et un reste 98. La racine cherchée se compose donc de 67 dizaines et d'un chiffre des unités que nous allons déterminer.

Du nombre proposé retranchons le carré des dizaines, le carré de 67, il nous reste 98 centaines, qui, ajoutées aux 32 unités, donnent 9832. Ce nombre renferme le double produit des dizaines par les unités et le carré des unités ; on divisera donc 983 par le double de 67 ou 134, ce qui donne pour quotient 7. Le chiffre des unités est ou 7 ou un chiffre plus petit. On essaiera 7, en écrivant 7 à la droite de 134 et multipliant 1347 par 7 ; le produit 9429 étant moindre que 9832, le chiffre 7 est bon. Ainsi la racine cherchée est 677, et il y a un reste 403.

179. De ce qui précède on conclut :

RÈGLE I. *Pour extraire la racine carrée du plus grand carré contenu dans un nombre entier, on partage ce nombre en tranches de deux chiffres à partir de la droite, la dernière tranche à gauche pouvant d'ailleurs ne renfermer qu'un chiffre. On extrait la racine du plus grand carré contenu dans la première tranche à gauche, ce qui donne le premier chiffre de gauche de*

la racine cherchée. On retranche ce plus grand carré de la pre-
mière tranche, et à la droite du reste on abaisse la tranche sui-
vante ; on sépare le premier chiffre de droite, et on divise le nom-
bre ainsi formé par le double du chiffre déjà obtenu à la racine ;
le quotient est le second chiffre de la racine ou un chiffre trop
fort. On essaie ce chiffre en l'écrivant à la droite du double du
premier chiffre, multipliant le nombre ainsi formé par le chiffre
que l'on essaie, et retranchant ce produit du nombre obtenu par
l'abaissement de la seconde tranche. Si la soustraction est pos-
sible, le chiffre essayé est bon ; si elle n'est pas possible, ce chiffre
est trop fort, et alors on essaie le chiffre inférieur d'une unité.
Quand on a trouvé le second chiffre de la racine, à la droite du
reste on abaisse la tranche suivante, on sépare le premier chiffre
de droite, et on divise le nombre ainsi formé par le double de la
partie déjà obtenue à la racine. On continue de cette manière
jusqu'à ce qu'on ait abaissé toutes les tranches.

On dispose l'opération de la manière suivante :

```
4 5.8 7.3 2 | 677
3 6        | 1 2 7   1 3 4 7
           |     7         7
           | ───── ─────────
  9 8.7    | 8 8 9   9 4 2 9
  8 8 9    |
  ─────    |
  9 8 3.2  |
  9 4 2 9  |
  ─────    |
    4 0 3  |
```

En appliquant la règle au nombre 532378109, on trouve pour
racine 23073.

```
5.3 2.3 7. 8 1.0 9 | 2 3 0 7 3
1 3.2              | 4 3   4 6 0 7   4 6 1 4 3
1 2 9              |   3         7           3
                   | ───── ───────── ─────────
    3 3.7 8.1      | 1 2 9   3 2 2 4 9   1 3 8 4 2 9
    3 2 2 4 9      |
    ─────────      |
      1 5 3 2 0.9  |
      1 3 8 4 2.9  |
      ─────────    |
          1 4 7 8 0
```

On voit qu'il y a autant de chiffres à la racine qu'il y a de tranches dans le nombre proposé.

Preuve. En élevant au carré la racine trouvée et ajoutant le reste, on doit retrouver le nombre donné.

180. **Deuxième méthode.** Soit à extraire la racine du nombre 237.

$$
\begin{array}{r|l}
2.37 & 15 \\
13.7 & \overline{24} \\
96 & 96 \\
\hline
41 \\
29 \\
\hline
12
\end{array}
$$

En appliquant la règle précédente, après avoir déterminé le premier chiffre 1 de la racine, on divise 13 par le double des dizaines 2, ce qui donne 6 pour quotient ; le chiffre des unités est 6 ou un chiffre plus petit. Divisons ce même nombre 13 par le double des dizaines plus un, c'est-à-dire par 3, nous trouvons 4 pour quotient ; je dis que le chiffre des unités de la racine est 4 ou un chiffre plus grand. En effet, le nombre 137, contenant le produit 130×4, contient à plus forte raison le produit plus petit 124×4 ; le carré de 14 est donc contenu dans le nombre proposé, et par conséquent la racine cherchée est 14 ou un nombre plus grand. Essayons 4 ; pour cela, de 137 retranchons 24×4, il reste 41 ; le nombre proposé est égal au carré de 14 plus 41. Or, nous savons que le carré de 15 se compose du carré de 14, plus deux fois 14, plus 1, c'est-à-dire du carré de 14 plus 29 ; le reste 41 étant plus grand que 29, le nombre proposé contient le carré de 15 ; le chiffre 4 est donc trop faible ; essayons 5. De 41 retranchons 29, il reste 12 ; le nombre proposé est égal au carré de 15, plus 12 ; ce nouveau reste étant plus petit que deux fois 15, plus 1, le nombre proposé ne contient pas le carré de 16.

Le plus grand carré contenu dans le nombre proposé est donc le carré de 13 ; la racine cherchée est 13, et il reste 12.

RÈGLE II. *Pour extraire la racine carrée du plus grand carré contenu dans un nombre, on partage ce nombre en tranches de deux chiffres, à partir de la droite.* **On extrait la racine du plus grand carré contenu dans la première tranche à gauche, ce qui donne le premier chiffre de la racine cherchée. On retranche ce plus grand carré de la première tranche, et à la droite du reste on abaisse la tranche suivante ; on sépare le premier chiffre, et on divise le nombre ainsi formé par le double du premier chiffre de la racine, plus un ; le quotient est le second chiffre de la racine, ou un chiffre trop faible. On essaie ce chiffre en l'écrivant à la droite du double du premier chiffre, multipliant le nombre ainsi formé par le chiffre que l'on essaie et retranchant ce produit du nombre obtenu par l'abaissement de la seconde tranche. Si le reste est plus petit que le double du nombre obtenu à la racine en prenant le chiffre que l'on essaie, ce double étant augmenté de un, ce chiffre est bon. Si le reste est égal ou supérieur, le chiffre essayé est trop faible, et alors on essaie le chiffre supérieur d'une unité : pour cela on retranche du reste précédent ce double plus un. Quand on a trouvé le second chiffre de la racine, à la droite du reste on abaisse la tranche suivante, on sépare le premier chiffre, et on divise le nombre ainsi formé par le double de la partie déjà obtenue à la racine plus un. On continue de cette manière jusqu'à ce qu'on ait abaissé toutes les tranches.**

181. Remarque. En combinant les deux méthodes, c'est-à-dire en divisant le nombre séparé par le double de la partie obtenue à la racine et par ce double plus un, on obtient deux quotients qui comprennent entre eux le chiffre cherché. Appliquons à un exemple :

$$
\begin{array}{ll}
2.7\ 8.5\ 0.2\ 4 & \big|\ 1\ 6\ 6\ 8 \\
1\ 7.8 & \\
1\ 2\ 5 & \\
\hline
5\ 5 & \\
3\ 1 & \\
\hline
2\ 2\ 5.0 & \\
1\ 9\ 5\ 6 & \\
\hline
2\ 9\ 4\ 2.4 & \\
2\ 6\ 6\ 2\ 4 & \\
\hline
2\ 8\ 0\ 0 &
\end{array}
$$

Le premier chiffre de la racine est 1; en divisant 17 par 2 et
par 3, on a pour quotients 8 et 5; le second chiffre est l'un des
quatre nombres 5, 6, 7, 8. Essayons 5; le reste 55 étant plus
grand que 31, le chiffre 5 est trop faible. De 55 retranchons 31,
le nouveau reste 22 étant plus petit que 33, le chiffre 6 est bon.
En divisant 225 par 32 et par 33, on trouve pour quotients 7 et
6; le troisième chiffre de la racine est 6 ou 7. Essayons 6; le
reste 294 étant plus petit que 555, le chiffre 6 est bon. En divisant 2942 par 332 et par 535, on trouve le même quotient 8; le
quatrième chiffre du quotient est 8 sans ambiguïté.

A mesure qu'on avance dans l'opération, l'incertitude se restreint de plus en plus; car, à partir du second chiffre de la racine, ou même à partir du premier, si ce premier est égal ou
supérieur à 5, les deux divisions par lesquelles on détermine
chacun des chiffres suivants donnent le même nombre entier ou
deux nombres entiers consécutifs. En effet, dans l'exemple précédent, pour déterminer le troisième chiffre de la racine, on
divisait 225 par 32 et par 33. Prenons la différence des deux
quotients complets :

$$
\frac{225}{32} - \frac{225}{33} = \frac{225\times33 - 225\times32}{32\times33} = \frac{225}{33\times32} = \frac{\dfrac{225}{33}}{32} = \frac{q}{32},
$$

en désignant par q le second quotient complet, quotient nécessairement plus petit que 10, puisque 225 ne renferme pas 33

dizaines. Le quotient q étant plus petit que 10, d'autre part, 32, double d'un nombre de deux chiffres, étant plus grand que 10, la quantité $\frac{q}{32}$ est plus petite que l'unité. Puisque la différence des deux quotients complets est plus petite que l'unité, ces deux quotients sont compris entre deux nombres entiers consécutifs, ou bien ils comprennent entre eux un seul nombre entier. Dans le premier cas, les parties entières des deux quotients sont les mêmes, et l'on a le chiffre de la racine sans ambiguïté ; dans le second cas, les parties entières sont deux nombres entiers consécutifs : il y a incertitude entre ces deux nombres seulement, un essai décidera.

Lorsque le premier chiffre de la racine est égal ou supérieur à 5, la même propriété se manifeste déjà dans le calcul du second chiffre ; car, dans ce cas, la différence des quotients complets est, même pour ce second chiffre, plus petite que l'unité.

Ainsi, *quand on calcule une racine carrée en suivant l'une des deux règles énoncées, à partir du second chiffre, ou même à partir du premier si ce premier est égal ou supérieur à 5, un seul essai suffira pour déterminer chacun des chiffres suivants.*

182. Simplification. Lorsqu'on a déterminé plus de la moitié des chiffres de la racine, ou seulement la moitié quand le premier chiffre est égal ou supérieur à 5, on peut trouver par une seule division l'ensemble de tous les autres.

Soit à extraire la racine du nombre 277985436.

```
2.77.98.54.36 | 16672
17.7            ──────────────────
125                25     326        33272
                    3       6            72
─────              ───    ────        ──────
  52               123    1956         66514
  31                                  232904
─────                                2395584
  219.8
  1956
  ─────────
    24254.36
    2395584
    ─────────
      29852
```

Il y a cinq chiffres à la racine. Opérons d'après la règle ordinaire jusqu'à ce que nous ayons trouvé les trois premiers 166, et à la droite du reste 242 abaissons les deux tranches suivantes. Nous pouvons considérer la racine comme composée de 166 centaines, plus un nombre d'unités plus petit que 100. Le nombre proposé renferme les trois parties du carré, à savoir : le carré des centaines, deux fois le produit des centaines par les unités, le carré des unités. La première partie, le carré de 166 centaines, a été retranchée des dizaines de mille du nombre proposé; le reste 2425436 ne renferme plus que les deux autres parties. Le double produit des centaines par les unités, exprimant des centaines, doit être contenu dans les 24254 centaines, que l'on séparera par une virgule. En divisant 24254 par le double des centaines 332, on trouve 73 pour quotient; il est évident que le nombre des unités ne peut être plus grand que 73. Au double des centaines ajoutons une unité, et divisons 24254 par 333, le nombre des unités de la racine ne peut être plus petit que ce second quotient 72. En effet, le nombre 2425436 contenant le produit 33300×72, contient à plus forte raison le produit plus petit 33272×72, c'est-à-dire le double produit des centaines par les 72 unités, plus le carré de 72. Il y aura donc à la racine 72 ou 73 unités. Essayons 72; pour cela multiplions 33272 par 72, et retranchons le produit de 2425426; le reste 29852 étant plus petit que deux fois 16672 plus 1, le nombre 72 est bon. Si le reste avait été égal ou supérieur, on aurait pris 73.

Les deux divisions que nous effectuons de la sorte donnent soit le même nombre entier, soit deux nombres entiers consécutifs. En effet, prenons la différence des deux quotients complets :

$$\frac{24254}{332} - \frac{24254}{333} = \frac{24254}{333\times332} = \frac{7}{332},$$

en appelant q le second quotient complet. Le nombre q étant plus petit que 100 et le nombre 332 double d'un nombre de trois chiffres ou d'un nombre de deux chiffres au moins égal à 50 étant plus grand que 100, la différence est plus petite que l'unité. Il y aura donc tout au plus incertitude entre deux nombres entiers consécutifs.

183. Considérons encore l'exemple suivant :

```
5 3.3 5.3 2.6 7.0 5.3 9.4 3.0 0 | 7 3 0 4 5 3 2 0
   4 3.5                        |———————————————————
                                | 1 4 2   1 4 6 0 4   1 4 6 0 8 3 3 2 0
   2 8 4                        |     2         0 4              3 3 2 0
 ——————                         | —————   ———————   ———————————————————
   1 5 1                        | 2 8 4   5 8 4 1 6
   1 4 5
 ——————
       6 3 2.6 7
       5 8 4 1 6
     ————————————
         4 8 5 1 0 5 3 9.4 3 0 0
```

Le nombre proposé comprenant huit tranches, la racine est un
nombre de huit chiffres. Le premier étant supérieur à 5, au
moyen des deux premiers on pourra calculer les deux suivants;
connaissant les quatre premiers, on pourra calculer ensuite l'ensemble des quatre autres. On trouve les deux premiers chiffres
73 par le procédé ordinaire; à la droite du reste 6, abaissons les
deux tranches suivantes, et séparons deux chiffres; en divisant
632 par 146 et 147, nous obtenons le même quotient 4; donc
les deux chiffres suivants sont 04 sans ambiguïté. A la droite du
reste 4851, abaissons les quatre tranches suivantes et séparons
quatre chiffres; en divisant 48510539 par 14608 et 14609, nous
obtenons le même quotient 3320 : ce sont là les quatre derniers
chiffres de la racine sans ambiguïté. Si l'on voulait calculer le
reste, il faudrait écrire 3320 à la droite de 14608, multiplier le
nombre ainsi formé par 3320, et retrancher le produit.

RÈGLE III. *Pour extraire la racine carrée d'un nombre entier très-grand, on partage ce nombre en tranches de deux
chiffres à partir de la droite; on calcule par le procédé habi-
tuel les trois premiers chiffres de la racine, ou seulement les
deux premiers, si le premier est égal ou supérieur à 5. A la
droite du reste on abaisse les deux tranches suivantes, on sépare
deux chiffres à droite, et on divise le nombre ainsi formé par
le double de la partie déjà obtenue à la racine, plus un; le quo-*

tient, ou ce quotient augmenté d'une unité, donne les deux chif-
fres suivants de la racine. On essaie ce quotient en l'écrivant à
la droite du double des premiers chiffres, multipliant le nombre
ainsi formé par le quotient lui-même et retranchant ce produit
du nombre obtenu par l'abaissement des deux tranches. Si le reste
est plus petit que le double du nombre obtenu à la racine en pre-
nant le quotient que l'on essaie, ce double étant augmenté de un,
ce quotient est bon. Si le reste est égal ou supérieur, le quotient
est trop faible ; on l'augmente d'une unité, et du reste précédent
on retranche ce double plus un. Quand on a ainsi trouvé les
quatre ou cinq premiers chiffres de la racine, à la droite du reste
on abaisse les quatre tranches suivantes, on sépare quatre chiffres,
et on divise le nombre ainsi formé par le double de la partie déjà
obtenue à la racine, plus un ; le quotient ou ce quotient aug-
menté d'une unité donne les quatre chiffres suivants de la racine.
Quand on a ainsi trouvé les huit ou neuf premiers chiffres de
la racine, une nouvelle opération donnera les huit chiffres sui-
vants, une nouvelle les seize chiffres suivants, etc. ; on continue
de cette manière jusqu'à ce qu'on ait abaissé toutes les tran-
ches.

Il peut se faire qu'à la fin de l'opération il ne reste plus un
nombre de tranches égal au nombre des chiffres que pourrait
donner la division ; dans ce cas, on abaisse les tranches restantes,
on sépare autant de chiffres qu'il reste de chiffres à calculer à la
racine, et on divise le nombre ainsi formé par le double de la partie déjà obtenue à la racine plus un. Appliquons au nombre

```
5 3.3 5.3 2.6 7.0 5.3 9.4 3 |  7 3 0 4 3 3 2
4 3.3                       |  142   14604   11608332
2 8 4                       |    2      04        332
————                        |  ———   —————   ————————
1 5 1                       |  284   58410
1 4 5
————
    6 3 2.6 7
    5 8 4 1 6
    —————————
    4 8 5 1 0 5 5.9 4 3
```

Extraction de la racine carrée d'un nombre entier avec une approximation donnée.

184. Nous avons démontré que, lorsqu'un nombre entier, comme 28, n'est pas un nombre carré, il n'existe pas de nombre fractionnaire qui, élevé au carré, reproduise exactement le nombre donné ; mais on peut trouver des nombres fractionnaires qui diffèrent entre eux aussi peu qu'on veut, et dont les carrés comprennent le nombre entier donné.

Mettons en effet le nombre 28 sous la forme $\frac{28 \times 12^2}{12^2} = \frac{4032}{12^2}$. En extrayant la racine du plus grand carré contenu dans 4032, nous trouvons que ce nombre est compris entre les carrés des deux nombres entiers consécutifs 63 et 64. Comparons maintenant la fraction $\frac{4032}{12^2}$ à chacune des deux fractions $\frac{63^2}{12^2}$ et $\frac{64^2}{12^2}$; le dénominateur est le même, le numérateur de la première est compris entre les numérateurs des deux autres fractions ; donc la première fraction est elle-même comprise entre les deux autres. Ainsi les carrés des deux nombres fractionnaires $\frac{63}{12}$ et $\frac{64}{12}$, qui ne diffèrent entre eux que de $\frac{1}{12}$, comprennent le nombre donné 28.

En général, si l'on met le nombre donné A sous la forme $\frac{A \times N^2}{N^2}$ (N étant un nombre entier quelconque), et si l'on extrait la racine du plus grand carré contenu dans le produit $A \times N^2$, on trouvera deux nombres fractionnaires $\frac{a}{N}$ et $\frac{a+1}{N}$, qui ne diffèrent entre eux que de $\frac{1}{N}$, et dont les carrés comprennent A. Comme le nombre N peut être pris aussi grand qu'on veut, les deux nombres fractionnaires, dont les carrés comprennent le nombre donné, différeront aussi peu qu'on voudra.

185. Donnons au dénominateur N différentes valeurs N', N'', N''',....... de plus en plus grandes, nous obtiendrons deux séries de nombres fractionnaires

$$\frac{a'}{N'} \quad , \quad \frac{a'+1}{N'}$$

$$\frac{a''}{N''} \quad , \quad \frac{a''+1}{N''}$$

$$\frac{a'''}{N'''} \quad , \quad \frac{a'''+1}{N'''}$$

$$\cdot\ \cdot\ \cdot \quad , \quad \cdot\ \cdot\ \cdot\ \cdot$$

$$\cdot\ \cdot\ \cdot \quad , \quad \cdot\ \cdot\ \cdot\ \cdot$$

Les carrés des nombres de la première série, ceux qui forment la première colonne verticale, sont inférieurs à A ; les carrés des nombres de la seconde série sont au contraire supérieurs à A ; il en résulte que chacun des nombres de la première série est plus petit que chacun de ceux de la deuxième série. En outre, nous avons vu que la différence $\frac{1}{N}$ entre les nombres correspondants des deux séries devient aussi petite qu'on veut. On conclut de là que ces deux séries de nombres fractionnaires ont une *limite* commune ; c'est cette limite que l'on nomme la *racine carrée* de A.

Afin de rendre l'explication plus sensible, concevons que ces nombres fractionnaires représentent des grandeurs de même espèce, des longueurs, par exemple, comptées sur une ligne droite à partir du point O.

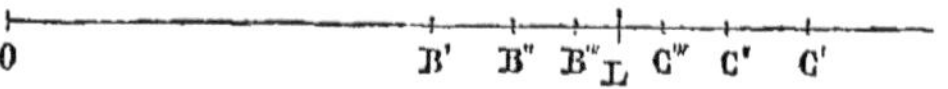

Les nombres de la première série représentent des longueurs oB', oB'', oB'''... ; ceux de la seconde série des longueurs plus grandes oC', oC'', oC'''... Chaque longueur de la première série étant plus petite que chacune de celles de la seconde série et la différence $B''' C'''$ devenant d'ailleurs aussi petite qu'on veut, il s'ensuit qu'entre les points B', B'', B'''... et les points C', C'', C'''... se trouve placé un certain point L bien déterminé, et un seul . Les deux séries de grandeurs commensurables tendent toutes deux vers une même grandeur incommensurable OL, qui est leur limite commune.

Cette grandeur incommensurable ne peut pas être représentée exactement par un nombre fractionnaire; mais si nous remarquons que les grandeurs commensurables plus petites sont représentées par les racines carrées de nombres plus petits que A, que les grandeurs commensurables plus grandes sont représentées par les racines carrées de nombres plus grands que A, l'analogie nous conduira naturellement à représenter la grandeur incommensurable par le symbole $\sqrt{A}$.

Cette grandeur limite, étant comprise entre les quantités commensurables $\frac{a}{N}$ et $\frac{a+1}{N}$, diffère de chacune d'elles d'une quantité moindre que $\frac{1}{N}$. Ainsi :

RÈGLE. *On obtient la racine carrée d'un nombre entier avec une erreur moindre que $\frac{1}{N}$ en multipliant ce nombre par N^2, extrayant la racine du plus grand carré contenu dans le produit, et divisant le résultat par* N.

186. Les carrés eux-mêmes diffèrent entre eux et par conséquent de A aussi peu qu'on voudra. En effet la différence de ces deux carrés est égale à $\frac{(a+1)^2 - a^2}{N^2}$; et, si nous remarquons que le numérateur, différence des carrés de deux nombres entiers consécutifs, se compose de deux fois le plus petit nombre plus un, nous trouvons $\frac{a \times 2 + 1}{N^2}$ pour expression de cette différence; ajoutons une unité au numérateur, la différence sera moindre que $\frac{a \times 2 + 2}{N^2}$ ou $\frac{a \times 1}{N} \times \frac{2}{N}$; le nombre fractionnaire $\frac{a+1}{N}$ étant au plus égal à 6 (en supposant A = 28), la différence est moindre que $6 \times \frac{2}{N}$ ou que $\frac{12}{N}$. Le nombre A étant compris entre les deux carrés, la différence de ce nombre à chacun d'eux est évidemment moindre que la différence de ces deux carrés, et par conséquent moindre que $\frac{12}{N}$. Comme le dénominateur N peut être pris aussi grand qu'on veut et que le numérateur 12 ne change pas, cette différence devient aussi petite qu'on voudra.

Si nous élevons au carré les nombres qui composent les deux séries considérées précédemment, les carrés forment deux séries.

$$\frac{a'^2}{N'^2} \quad , \quad \frac{(a'+1)^2}{N'^2}$$

$$\frac{a''^2}{N''^2} \quad , \quad \frac{(a''+1)^2}{N''^2}$$

$$\frac{a'''^2}{N'''^2} \quad , \quad \frac{(a'''+1)^2}{N'''^2}$$

$$\cdots \quad , \quad \cdots$$

$$\cdots \quad , \quad \cdots$$

qui ont pour limite commune le nombre donné A. Et en effet les nombres de la première série sont plus petits que A, ceux de la seconde sont plus grands, et en outre la différence devient plus petite que toute quantité donnée.

On peut dire d'après cela *que la racine carrée d'un nombre non carré est la limite des racines carrées des nombres fractionnaires carrés qui ont pour limite le nombre donné.*

187. REMARQUE. Lorsqu'on extrait la racine du plus grand carré contenu dans un nombre entier donné A, on connaît deux nombres entiers consécutifs a et $a+1$, entre lesquels est comprise la quantité incommensurable $\sqrt{A}$; on connaît la partie entière a de cette quantité. Or il est facile de voir à l'inspection du reste duquel de ces nombres la quantité $\sqrt{A}$ est le plus rapprochée : la question revient, en effet, à déterminer dans lequel des deux intervalles de a à $a+\frac{1}{2}$ ou de $a+\frac{1}{2}$ à $a+1$ est comprise cette quantité. Formons le carré de $a+\frac{1}{2}$. Le carré de cette somme se compose : 1° du carré de la première partie; 2° du double produit de la première partie par la seconde, double produit égal à a; 3° du carré de $\frac{1}{2}$ ou $\frac{1}{4}$. Ainsi :

$$(a+\tfrac{1}{2})^2 = a^2 + a + \tfrac{1}{4}.$$

Appelons R le reste trouvé dans l'opération, le nombre A est égal au carré a^2 plus le reste R ;

$$A = a^2 + R.$$

Comparons maintenant les deux quantités A et $(a + \frac{1}{2})^2$; si R est égal ou inférieur à a, on voit que A est plus petit que $(a + 1)^2$; donc $\sqrt{A}$ est moindre que $a + \frac{1}{2}$, et par conséquent est plus rapproché de a que de $a + 1$. Si, au contraire le nombre R est supérieur à a et par suite à $a + \frac{1}{4}$, le nombre A surpasse $(a + \frac{1}{2})^2$; donc $\sqrt{A}$ surpasse $a + \frac{1}{2}$, et par conséquent est plus rapproché de $a + 1$ que de a. Ainsi :

RÈGLE. *Quand on a écrit la racine du plus grand carré contenu dans un nombre donné, si le reste est égal ou inférieur à la racine trouvée, on conserve cette racine telle qu'elle est; si le reste est plus grand que la racine, on augmente cette racine d'une unité. On a de cette manière la racine du nombre donné à moins d'une demi-unité près.*

Appliquons aux exemples traités précédemment : en extrayant la racine de 4587 nous avons trouvé la racine 67 et un reste 98 ; ce reste 98 étant plus grand que la racine, on augmentera cette dernière d'une unité, et on prendra 68. Dans les deux exemples suivants, les restes étant moindres que les racines, on conservera ces racines. Le nombre 56 donne la racine 7 et un reste 7 égal à la racine, on conservera la racine 7.

Racine carrée des fractions ordinaires.

188. Si les deux termes de la fraction sont des nombres carrés, on obtient la racine carrée de la fraction en extrayant la racine carrée de ses deux termes. Ainsi la racine carrée de la fraction $\frac{25}{49}$ est $\frac{5}{7}$, puisque le carré de la fraction $\frac{5}{7}$ est égal à $\frac{25}{49}$.

Si les deux termes de la fraction proposée, que nous pouvons toujours supposer réduite à sa plus simple expression, ne sont pas des nombres carrés, nous avons démontré qu'il n'existe pas de fraction qui, élevée au carré, reproduise exactement la frac-

tion proposée. Mais on peut trouver des fractions dont la différence est aussi petite qu'on veut, et dont les carrés comprennent
la fraction donnée.

Considérons d'abord une fraction ayant un dénominateur carré
parfait ; en extrayant la racine du plus grand carré contenu dans
le numérateur, on obtient de suite deux fractions dont les carrés
comprennent la fraction proposée. Soit, par exemple, la fraction
$\frac{28}{49}$; le numérateur étant compris entre 5^2 et 6^2, les carrés des
deux fractions $\frac{5}{7}$ et $\frac{6}{7}$ comprennent la fraction proposée $\frac{28}{49}$.

Si le dénominateur de la fraction proposée n'est pas carré, on
le rendra tel en multipliant les deux termes de la fraction par
le dénominateur. Soit la fraction $\frac{4}{7}$; en multipliant ses deux
termes par 7, on la met sous la forme $\frac{28}{49}$, et on retombe dans
le cas précédent.

189. Allons plus loin ; proposons-nous de déterminer deux
fractions qui diffèrent de $\frac{1}{N}$, et dont les carrés comprennent la
fraction proposée $\frac{4}{7}$. Afin de fixer les idées, prenons $\frac{1}{12}$ pour différence ; nous pouvons mettre la fraction proposée sous la
forme

$$\frac{4}{7} = \frac{4 \times 12^2}{7 \times 12^2} = \frac{\frac{4 \times 12^2}{7}}{12^2} = \frac{\frac{576}{7}}{12^2} = \frac{82 + \frac{2}{7}}{12^2}.$$

Extrayons la racine du plus grand carré contenu dans la partie
entière 82. Les deux carrés 9^2 et 10^2, entre lesquels est compris
le nombre 82, comprennent aussi le nombre fractionnaire
$82 + \frac{2}{7}$; car, d'une part, 9^2 étant au plus égal à 82, est plus petit
que $82 + \frac{2}{7}$, et, d'autre part, 10^2 surpassant 82 d'au moins une
unité, surpasse encore ce nombre augmenté d'une fraction moin-
dre que l'unité. Comparons maintenant le quotient $\dfrac{82 + \frac{2}{7}}{12^2}$ aux
deux fractions $\frac{9^2}{12^2}$ et $\frac{10^2}{12^2}$; le diviseur est le même, le dividende
est compris entre les deux numérateurs ; donc le quotient lui-
même est compris entre les deux fractions. Ainsi les deux frac-
tions $\frac{9}{12}$ et $\frac{10}{12}$, qui ne diffèrent que de $\frac{1}{12}$, sont telles que leurs
carrés comprennent la fraction proposée $\frac{4}{7}$.

190. Donnons maintenant à N des valeurs de plus en plus grandes, nous formerons deux séries de fractions qui ont une limite commune; c'est cette quantité limite que nous représentons par le symbole $\sqrt{\frac{4}{7}}$. Remarquons aussi que les carrés de ces fractions ont pour limite la fraction proposée $\frac{4}{7}$.

Par les calculs que nous avons faits, nous voyons que cette quantité est comprise d'abord entre les fractions $\frac{5}{7}$ et $\frac{6}{7}$, puis entre $\frac{9}{12}$ et $\frac{10}{12}$, généralement entre les fractions $\frac{a}{N}$ et $\frac{a-1}{N}$, qui diffèrent aussi peu qu'on voudra. Ainsi :

RÈGLE. *Pour calculer la racine carrée d'une fraction ou d'un nombre fractionnaire avec une erreur moindre que* $\frac{1}{N}$, *multipliez le nombre proposé par* N², *cherchez la partie entière du produit, extrayez la racine du plus grand carré contenu dans cette partie entière, et divisez le résultat par* N.

Appliquons cette règle au calcul de $\sqrt{10+\frac{3}{5}}$ à $\frac{1}{12}$ près. En multipliant $10+\frac{3}{5}$ par 12^2, on trouve $1526+\frac{2}{5}$; la racine du plus grand carré contenu dans 1526 est 69; donc $\sqrt{10+\frac{3}{5}}=\frac{69}{12}$ à $\frac{1}{12}$ près.

Racine carrée des nombres décimaux.

191. Soit le nombre décimal 45,8732. Ce nombre décimal est égal à la fraction ordinaire $\frac{458732}{10000}$, dont le dénominateur est le carré de 100; extrayons la racine du plus grand carré contenu dans le nombre entier 458732, nous trouvons 677; le numérateur étant compris entre 677^2 et 678^2, la fraction proposée est comprise entre les carrés des deux fractions $\frac{677}{100}$ et $\frac{678}{100}$, et sa racine entre ces deux fractions elles-mêmes. Ainsi $\sqrt{45,8732} = 6,77$ à moins d'un centième près.

Pour que ce raisonnement soit possible, il faut que le dénominateur soit un carré parfait, c'est-à-dire que le nombre proposé renferme un nombre pair de chiffres décimaux. Si le nombre des chiffres décimaux était impair, on le rendrait préalablement pair en ajoutant un zéro à sa droite. Si l'on demandait, par exemple, la racine de 45,873, on ajouterait un zéro et l'on chercherait la racine du nombre égal 45,8730.

Règle. *Pour extraire la racine carrée d'un nombre décimal, on rend le nombre des chiffres décimaux pair, s'il ne l'est pas, par l'addition d'un zéro à droite, puis on supprime la virgule et l'on extrait la racine du plus grand carré contenu dans le nombre entier ainsi obtenu; enfin on sépare par une virgule sur la droite de la racine un nombre de chiffres décimaux moitié du nombre des chiffres décimaux du nombre proposé.*

On obtient ainsi la racine avec une erreur moindre qu'une unité du dernier ordre. Bien plus, en appliquant la remarque faite précédemment, l'erreur devient moindre qu'une demi-unité du dernier ordre.

192. Si l'on voulait la racine avec une approximation plus grande, par exemple si l'on demandait la racine de 45,8752 à un millième près, on opérerait sur le nombre 45,875200. On ajoute des zéros de manière à avoir dans le nombre proposé un nombre de chiffres décimaux double du nombre de chiffres décimaux que l'on demande à la racine.

193. Il peut arriver que le nombre décimal proposé renferme un nombre de chiffres décimaux plus grand qu'il n'est nécessaire pour l'approximation demandée; dans ce cas, on ne conserve que le nombre de chiffres décimaux nécessaires, et on néglige les autres. Si l'on voulait, par exemple, calculer $\sqrt{8,3456285}$ à $\frac{1}{100}$ près, on ne conserverait que les quatre premiers chiffres décimaux et on opérerait sur le nombre 8,5456. Car le nombre proposé pouvant s'écrire $\frac{83456285}{10000000}$, d'après un raisonnement déjà fait, si nous extrayons la racine du plus grand carré contenu dans 83456, nous aurons la racine demandée à moins de $\frac{1}{100}$.

194. Le procédé que nous venons d'indiquer permet d'exprimer en décimales les racines carrées avec une approximation aussi grande qu'on veut.

Proposons-nous d'abord d'exprimer en décimales la racine carrée d'un nombre entier, par exemple $\sqrt{528}$ à moins d'un millième près ; on appliquera la règle énoncée au nombre décimal 528,000000. Mais, dans la pratique, il est inutile d'écrire d'avance les zéros ; on opère d'abord sur le nombre entier proposé, ce qui donne la partie entière de la racine ; ajoutant deux zéros à droite du reste, on obtient le chiffre des dizièmes ; ajoutant quatre zéros à la droite du nouveau reste, on obtient les deux autres chiffres de la racine. On dispose l'opération de la manière suivante :

$$
\begin{array}{l|lll}
5.2\,8 & \multicolumn{3}{l}{2\,2,9\,7\,8} \\
1\,2.8 & \\ \cline{2-4}
4\,4\,0.0 & 4\,2 & 4\,4\,9 & 4\,5\,8\,7\,8 \\
3\,5\,9\,0\,0.0\,0 &
\end{array}
$$

L'opération se prolongerait indéfiniment. Remarquons d'ailleurs que les mêmes chiffres ne peuvent se reproduire périodiquement, puisqu'une fraction décimale périodique représente une fraction ordinaire, et par conséquent une quantité commensurable. De nouveaux calculs sont donc nécessaires pour des chiffres nouveaux ; on s'arrête quand on est arrivé à une approximation suffisante.

195. Supposons maintenant qu'il s'agisse d'exprimer en décimales la racine carrée d'une fraction ordinaire ; on convertira préalablement la fraction ordinaire en décimales jusqu'à ce qu'on ait un nombre de chiffres décimaux double de celui qu'on veut à la racine ; puis on opérera sur le nombre décimal obtenu de cette manière. Ainsi, pour avoir la racine du nombre fractionnaire $32 + \frac{2}{3}$ à moins d'un millième près, on opérera sur le nombre décimal 32,666666.

196. Au moyen des décimales, il est facile de former deux séries de nombres fractionnaires qui comprennent la grandeur incommensurable que nous sommes convenu de représenter par le symbole $\sqrt{A}$, et afin de fixer les idées, prenons $\sqrt{5}$. Mettons 5 sous les formes suivantes

$$5 = \frac{500}{10^2} = \frac{50000}{100^2} = \frac{5000000}{1000^2} = \ldots\ldots\ldots,$$

et extrayons la racine carrée du plus grand carré contenu dans chaque numérateur; nous voyons que 5 est compris d'abord entre le carré de 2 et le carré de 3, puis entre le carré de 2,2 et celui de 2,3, puis entre le carré de 2,23 et celui de 2,24, puis entre le carré de 2,236 et celui de 2,237, etc. Nous avons ainsi deux séries

$$
\begin{array}{lcr}
2 & \ldots\ldots & 3 \\
2,2 & \ldots\ldots & 2,3 \\
2,23 & \ldots\ldots & 2,24 \\
2,236 & \ldots\ldots & 2,237 \\
\ldots & \ldots & \ldots \\
\ldots & \ldots & \ldots
\end{array}
$$

dont la limite commune est $\sqrt{5}$. Ces deux séries présentent une particularité remarquable : les nombres de la première série vont en croissant, et par conséquent se rapprochent de plus en plus de leur limite; les nombres de la seconde série vont en décroissant, et se rapprochent aussi de plus en plus de la même limite. Il n'en était pas ainsi dans les deux séries générales que nous considérions précédemment; les nombres de chacune des séries se rapprochaient bien de la limite de manière à ce que la différence devienne plus petite que toute quantité donnée; mais il pouvait se faire qu'un certain terme, par exemple $\frac{a''}{N}$, fût plus petit que le terme précédent $\frac{a'}{N}$, et par conséquent moins rapproché de la limite.

CHAPITRE III

197. La troisième puissance ou produit de trois facteurs égaux porte le nom spécial de *cube,* parce que le nombre d'unités de volume contenues dans la figure géométrique nommée cube est égal à la troisième puissance du nombre d'unités de longueur contenues dans le côté de la figure.

Rappelons en effet la manière dont nous avons fait voir dans le système métrique que le décamètre cube renfermait mille mètres cubes. Concevons une caisse de forme cubique dont le côté ait 5 mètres de longueur ; le fond de la caisse, qui est un carré, peut être décomposé en 5^2 mètres carrés ; sur chacun d'eux plaçons un mètre cube, nous formons ainsi au fond de la caisse une couche ayant un mètre de hauteur, et renfermant 5×5 mètres cubes ; formons 5 couches pareilles et la caisse sera remplie ; ainsi la caisse cubique contient $5 \times 5 \times 5$ ou 5^3 mètres cubes.

Le cube d'un nombre s'obtient en multipliant le carré du nombre par le nombre lui-même. Les cubes des nombres entiers consécutifs forment les nombres cubes

$$1,\ 8,\ 27,\ 64,\ 125,\ 216,\ 343,\ 512,\ 729,\ 1000\ldots\ldots$$

198. Théorème I. *Pour élever au cube l'unité suivie d'un certain nombre de zéros, il suffit de tripler le nombre des zéros.* Par exemple $100^3 = 100 \times 100 \times 100 = 1000000$.

Théorème II. *Pour élever au cube le produit de plusieurs facteurs, il suffit d'élever chaque facteur séparément au cube.*

Théorème III. *Pour élever au cube le produit de plusieurs fac-*

teurs affectés d'exposants quelconques, il suffit de tripler tous les exposants.

Théorème IV. *Pour élever une fraction au cube, il suffit d'élever chaque terme séparément au cube.*

Corollaire. *Le cube d'une fraction irréductible est une fraction irréductible dont les deux termes sont des nombres cubes.*

199. Nous ferons ici les mêmes remarques que sur les carrés. Le cube d'un nombre entier ou fractionnaire est plus grand que le carré (puisqu'on multiplie le carré par un multiplicateur plus grand que l'unité), et par conséquent plus grand que le nombre lui-même.

Au contraire, le cube d'une fraction proprement dite est plus petit que le carré (puisqu'on multiplie le carré par un multiplicateur plus petit que l'unité), et par conséquent plus petit que la fraction elle-même. Si on augmente le nombre que l'on élève au cube, le cube augmente.

200. **Théorème V.** *Lorsqu'un nombre entier n'est pas un nombre cube, il n'existe pas de nombre fractionnaire qui, élevé au cube, reproduise exactement le nombre donné.*

Car le cube d'une fraction irréductible $\frac{a}{b}$, étant une fraction irréductible $\frac{a^3}{b^3}$, ne peut être égal à un nombre entier.

Théorème VI. *Lorsque les deux termes d'une fraction irréductible ne sont pas des nombres cubes, il n'existe pas de fraction qui, élevée au cube, reproduise la fraction proposée.*

Ces propriétés sont générales et s'étendent évidemment aux puissances quelconques.

201. **Théorème VII.** *Le cube de la somme de deux nombres se compose de quatre parties : 1° le cube du premier nombre, 2° trois fois le carré du premier nombre multiplié par le second, 3° trois fois le premier multiplié par le carré du second, 4° le cube du second.*

Soit la somme $7 + 5$ à élever au cube ; formons d'abord le carré que nous multiplierons ensuite par $7 + 5$

$$7^2 + 7 \times 5 \times 2 + 5^2$$
$$7 \ + 5$$

$$7^3 + 7^2 \times 5 \times 2 + 7 \times 5^2$$
$$+ 7^2 \times 5 \qquad + 7 \times 5^2 \times 2 + 5^3$$

$$7^3 + 7^2 \times 5 \times 3 + 7 \times 5^2 \times 3 + 5^3.$$

Nous avons multiplié chacune des parties du carré, d'abord par 7, puis par 5, et nous avons additionné les résultats.

COROLLAIRE I. *La différence entre les cubes de deux nombres entiers consécutifs est égale à trois fois le carré du plus petit nombre, plus trois fois ce nombre, plus* 1. Ainsi :

$$11^3 = (10 + 1)^3 = 10^3 + 10^2 \times 3 + 10 \times 3 + 1 = 1331.$$

COROLLAIRE II. Lorsqu'un nombre renferme plusieurs chiffres, on peut le décomposer en dizaines et en unités ; son cube se compose alors de quatre parties : 1° le cube des dizaines, 2° trois fois le carré des dizaines multiplié par les unités, 3° trois fois les dizaines multipliées par le carré des unités, 4° le cube des unités. La première partie exprime des mille, la seconde des centaines, la troisième des dizaines, la quatrième des unités.

CHAPITRE IV

DES RACINES CUBIQUES

---

202. On appelle *racine cubique* d'un nombre un nombre qui, élevé au cube, reproduit le nombre proposé. La racine cubique de 343 est 7, puisque le cube de 7 est 343. On désigne la racine cubique par le signe $\sqrt[3]{}$; ainsi $\sqrt[3]{343} = 7$.

Extraction de la racine cubique des nombres entiers.

203. On donne un nombre entier. Si c'est un nombre cube, nous cherchons sa racine ; si ce n'est pas un nombre cube, nous cherchons la racine du plus grand cube contenu dans le nombre proposé. L'excès du nombre proposé sur le plus grand cube qu'il renferme s'appelle reste.

Considérons d'abord un nombre plus petit que 1000 ; à l'aide du tableau des cubes des neuf premiers nombres, nous verrons de suite le résultat. Soit le nombre 642 ; le plus grand cube contenu dans ce nombre est 512, dont la racine est 8, et nous avons un reste 130.

204. Considérons maintenant un nombre plus grand que 1000, par exemple 98234. Le plus grand cube contenu dans ce nombre étant supérieur ou égal à 1000, la racine cherchée est supérieure ou égale à 10 ; elle se compose donc d'un chiffre des unités et d'un certain nombre de dizaines. Le nombre proposé se compose du cube de la racine, plus le reste ; or le cube de la racine, d'après ce que nous avons dit, comprend quatre parties : le cube des dizaines, etc. La première partie, exprimant des mille, ne peut se trouver que dans les 98 mille du nombre proposé. Je vais démontrer le théorème suivant.

THÉORÈME. *La racine du plus grand cube contenu dans les mille d'un nombre exprime les dizaines de la racine de ce nombre.*

Le nombre 98 est compris entre les deux cubes consécutifs 64 et 125, cubes de 4 et 5. Le nombre proposé 98254 contient donc 64 mille ou le cube de 40 ; il ne contient pas 125 mille ou le cube de 50 ; il en résulte que la racine cherchée est 40 ou un nombre plus grand, mais plus petit que 50 ; en un mot, le chiffre des dizaines de la racine est 4.

Nous connaissons les dizaines de la racine. Du nombre proposé retranchons le cube des dizaines 64000, le reste 34254 ne renferme plus que trois parties : trois fois le carré des dizaines multiplié par les unités, trois fois les dizaines multipliées par le carré des unités, et le cube des unités.

La première partie, exprimant des centaines, est contenue dans 342 centaines ; trois fois le carré des dizaines étant 48, le produit de 48 par le chiffre des unités est contenu dans 342 ; mais ce produit n'est pas nécessairement le plus grand multiple de 48 contenu dans 342 ; car 342 contient en outre les centaines de retenue provenant des autres parties. En divisant 342 par 48, on trouve 7 pour quotient ; le chiffre des unités est donc ou 7 ou un chiffre plus petit.

Essayons 7 ; pour cela formons les trois autres parties du cube de 47 : en multipliant 48 par 7, nous avons la première partie 33600 ; en multipliant le triple des dizaines ou 12 par le carré des unités 49, nous avons la seconde partie 5880 ; enfin la troisième partie, le cube des unités, est 343. La somme de ces trois parties étant plus grande que 34254, le chiffre 7 est trop fort.

Essayons 6 de la même manière. La somme des trois parties 33336 étant moindre que 34254, le chiffre 6 est bon. Ainsi la racine du plus grand cube contenu dans le nombre 98254 est 46, et on a un reste 918.

205. Soit encore à extraire la racine cubique du nombre 98254965. On raisonnera comme précédemment : ce nombre étant plus grand que 1000, la racine est égale ou supérieure à 10, et par conséquent se compose d'un chiffre des unités et d'un certain nombre de dizaines. En vertu du théorème démontré, on obtiendra les dizaines en extrayant la racine cubique des 98254 mille. La racine cherchée se compose donc de 46 dizaines et d'un chiffre des unités que nous allons déterminer.

Du nombre proposé retranchons le cube des dizaines; il suffit pour cela de retrancher de 98254 le cube de 46, il nous reste 918 mille qui, ajoutés aux 965 unités, donnent 918965. Ce nombre renferme les trois autres parties du cube; on divisera donc 9189 par trois fois le carré de 46 ou 6348, ce qui donne pour quotient 1. On essaiera le chiffre 1 en calculant la somme des trois parties; cette somme 636181 étant moindre que 918965, le chiffre 1 est le chiffre des unités. Ainsi la racine cherchée est 461.

De ce qui précède on conclut :

RÈGLE I. *Pour extraire la racine cubique du plus grand cube contenu dans un nombre entier donné, on partage ce nombre en tranches de trois chiffres à partir de la droite, la dernière tranche à gauche pouvant d'ailleurs ne renfermer que deux chiffres ou un seul. On extrait la racine de la première tranche de gauche, ce qui donne le premier chiffre de gauche de la racine cherchée. On retranche le cube de ce chiffre de la première tranche, et à la droite du reste on abaisse la tranche suivante. On sépare les deux premiers chiffres et on divise le nombre ainsi formé par trois fois le carré du chiffre déjà obtenu à la racine. Le quotient est le second chiffre de la racine ou un chiffre trop fort. On essaie ce chiffre en formant les trois autres parties du cube et retranchant la somme du nombre obtenu par l'abaissement de la seconde tranche. Si la soustraction n'est pas possible, le chiffre essayé est trop fort, et on essaie le chiffre inférieur d'une unité ; si elle est possible, à la droite du reste on abaisse la tranche suivante. On continue de cette manière jusqu'à ce qu'on soit arrivé à la dernière tranche.*

On dispose l'opération de la manière suivante :

```
98254965 | 461
64       | 16   2116
         |  3      3
         | ――   ――――
         | 48   6348
  34254
  33336

    918965
    636181
    ――――――
    282784
```

Preuve de la racine cubique. En élevant la racine trouvée au cube et ajoutant le reste, on doit reproduire le nombre proposé.

206. **Seconde méthode.** Reprenons le nombre 98254 sur lequel nous avons raisonné d'abord. En appliquant la règle précédente, après avoir déterminé le premier chiffre 4 de la racine, on divise 342 par 48, ce qui donne le quotient 7, le chiffre des unités 7 ou un chiffre plus petit. Cherchons à modifier le diviseur de manière à obtenir un quotient, non plus égal ou supérieur au chiffre des unités, mais égal ou inférieur à ce chiffre.

Si nous désignons par a le nombre des dizaines de la racine, et par b le chiffre des unités, la racine sera représentée par $a \times 10 + b$; le reste 34254 doit contenir les trois autres parties du cube

$$3a^2 \times 100 \times b + 3a \times 10 \times b^2 + b^3,$$

ou

$$(3a^2 \times 100 + 3a \times 10 \times b + b^2) \times b.$$

Considérons les deux derniers termes de la parenthèse

$$3a \times 10 \times b + b^2,$$

ou

$$(3a \times 10 + b) \times b,$$

et supposons que le nombre des dizaines a soit égal ou supérieur à 3 ; le nombre b, étant au plus égal à 9, sera au plus égal à $3a$, de sorte que la nouvelle parenthèse sera au plus égale à $3a \times 10 + 3a$ ou $3a \times 11$; l'ensemble des deux termes que nous considérons sera donc au plus égal à $3a \times 11 \times b$, ou $3a \times 11 \times 9$, ou $3a \times 99$, et par conséquent moindre que $3a \times 100$. Ainsi les trois autres parties du cube formeront une somme plus petite que

$$(3a^2 \times 100 + 3a \times 100) \times b$$

ou

$$(3a^2 + 3a) \times b \times 100.$$

Dans l'exemple proposé, cette somme sera moindre que $60 \times b$ centaines ; divisons les 342 centaines du reste par 60, nous trouvons 5 pour quotient ; le reste, contenant le produit $60 \times 5 \times 100$, contient évidemment les trois autres parties du cube de 45 dont la somme est moindre que ce produit ; donc le chiffre cherché est 5 ou un chiffre plus fort. On essaiera 5 d'après la méthode ordinaire. Ainsi :

RÈGLE II. *Quand on a obtenu un certain nombre de chiffres à la racine, qu'on a abaissé la tranche suivante et séparé les deux premiers chiffres, on divisera le nombre ainsi formé par trois fois le carré du nombre déjà obtenu à la racine, plus trois fois ce nombre ; le quotient est le chiffre suivant de la racine ou un chiffre trop faible.*

Nous avons supposé dans le raisonnement que a était au moins égal à 3 ; ainsi, bien qu'on puisse employer ce nouveau procédé dès le commencement de l'opération, ce n'est qu'à partir du second chiffre, si le premier est plus petit que 3, que la division donnera certainement un chiffre égal ou inférieur au chiffre cherché.

207. En combinant les deux procédés, nous avons deux quotients qui comprennent entre eux le chiffre cherché. Nous allons démontrer qu'*à partir du second chiffre de la racine un essai suffira pour déterminer chacun des chiffres suivants.*

En effet, appelons A le dividende, et prenons la différence des deux quotients complets

$$\frac{A}{3a^2} - \frac{A}{3a^2 + 3a} = \frac{A}{(3a^2 + 3a) \times a} = \frac{q}{a},$$

en désignant par q le second quotient complet, quotient nécessairement plus petit que 10; le nombre a ayant au moins deux chiffres, la différence sera plus petite que l'unité.

208. SIMPLIFICATION. L'extraction de la racine cubique est susceptible de la même simplification que l'extraction de la racine carrée; on démontre aisément, en généralisant les raisonnements précédents, que, quand on a obtenu plus de la moitié des chiffres de la racine, on peut calculer par une seule opération l'ensemble de tous les autres, et que, les deux diviseurs donnant soit le même nombre entier, soit deux nombres entiers consécutifs, il y aura au plus un essai à faire. On en conclut la règle suivante :

RÈGLE III. *Quand on a calculé les trois premiers chiffres de la racine par le procédé ordinaire, on abaisse les deux tranches suivantes, on sépare quatre chiffres, on divise le nombre ainsi formé par trois fois le carré du nombre déjà obtenu à la racine, ou par trois fois ce carré plus trois fois le nombre lui-même; on a ainsi immédiatement, ou après un seul essai, les deux chiffres suivants de la racine. On abaisse ensuite les quatre tranches suivantes, on sépare huit chiffres, on divise le nombre ainsi formé par trois fois le carré du nombre déjà obtenu à la racine, ou par trois fois ce carré plus trois fois le nombre lui-même; on a ainsi immédiatement, ou après un seul essai, les quatre chiffres suivants de la racine. On continue de cette manière jusqu'à ce qu'on ait abaissé toutes les tranches.*

Appliquons à un exemple :

```
15.878.024.319.870.028.267.438.240 | 251341188
 8                                  |____________________________
 ___                                  12   1875   189003   1895153868
 78.78                                18   1950   189756   1895229270
 70 25
 ____

   2 530.24
   1 882 51
   ________

     647 7331.9870
     645 4810 6104
     _______________

       2 2521 37660282.67438240
```

Extraction de la racine cubique des nombres entiers avec une approximation donnée.

209. Les considérations que nous avons présentées sur les racines carrées incommensurables s'étendent facilement aux racines cubiques et en général aux racines d'un ordre quelconque. Nous avons vu que, si un nombre entier A n'est pas un cube parfait, il n'existe pas de nombre fractionnaire qui, élevé au cube, reproduise exactement ce nombre ; mais on peut trouver des nombres fractionnaires qui diffèrent aussi peu qu'on voudra, et dont les cubes comprennent le nombre donné.

Mettons le nombre entier sous la forme $\frac{A \times N^3}{N^3}$, et extrayons la racine du plus grand cube contenu dans $A \times N^3$, nous obtiendrons deux nombres fractionnaires $\frac{a}{N}$ et $\frac{a+1}{N}$ qui ne diffèrent que de $\frac{1}{N}$, et dont les cubes comprennent le nombre A.

En donnant à N des valeurs de plus en plus grandes, nous obtenons deux séries de nombres fractionnaires qui convergent vers une limite commune ; cette limite est une quantité incommensurable que nous représentons par le symbole $\sqrt[3]{A}$.

Cette quantité incommensurable étant comprise entre les deux quantités commensurables $\frac{a}{N}$ et $\frac{a+1}{N}$, diffère de chacune d'elles d'une quantité moindre que $\frac{1}{N}$. Ainsi :

RÈGLE. *On obtient la racine cubique d'un nombre entier avec une erreur moindre que $\frac{1}{N}$, en multipliant ce nombre par le cube de N, extrayant la racine du plus grand cube contenu dans ce produit, et divisant le résultat par N.*

210. Il est facile de voir que les cubes de $\frac{a}{N}$ et $\frac{a+1}{N}$ diffèrent entre eux, et par conséquent de A, d'une quantité aussi petite qu'on voudra. En effet, la différence

$$\frac{(a+1)^3}{N^3} - \frac{a^3}{N^3} = \frac{(a+1)^3 - a^3}{N^3} = \frac{3a^2 + 3a + 1}{N^3},$$

si on augmente le numérateur de $3a+2$, est plus petite que

$$\frac{3a^2 + 6a + 3}{N^3} = \frac{3(a^2 + 2a + 1)}{N^3} = \frac{3(a+1)^2}{N^3} = \frac{\frac{3(a+1)^2}{N^2}}{N}.$$

Supposons que A soit égal au nombre 50, compris entre 3^3 et 4^3; le nombre fractionnaire $\frac{a+1}{N}$ étant au plus égal à 4, la différence que nous étudions est plus petite que

$$\frac{3 \times 4^2}{N} = \frac{48}{N}.$$

Comme N peut être pris aussi grand qu'on veut, cette différence devient plus petite que toute quantité donnée.

Ainsi *la racine cubique de A est la limite des racines cubiques des nombres fractionnaires, cubes parfaits, dont A est la limite.*

Racine cubique des fractions ordinaires.

211. Si les deux termes de la fraction sont cubes parfaits, on obtient la racine cubique de la fraction en extrayant la racine cubique de ses deux termes. Ainsi $\sqrt[3]{\frac{125}{343}} = \frac{5}{7}$.

Si les deux termes de la fraction proposée, que nous pouvons toujours supposer réduite à sa plus simple expression, ne sont pas cubes parfaits, nous avons démontré qu'il n'existe pas de fraction qui, élevée au cube, reproduise exactement la fraction proposée ; mais on peut trouver des fractions qui diffèrent aussi peu qu'on voudra, et dont les cubes comprennent la fraction donnée.

Considérons d'abord une fraction ayant un dénominateur cube parfait, par exemple $\frac{150}{343}$; en extrayant la racine du plus grand cube contenu dans le numérateur, nous obtenons deux fractions $\frac{5}{7}$ et $\frac{6}{7}$ dont les cubes comprennent la fraction proposée.

Si le dénominateur n'est pas cube parfait, on le rendra tel en multipliant les deux termes de la fraction par le carré du dénominateur. Soit la fraction $\frac{3}{7}$; en multipliant les deux termes par 7^2 ou 49, nous la mettons sous la forme $\frac{147}{7}$, et nous retombons dans le cas précédent.

212. Proposons-nous maintenant de déterminer deux fractions qui diffèrent de $\frac{1}{N}$, et dont les cubes comprennent la fraction proposée $\frac{3}{7}$. Afin de fixer les idées, prenons $\frac{1}{12}$ pour différence ; mettons la fraction proposée sous la forme

$$\frac{3}{7} = \frac{3 \times 12^3}{7 \times 12^3} = \frac{\frac{3 \times 12^3}{7}}{12^3} = \frac{\frac{5184}{7}}{12^3} = \frac{740 + \frac{4}{7}}{12^3}.$$

Extrayant la racine du plus grand cube contenu dans la partie entière 740, nous obtenons les deux fractions $\frac{9}{12}$ et $\frac{10}{12}$, dont les cubes comprennent $\frac{3}{7}$.

En donnant à N des valeurs de plus en plus grandes, nous obtenons deux séries de nombres fractionnaires, dont $\sqrt[3]{\frac{3}{7}}$ est la limite. Cette quantité est comprise entre $\frac{5}{7}$ et $\frac{6}{7}$ ou entre $\frac{9}{12}$ et $\frac{10}{12}$, plus généralement entre $\frac{a}{N}$ et $\frac{a+1}{N}$. Ainsi :

Règle. *Pour obtenir la racine cubique d'une fraction ou d'un nombre fractionnaire avec une approximation marquée par* $\frac{1}{N}$, *on multipliera le nombre proposé par* N^3, *on cherchera la partie entière du produit, on extraira la racine du plus grand cube contenu dans cette partie entière, et on divisera le résultat par* N.

Racine cubique des nombres décimaux.

213. Le nombre décimal 98,254965 peut s'écrire sous forme d'une fraction ordinaire $\frac{98254965}{1000000}$, ayant pour dénominateur le cube de 100. Extrayons la racine du plus grand cube contenu dans le numérateur. Le numérateur étant compris entre les cubes de 461 et de 462, le nombre décimal proposé est compris entre les cubes des deux fractions $\frac{461}{100}$ et $\frac{462}{100}$. Ainsi $\sqrt[3]{98,254965}=4,61$ à moins d'un centième près.

Pour que notre raisonnement soit possible, il faut que le dénominateur soit un cube parfait, c'est-à-dire que le nombre des chiffres décimaux du nombre proposé soit un multiple de 3 ; s'il ne l'était pas, on le rendrait tel par l'addition d'un ou deux zéros à la droite. Ainsi :

Règle. *Pour extraire la racine cubique d'un nombre décimal, on rend le nombre des chiffres décimaux multiple de 3, s'il ne l'est pas déjà, par l'addition d'un ou de deux zéros à la droite. Puis on supprime la virgule et on extrait la racine cubique du nombre entier ainsi obtenu ; enfin on sépare par une virgule à la droite de la racine un nombre de chiffres décimaux égal au tiers du nombre des chiffres décimaux que renferme le nombre proposé.*

214. On obtient de la sorte la racine avec une erreur moindre qu'une unité du dernier ordre. En ajoutant un nombre convenable de zéros, on peut obtenir la racine avec une approximation aussi grande que l'on veut. Par exemple on aura $\sqrt[3]{52}$ à moins d'un millième, en opérant sur le nombre 52000000000, ou plus simplement en abaissant dans le calcul trois tranches de trois zéros. Si l'on veut obtenir en décimales la racine cubique d'une fraction ordinaire, on convertira préalablement la fraction en décimales.

Racines qu'on peut obtenir par des extractions de racine carrée et de racine cubique.

215. Théorème I. *Si on élève un nombre à des puissances successives, on l'élève à une puissance ayant pour indice le produit des indices.*

Élevons un nombre a d'abord au cube, puis au carré, nous aurons

$$(a^3)^2 = a^3 \times a^3 = a^{3+3} = a^{3\times2} = a^6.$$

Élevons ce nombre a d'abord à la cinquième puissance, puis au carré, puis au cube, nous aurons

$$\left((a^5)^2\right)^3 = (a^{10})^3 = a^{10\times3} = a^{5\times2\times3} = a^{30}.$$

Corollaire I. *L'indice final étant le produit des indices,* on voit que *l'ordre dans lequel on forme les puissances n'a aucune influence sur le résultat.* Ainsi, si on élève un nombre au cube, puis au carré, on obtiendra le même résultat que si on l'avait élevé d'abord au carré, puis au cube.

Corollaire II. *Si on élève un nombre plusieurs fois au carré successivement, on forme une puissance de ce nombre ayant pour indice une puissance de 2 marquée par le nombre des élévations au carré.* Ainsi :

$$(a^2)^2 = a^4,$$
$$\left((a^2)^2\right)^2 = (a^4)^2 = a^8,$$
$$. \quad . \quad . \quad . \quad . \quad . \quad . \quad . \quad .$$

On forme la quatrième puissance en élevant deux fois au carré, la huitième puissance en élevant trois fois au carré, etc.

Corollaire III. *Si on élève un nombre plusieurs fois au cube successivement, on forme une puissance de ce nombre ayant pour indice une puissance de 3 marquée par le nombre des élévations au cube.* Ainsi :

$$(a^3)^3 = a^9,$$
$$((a^3)^3)^3 = (a^9)^3 = a^{27},$$
$$\cdot \ \cdot \ \cdot \ \cdot \ \cdot \ \cdot \ \cdot \ \cdot \ \cdot$$

On forme la neuvième puissance en élevant deux fois au cube, la vingt-septième en élevant trois fois au cube, etc.

Corollaire IV. *Si on élève un nombre plusieurs fois au carré ou au cube successivement, on forme une puissance de ce nombre ayant pour indice un nombre composé des facteurs premiers 2 et 3, le facteur 2 étant affecté d'un exposant égal au nombre des élévations au carré, le facteur 3 d'un exposant égal au nombre des élévations au cube.* Ainsi on forme la sixième puissance en élevant au carré et au cube ; la douzième puissance en élevant deux fois au carré et une fois au cube.

216. Théorème II. *On obtient la racine quatrième de la plus grande puissance quatrième contenue dans un nombre entier donné, en extrayant la racine carrée du plus grand carré contenu dans ce nombre, puis la racine carrée du plus grand carré contenu dans cette première racine carrée.*

Soit A le nombre entier donné, a la racine du plus grand carré contenu dans A, et b la racine du plus grand carré contenu dans a. Puisque b^2 est inférieur ou égal à a, en élevant au carré nous aurons b^4 inférieur ou égal à a^2 ; et comme a^2 est inférieur ou égal à A, il s'ensuit que b^4 est lui-même inférieur ou égal à A. D'autre part $(b+1)^2$ surpasse a d'au moins une unité ; donc $(b+1)^2$ est supérieur ou égal à $a+1$; élevons au carré, nous aurons $(b+1)^4$ supérieur ou égal à $(a+1)^2$; mais $(a+1)^2$ est supérieur à A ; donc $(b+1)^4$ est supérieur à A. Ainsi A contient b^4 et ne contient pas $(b+1)^4$; donc la racine quatrième de la plus grande quatrième puissance contenue dans A est b.

14

Ce théorème est général : *on obtiendrait la racine sixième de la plus grande puissance sixième contenue dans un nombre entier donné en extrayant la racine carrée du plus grand carré contenu dans ce nombre, puis la racine cubique du plus grand cube contenu dans cette racine carrée.* Il est préférable de commencer par la racine carrée, afin d'opérer sur un nombre plus petit dans l'extraction de la racine cubique.

COROLLAIRE I. Si on veut calculer $\sqrt[4]{A}$ (A étant un nombre entier ou fractionnaire) avec une approximation marqué par $\frac{1}{N}$, on mettra A sous la forme $\frac{A \times N^4}{N^4}$; puis on extraira la racine quatrième de la plus grande puissance quatrième contenue dans la partie entière de $A \times N^4$.

De même si on veut calculer $\sqrt[6]{A}$ à moins de $\frac{1}{N}$ près, on écrira $A = \frac{A \times N^6}{N^6}$, et on extraira la racine sixième de la plus grande puissance sixième contenue dans la partie entière de $A \times N^6$.

COROLLAIRE II. Si l'on veut calculer $\sqrt[4]{A}$ en décimales, par exemple avec trois décimales exactes, on réduira A en décimales jusqu'à ce qu'on ait douze décimales; on extraira une première racine carrée avec six décimales, puis une seconde avec trois décimales.

De même, si on veut $\sqrt[6]{A}$ avec douze décimales exactes, on réduira A en décimales jusqu'à ce qu'on ait dix-huit décimales; on extraira la racine carrée avec neuf décimales, puis la racine cubique avec trois décimales.

CHAPITRE V

---

217. Nous avons appelé *grandeur incommensurable* une grandeur qui n'a pas de commune mesure avec l'unité, et nous avons dit qu'il était impossible de représenter exactement une pareille grandeur par un nombre fractionnaire ; mais on peut la comprendre entre deux grandeurs commensurables qui diffèrent aussi peu qu'on voudra. Supposons qu'on ait à mesurer une longueur incommensurable A ; partageons l'unité en N parties égales ; la longueur A contiendra un certain nombre a de ces parties et n'en contiendra pas $a+1$; elle est donc comprise entre les deux nombres fractionnaires $\frac{a}{N}$ et $\frac{a+1}{N}$. Si donc on donne à N des valeurs N′, N″, N‴......... de plus en plus grandes, on formera deux séries de nombres fractionnaires

$$\frac{a'}{N'} \,, \qquad \frac{a'+1}{N'} \,,$$

$$\frac{a''}{N''} \,, \qquad \frac{a''+1}{N''} \,,$$

$$\frac{a'''}{N'''} \,, \qquad \frac{a'''+1}{N'''} \,,$$

$$. \quad . \quad . \qquad . \quad . \quad . \quad .$$

$$. \quad . \quad . \qquad . \quad . \quad . \quad .$$

dont A est la limite commune. La grandeur incommensurable, considérée ainsi comme limite de deux séries de nombres fractionnaires, s'appelle *nombre incommensurable.*

La manière la plus simple d'opérer consiste à employer la division décimale. On cherchera combien la longueur contient de mètres, combien le reste de décimètres, combien le second reste de centimètres, etc. Les deux séries ainsi formées, et que nous représentons par

$$
\begin{array}{ll}
4, & 3, \\
4,5 & 4,6 \\
4,57 & 4,58 \\
4,572 & 4,573 \\
\cdots & \cdots \\
\cdots & \cdots
\end{array}
$$

jouissent de cette propriété, que les nombres de la première vont en croissant constamment, et ceux de la seconde en décroissant constamment.

Les racines constituent une première classe de nombres incommensurables ; mais il est des grandeurs incommensurables qui ne peuvent pas être représentées par le signe $\sqrt{}$; dans ce cas, on désigne par une lettre la limite des nombres fractionnaires qui comprennent la grandeur. On démontre en géométrie que, si l'on prend le côté d'un carré pour unité de longueur, la diagonale du carré est incommensurable, et qu'elle est susceptible d'être représentée par le symbole $\sqrt{2}$. On démontre aussi que, si l'on prend pour unité le diamètre d'un cercle, la circonférence est une longueur incommensurable qu'on ne peut pas représenter par le symbole $\sqrt{}$; on désigne par la lettre π la limite des nombres fractionnaires qui mesurent la circonférence avec une approximation de plus en plus grande.

La mesure des grandeurs introduisant ainsi dans le calcul certains symboles ou nombres incommensurables, il importe d'étendre les opérations arithmétiques à ces symboles.

Addition.

218. Soit à additionner deux nombres incommensurables que nous désignerons par A et B. Si nous supposons que ces deux symboles représentent deux grandeurs de même espèce, nous concevons immédiatement l'addition de ces deux grandeurs; il s'agit de trouver des nombres fractionnaires qui diffèrent aussi peu qu'on voudra, et qui comprennent la somme des deux grandeurs proposées.

Appelons a', a'', a'''......, et α', α'', α'''......, les deux séries de nombres fractionnaires dont **A** est la limite; nous supposerons que les nombres de la première série sont plus petits que A, et ceux de la seconde plus grands. Nous désignerons d'ailleurs par a un nombre quelconque de la première série et par α le nombre correspondant de la seconde série. Appelons de même b', b'', b'''......, et $6'$, $6''$, $6'''$......, les deux séries de nombres fractionnaires dont **B** est la limite, et désignons par b et 6 deux quelconques de ces nombres;

$$a', \ a'', \ a''', \ . \ . \ . \ . \ \mathrm{A} \ . \ . \ . \ . \ . \ \alpha''', \ \alpha'', \ \alpha'$$
$$b', \ b'', \ b''', \ . \ . \ . \ . \ \mathrm{B} \ . \ . \ . \ . \ . \ 6''', \ 6'', \ 6'.$$

En additionnant les termes correspondants, nous formons les deux nouvelles séries

$$a' + b', \ a'' + b'', \ a''' + b'''.... \quad .... \ \alpha''' + 6''', \ \alpha'' + 6'', \ \alpha' + 6'.$$

La somme A+B est plus grande que les nombres de la première série, plus petite que ceux de la seconde; d'ailleurs la différence $(\alpha + 6) - (a + b) = (\alpha - a) + (6 - b)$ devient aussi petite qu'on veut. Donc A+B est la limite des deux séries

$$a' + b', \ a'' + b'', \ a''' + b'''..... \ \ \mathrm{A} + \mathrm{B} \ \ .....\alpha''' + 6''', \ \alpha'' + 6'', \ \alpha' + 6'.$$

Soustraction.

219. De A retrancher B. Si la grandeur **A** est plus grande que B, on pourra choisir a' et $6'$ de manière à ce que a' soit plus grand que $6'$. Retranchons en croix, nous formons les deux nouvelles séries

$$a' - 6', \ a'' - 6'', \ a''' - 6'''..... \quad .....\alpha''' - b''', \ \alpha'' - b'', \ \alpha' - b'.$$

La grandeur A — B est plus grande que les nombres de la première série, plus petite que ceux de la seconde. Si aux deux termes de la différence $(\alpha - b) - (a - \theta)$ nous ajoutons la même quantité $b + \theta$, ce qui ne change pas cette différence, elle s'écrit $(\alpha + \theta) - (a + b)$, et par conséquent devient aussi petite qu'on veut. Donc A — B est la limite des deux séries

$$a' - \theta', \ a'' - \theta'', \ a''' - \theta''' \ldots, \quad A - B \quad \ldots \alpha''' - b''', \ \alpha'' - b'', \ \alpha' - b'.$$

Multiplication.

220. Cas où le multiplicateur est commensurable.

1° Multiplier une quantité incommensurable A par un nombre entier 5. Il s'agit de répéter 5 fois la grandeur multiplicande, ou d'additionner cinq quantités égales au multiplicande. D'après la manière dont nous avons opéré l'addition, le produit $A \times 5$ est la limite des deux séries de nombres

$$a' \times 5, \ a'' \times 5, \ a''' \times 5 \ldots \quad A \times 5 \quad \ldots \alpha''' \times 5, \ \alpha'' \times 5, \ \alpha' \times 5.$$

2° Diviser une quantité incommensurable A par un nombre entier 5. Il s'agit de trouver une quantité qui, multipliée par 5, reproduise A. Cette quantité est la limite des deux séries

$$\frac{a'}{5}, \ \frac{a''}{5}, \ \frac{a'''}{5} \cdots \quad \cdots \quad \frac{\alpha'''}{5}, \ \frac{\alpha''}{5}, \ \frac{\alpha'}{5}.$$

En effet, si nous multiplions par 5, nous retrouvons les deux séries qui comprennent A.

3° Multiplier une quantité incommensurable A par un nombre fractionnaire $\frac{3}{5}$. D'après la définition ordinaire de la multiplication, il faut répéter trois fois la cinquième partie du multiplicande. Le cinquième de A est la limite des deux séries

$$\frac{a'}{5}, \ \frac{a''}{5}, \ \frac{a'''}{5} \cdots \quad \frac{A}{5} \quad \cdots \frac{\alpha'''}{5}, \ \frac{\alpha''}{5}, \ \frac{\alpha'}{5}$$

Multiplions par 3, nous aurons

$$\frac{a'}{5}\times 3,\ \frac{a''}{5}\times 3,\ \frac{a'''}{5}\times 3\ldots\quad \frac{A}{5}\times 3\quad\ldots\frac{\alpha'''}{5}\times 3,\ \frac{\alpha''}{5}\times 3,\ \frac{\alpha'}{5}\times 3,$$

ou bien

$$a'\times\tfrac{3}{5},\ a''\times\tfrac{3}{5},\ a'''\times\tfrac{3}{5}\ldots\ldots\quad A\times\tfrac{3}{5}\quad\ldots\ldots\alpha'''\times\tfrac{3}{5},\ \alpha''\times\tfrac{3}{5},\ \alpha'\times\tfrac{3}{5}.$$

Le produit cherché est la limite de ces deux dernières séries.

221. CAS OU LE MULTIPLICATEUR EST INCOMMENSURABLE. La définition ordinaire de la multiplication n'a plus de sens quand le multiplicateur est un nombre incommensurable; nous dirons : *multiplier une quantité par un nombre incommensurable, c'est la multiplier successivement par chacun des nombres fractionnaires dont le multiplicateur est la limite ; la limite des produits ainsi obtenus est le produit cherché.*

1° Multiplier une quantité commensurable a par un nombre incommensurable B. Le multiplicateur B est la limite des deux séries

$$b',\ b'',\ b'''.\ .\ .\ .\ .\ B\ .\ .\ .\ .\ .\ .\beta''',\ \beta'',\ \beta';$$

en multipliant a par chacun de ces nombres fractionnaires, nous formons les deux séries

$$a\times b',\ a\times b'',\ a\times b'''.\ .\ .\ .\ .\quad .\ .\ .\ .\ .a\times\beta''',\ a\times\beta'',\ a\times\beta',$$

que l'on peut écrire

$$b'\times a,\ b''\times a,\ b'''\times a.\ .\ .\ .\quad .\ .\ .\ .\beta'''\times a,\ \beta''\times a,\ \beta'\times a.$$

Mais nous savons que ces deux dernières séries représentent le produit de la quantité incommensurable B par le nombre fractionnaire a, elles ont donc une limite. Les deux précédents ont la même limite ; c'est cette limite que désigne le symbole $a\times$B.

Nous voyons que les deux produits $a\times$B et B$\times a$ sont égaux.

2° Multiplier une quantité incommensurable A par un nombre incommensurable B. D'après la définition, il faut multiplier A par chacun des nombres fractionnaires dont le multiplicateur B est la limite, ce qui donne les deux séries de quantités

$$A\times b', \ A\times b'', \ A\times b''' \ \ldots\ldots \quad\quad \ldots\ldots .A\times 6''', \ A\times 6'', \ A\times 6'.$$

Les premières sont plus petites que les secondes. Considérons la différence $A\times 6 - A\times b$; les nombres fractionnaires b et 6 qui comprennent B sont des fractions de la forme $\frac{15}{N}$ et $\frac{16}{N}$ (15 et 16 étant deux nombres entiers consécutifs quelconques); si de 16 fois la N^{me} partie de A nous retranchons 15 fois cette même partie, il reste une fois cette partie, c'est-à-dire $\frac{A}{N}$; comme N peut être pris aussi grand qu'on veut, la différence devient plus petite que toute quantité donnée. Ainsi les deux séries de quantités ont une limite commune; c'est cette limite que nous représentons par le symbole $A\times B$.

Nous venons de définir le produit $A \times B$ comme la limite des deux séries de quantités incommensurables

$$A\times b', \ A\times b'', \ A\times b''' \ldots\ldots \quad A\times B \quad \ldots\ldots A\times 6''', \ A\times 6'', \ A\times 6'.$$

Il est facile maintenant de trouver deux séries de nombres fractionnaires dont ce produit soit la limite. Considérons les deux séries de nombres fractionnaires

$$a'\times b', \ a''\times b'', \ a'''\times b''' \ldots\ldots \quad\quad \ldots\ldots \alpha'''\times 6''', \ \alpha''\times 6'', \ \alpha'\times 6',$$

obtenus en multipliant terme à terme les deux séries dont A et B sont les limites. Si nous rangeons par ordre de grandeur les quantités

$$a\times b, \ A\times b, \ A\times B, \ A\times 6, \ \alpha\times 6,$$

nous voyons que $A\times B$, qui est comprise entre $A\times b$ et $A\times 6$, est à plus forte raison comprise entre $a \times b$ et $\alpha\times 6$. En outre l'intervalle $\alpha\times 6 - a\times b$ entre les deux quantités extrêmes est égal à la somme des trois intervalles, $A\times b - a \times b$, plus $A\times 6 - A\times b$, plus $\alpha\times 6 - A\times 6$; or nous savons que ces trois intervalles deviennent simultanément aussi petits qu'on veut; donc leur somme ou l'intervalle total devient lui-même aussi petit qu'on veut. Il en résulte que les deux séries de nombres fractionnaires que nous considérons tendent vers une limite commune, qui est précisément la quantité représentée par le symbole $A \times B$. Ainsi le produit $A \times B$ est la limite des deux séries de nombres fractionnaires

$$a' \times b', \ a'' \times b'', \ a''' \times b''' \ldots\ldots A \times B \ldots\ldots \alpha''' \times \varepsilon''', \ \alpha'' \times \varepsilon'', \ \alpha' \times \varepsilon'.$$

222. Remarque. Si, au lieu de multiplier les séries dont A et B sont les limites, terme à terme, comme nous l'avons fait, nous avions multiplié en croix, nous aurions obtenu des nombres qui auraient aussi pour limite $A \times B$. En effet, les quatre nombres

$$a \times b, \ a \times \varepsilon, \ \alpha \times b, \ \alpha \times \varepsilon$$

sont tels, que les deux nombres placés aux extrémités, $a \times b$ et $\alpha \times \varepsilon$, comprennent entre eux les deux nombres $a \times \varepsilon$ et $\alpha \times b$ placés au milieu, et comme d'ailleurs les deux extrêmes tendent, en se rapprochant de plus en plus, vers la limite $A \times B$, les deux moyens tendent aussi vers cette même limite. Mais nous ne savons pas s'ils comprennent la limite ou bien s'ils sont tous deux plus grands ou plus petits que la limite; c'est pourquoi nous n'emploierons pas en général ce second mode de multiplication.

223. Produit de plusieurs facteurs. Étant donnés trois nombres incommensurables A, B, C, définis par les séries

$$a', \ a'', \ a''', \ \ldots\ldots \ A, \ \ldots\ldots \ \alpha''', \ \alpha'', \ \alpha',$$
$$b', \ b'', \ b''', \ \ldots\ldots \ B, \ \ldots\ldots \ \varepsilon''', \ \varepsilon'', \ \varepsilon',$$
$$c', \ c'', \ c''', \ \ldots\ldots \ C, \ \ldots\ldots \ \gamma''', \ \gamma'', \ \gamma',$$

si nous multiplions les deux premiers facteurs d'après la règle indiquée, si nous multiplions ensuite le produit par le troisième facteur d'après la même règle, nous trouvons que le produit $A \times B \times C$ est la limite des deux séries de nombres fractionnaires

$$a' \times b' \times c', \ a'' \times b'' \times c'', \ a''' \times b''' \times c''', \ldots\ldots$$
$$A \times B \times C$$
$$\ldots\ldots \alpha''' \times \varepsilon''' \times \gamma''', \ \alpha'' \times \varepsilon'' \times \gamma'', \ \alpha' \times \varepsilon' \times \gamma'.$$

Théorème I. *Le produit de plusieurs nombres incommensurables ne change pas quand on intervertit l'ordre des facteurs.*

On voit, en effet, que si on intervertit l'ordre des facteurs incommensurables, on intervertit simplement l'ordre des facteurs commensurables, ce qui ne change pas les deux séries finales; on obtient donc toujours la même limite.

Ce théorème fondamental étant ainsi étendu aux nombres incommensurables, toutes ses conséquences le sont par là même. Ainsi on peut grouper deux facteurs en un seul, décomposer, au contraire, un facteur en deux; on multiplie un produit par un nombre quelconque, en multipliant les deux facteurs par ce nombre, etc.

Division.

224. Soit un nombre incommensurable A à diviser par un nombre incommensurable B. Nous appliquons la définition générale de la division : il faut trouver un nombre qui, multiplié par B, reproduise A.

Divisons en croix les nombres fractionnaires qui comprennent A par ceux qui comprennent B, nous formons les deux séries

$$\frac{a'}{b'},\ \frac{a''}{b''},\ \frac{a'''}{b'''}\ \cdots \qquad \cdots\ \frac{\alpha'''}{b'''},\ \frac{\alpha''}{b''},\ \frac{\alpha'}{b'}$$

Les nombres de la première série sont plus petits que ceux de la seconde. Examinons la différence

$$\frac{\alpha}{b} - \frac{a}{b} = \frac{\alpha \times b - a \times b}{b \times b};$$

Si dans le dénominateur nous remplaçons chacun des deux nombres b et b par le plus petit nombre b', nous diminuons le dénominateur, et par conséquent nous augmentons la fraction; donc la différence est plus petite que la fraction

$$\frac{\alpha \times b - a \times b}{b'^2};$$

or, nous avons démontré que le numérateur devient aussi petit qu'on veut; comme il est divisé par un nombre constant b'^2, le quotient et par conséquent la différence devient aussi petite qu'on veut. Donc la double série a une limite.

Je dis que cette limite est le quotient cherché. En effet, si nous multiplions en croix cette double série par la double série diviseur, ce qui donne, avons-nous dit, la même limite que si on multipliait d'après le mode ordinaire, nous reproduisons la double série dividende. Ainsi le quotient de A par B est la limite des deux séries

$$\frac{a'}{b'}, \frac{a''}{b''}, \frac{a'''}{b'''}, \ldots \ldots \quad \frac{A}{B}, \quad \ldots \ldots \quad \frac{\alpha'''}{b'''}, \frac{\alpha''}{b''}, \frac{\alpha'}{b'}.$$

Élévation aux puissances.

225. Une puissance d'un nombre incommensurable A est le produit de plusieurs facteurs égaux à ce nombre. En appliquant la règle de la multiplication, nous voyons que le carré de A est la limite des séries

$$a'^2, a''^2, a'''^2 \ldots \ldots, \quad A^2, \quad \ldots \ldots, \quad \alpha'''^2, \alpha''^2, \alpha'^2;$$

que le cube de A est la limite des séries

$$a'^3, a''^3, a'''^3 \ldots \ldots, \quad A^3, \quad \ldots \ldots, \quad \alpha'''^3, \alpha''^3, \alpha'^3.$$

Théorème II. *La puissance d'un produit de nombres incommensurables est égale au produit des puissances des facteurs.*
Ainsi

$$(A \times B)^2 = (A \times B) \times (A \times B) = A \times B \times A \times B = A^2 \times B^2.$$

Théorème III. *La puissance d'un quotient est égale au quotient des puissances.*

Appelons C le quotient de A par B, nous aurons

$$A = B \times C;$$
$$A^2 = B^2 \times C^2;$$
$$\frac{A^2}{B^2} = C^2 = \left(\frac{A}{B}\right)^2.$$

Théorème IV. *Si on élève un nombre incommensurable à des puissances successives, on l'élève à une puissance ayant pour indice le produit des indices.*

Élevons le nombre incommensurable A au carré, puis au cube, nous aurons

$$(A^2)^3 = A^2 \times A^2 \times A^2 = A^6.$$

Extraction des racines.

226. Extraire la racine carrée ou cubique d'un nombre, c'est trouver un nombre incommensurable qui, élevé au carré ou au cube, reproduise le nombre proposé.

Proposons-nous d'extraire la racine carrée de A. Mettons A sous la forme $\frac{A \times N^2}{N^2}$ (N étant un nombre entier quelconque), et désignons par a la racine carrée du plus grand carré contenu dans la partie entière de A, la quantité A est comprise entre les carrés des fractions $\frac{a}{N}$ et $\frac{a+1}{N}$. En prenant N de plus en plus grand, nous obtenons deux séries de nombres fractionnaires qui tendent vers une limite commune. Je dis que cette limite est la racine cherchée. En effet, si nous élevons tous ces nombres au carré, nous formons deux nouvelles séries qui ont une limite, et cette limite est égale à A, puisque les deux carrés $\frac{a^2}{N^2}$ et $\frac{(a+1)^2}{N^2}$ comprennent A.

Afin de préciser davantage, supposons que la quantité A soit incommensurable et exprimée en décimales par les deux séries

$$3,14 \quad \ldots \ldots \ldots \quad 3,15$$
$$3,1415 \quad \ldots \ldots \ldots \quad 3,1416$$
$$3,141592. \quad \ldots \ldots \ldots \quad 3,141593$$
$$\ldots \ldots \ldots \ldots \ldots \ldots \ldots \ldots$$
$$\ldots \ldots \ldots \ldots \ldots \ldots \ldots \ldots$$

Extrayons la raison carrée du plus grand carré contenu dans 314, nous trouvons 17; les deux nombres 314 et 315 sont compris entre les carrés de 17 et de 18, et les deux fractions $\frac{314}{100}$ et $\frac{315}{100}$ entre les carrés de $\frac{17}{10}$ et de $\frac{18}{10}$. Extrayons de même la racine carrée du plus grand carré contenu dans 31415, nous trouvons 177; les deux nombres 31415 et 31416 sont compris entre les carrés de 177 et de 178, et les deux fractions $\frac{31415}{10000}$ et $\frac{31416}{10000}$ entre les carrés de $\frac{177}{100}$ et de $\frac{178}{100}$. En continuant de la même manière, nous formons deux séries

$$1,7 \quad \ldots \ldots \ldots \quad 1,8$$
$$1,77 \quad \ldots \ldots \ldots \quad 1,78$$
$$1,772. \quad \ldots \ldots \ldots \quad 1,773$$
$$\ldots \ldots \ldots \ldots \ldots \ldots \ldots$$
$$\ldots \ldots \ldots \ldots \ldots \ldots \ldots$$

dont la limite est $\sqrt{A}$.

Calcul des radicaux.

227. Théorème V. *Pour multiplier l'un par l'autre deux radicaux qui ont le même indice, il suffit de multiplier les quantités placées sous les signes radicaux.*

Je dis, par exemple, que $\sqrt{5} \times \sqrt{7}$ est égal à $\sqrt{5 \times 7}$. En effet, nous savons qu'on élève au carré le produit de deux nombres incommensurables $\sqrt{5} \times \sqrt{7}$, en élevant chaque facteur séparément au carré; mais le carré de $\sqrt{5}$, c'est 5; le carré de $\sqrt{7}$, c'est 7; donc le nombre $\sqrt{5} \times \sqrt{7}$, élevé au carré, donne 5×7, et par conséquent ce nombre est égal à la racine carrée de 5×7. Ainsi :

$$\sqrt{5} \times \sqrt{7} = \sqrt{5 \times 7}.$$

Corollaire I. Il arrive quelquefois que le produit de deux nombres incommensurables est un nombre commensurable. Ainsi :

$$\sqrt{6} \times \sqrt{24} = \sqrt{144} = 12.$$

Dans ce cas, la limite des nombres fractionnaires, que l'on obtient en multipliant terme à terme les nombres qui comprennent $\sqrt{6}$ par ceux qui comprennent $\sqrt{24}$, est une quantité commensurable 12.

Corollaire II. Soit l'expression $5 \times \sqrt{7}$; remplaçons 5 par $\sqrt{25}$, cette expression devient $\sqrt{25} \times \sqrt{7} = \sqrt{25 \times 7}$; ainsi

$$5 \times \sqrt{7} = \sqrt{5^2 \times 7};$$

c'est là ce qu'on appelle faire entrer un facteur 5 sous le signe radical. De même

$$5 \times \sqrt[3]{7} = \sqrt[3]{5^3} \times \sqrt[3]{7} = \sqrt[3]{5^3 \times 7}.$$

On voit que *pour faire entrer un facteur sous le signe radical, il faut l'élever au carré s'il s'agit d'un radical carré, au cube s'il s'agit d'un radical cubique, en général à une puissance marquée par l'indice du radical.*

Corollaire III. Réciproquement *si le nombre placé sous un radical carré contient un facteur carré parfait, on peut faire sortir ce facteur du radical, en en prenant la racine carrée.* Ainsi :

$$\sqrt{28} = \sqrt{4 \times 7} = 2 \times \sqrt{7}.$$

De même, *si le nombre placé sous un radical cubique contient*

un facteur cube parfait, on peut faire sortir ce facteur du radi-
cal, en en prenant la racine cubique.

THÉORÈME VI. *Le quotient de deux radicaux de même indice est égal à la racine du quotient des quantités placées sous le si-gne radical.*

Nous savons qu'on élève au carré le quotient $\dfrac{\sqrt{5}}{\sqrt{7}}$, en élevant les deux termes séparément au carré, ce qui donne $\frac{5}{7}$. Donc

$$\frac{\sqrt{5}}{\sqrt{7}} = \sqrt{\frac{5}{7}}$$

228. THÉORÈME VII. *On élève un radical à une certaine puissance en élevant à cette puissance la quantité placée sous le signe radical.*

En effet

$$(\sqrt{7})^3 = \sqrt{7} \times \sqrt{7} \times \sqrt{7} = \sqrt{7^3}.$$

THÉORÈME VIII. *On extrait la racine d'un radical en multi-pliant l'indice du radical par l'indice de la racine que l'on veut extraire.* On veut, par exemple, extraire la racine cubique du radical $\sqrt[5]{7}$. Nous savons qu'on élève un nombre à la 15me puissance, en l'élevant d'abord à la 3me puissance, puis à la 5me. Con-sidérons le nombre $\sqrt[3]{\sqrt[5]{7}}$; élevant ce nombre à la 3me puis-sance, nous trouvons $\sqrt[5]{7}$; élevant ce dernier à la 5me puissance, nous trouvons 7. Le nombre $\sqrt[3]{\sqrt[5]{7}}$ est donc tel qu'élevé à la 15me puissance, il donne 7; ce nombre est égal, par conséquent, à la racine 15me de 7. Ainsi

$$\sqrt[3]{\sqrt[5]{7}} = \sqrt[5 \cdot 3]{7}.$$

229. THÉORÈME IX. *On ne change pas un radical si on mul-*

tiplie ou si on divise par un même nombre l'indice du radical et l'exposant de la quantité placée sous le signe radical.

Démontrons, par exemple que

$$\sqrt[3]{7^2} = \sqrt[3.5]{7^{2.5}}.$$

En effet, remplaçant 7^2 par 49, on a

$$\sqrt[3.5]{7^{2.5}} = \sqrt[3.5]{49^5} = \sqrt[3]{\sqrt[5]{49^5}} = \sqrt[3]{49} = \sqrt[3]{7^2}.$$

Corollaire I. On simplifie un radical en divisant l'indice du radical et l'exposant de la quantité placée sous le signe radical par leur plus grand commun diviseur. Ainsi

$$\sqrt[6]{125000} = \sqrt[6]{5^3.10^3} = \sqrt{5.10} = \sqrt{50}.$$

Corollaire II. Réduction des radicaux au même indice. Considérons les deux radicaux $\sqrt[3]{5}$ et $\sqrt[4]{7}$; le premier peut être mis sous la forme $\sqrt[3.4]{5^4}$, le second sous la forme $\sqrt[4.3]{7^3}$; ces radicaux ont alors le même indice 12. On prendra généralement pour indice commun le plus petit multiple des indices.

Quand deux radicaux ont été ainsi réduits au même indice, il est facile de les multiplier, ou de les diviser. Ainsi

$$\sqrt{5} \times \sqrt[3]{2} = \sqrt[2.3]{5^3} \times \sqrt[3.2]{2^2} = \sqrt[6]{5^3.2^2} = \sqrt[6]{500}.$$

LIVRE V

PROPORTIONS ET PROGRESSIONS

CHAPITRE I

PROPORTIONS

230. Définition du rapport. Chercher le rapport de deux quantités de même espèce, c'est chercher combien de fois l'une contient de fois l'autre, et combien de parties aliquotes de l'autre. Or, d'après les explications que nous avons données sur la division (n° 120), le quotient de deux quantités exprime précisément le rapport de la quantité dividende à la quantité diviseur. Ainsi *le rapport de deux nombres est le quotient de ces deux nombres,*

Par exemple, le nombre 15 contenant 5 trois fois, le rapport de 15 à 5 est 3. Réciproquement, le nombre 5 étant le tiers de 15, le rapport de 5 à 15 est $\frac{1}{3}$. De même, 8 étant les deux tiers de 12, le rapport de 8 à 12 est $\frac{2}{3}$. Le nombre 68 contenant 12 cinq fois, plus un reste qui est les deux tiers de 12, le rapport de 68 à 12 est $5 + \frac{2}{3}$.

La quantité dividende s'appelle *antécédent*, la quantité diviseur s'appelle *conséquent*. Désignons par a l'antécédent, par b le conséquent; nous représenterons le rapport a à b par l'une des deux notations $\frac{a}{b}$, ou $a : b$, qui indiquent la division.

Nous avons expliqué comment on trouve une commune mesure de deux grandeurs de même espèce; si on prend cette commune mesure pour unité, les deux grandeurs sont représentées par deux nombres entiers, et leur rapport est celui de ces deux nombres entiers. Supposons que la commune mesure soit contenue 7 fois dans l'une et 5 fois dans l'autre, le rapport des deux grandeurs est le rapport de 7 à 5. Quelle que soit d'ailleurs l'unité choisie, il est clair que le rapport des deux grandeurs est égal au rapport des deux nombres, entiers, fractionnaires, ou même incommensurables, qui les mesurent.

Si les deux grandeurs données n'ont pas de commune mesure, on les considère comme les limites de grandeurs commensurables entre elles, et le rapport cherché est la limite des rapports de ces grandeurs.

Remarquons aussi que le rapport d'une première grandeur à une seconde grandeur n'est autre chose que le nombre qui mesure la première quand on prend la seconde pour unité.

Propriétés des rapports.

231. Théorème I. *Un rapport ne change pas quand on multiplie ses deux termes par un même nombre.*

Appelons q le quotient de a par b; puisque le dividende est égal au produit du diviseur par le quotient, on a

$$a = b \times q.$$

Multiplions ces deux quantités égales par un même nombre c, nous aurons

$$a \times c = b \times q \times c,$$

et, en changeant l'ordre des facteurs,

$$a \times c = b \times c \times q.$$

Donc $a \times c$ est le produit de deux facteurs, l'un $b \times c$, l'autre q; et par conséquent, si on divise $a \times c$ par $b \times c$, on obtient le même quotient q. Ainsi le rapport $\frac{a \times c}{b \times c}$ est égal au rapport $\frac{a}{b}$.

Théorème II. *Un rapport ne change pas quand on divise ses deux termes par un même nombre.*

Divisons par c les deux termes du rapport $\frac{a}{b}$, nous obtiendrons un nouveau rapport $\frac{a:c}{b:c}$ égal au premier ; car si on multiplie par c les deux termes du nouveau rapport, on retrouve le premier.

Si les deux termes du rapport sont des nombres entiers, le rapport étant une fraction ordinaire, les théorèmes précédents reviennent à cette propriété des fractions : Si on multiplie ou si on divise les deux termes d'une fraction par un même nombre, la valeur de la fraction ne change pas.

232. Théorème III. *Le produit de deux rapports est égal à un nouveau rapport ayant pour antécédent le produit des antécédents et pour conséquent le produit des conséquents.*

Considérons deux rapports $\frac{a}{b}$ et $\frac{a'}{b'}$. Si les nombres sont entiers, les rapports sont des fractions ordinaires, et nous savons que, pour multiplier deux fractions, il faut les multiplier terme à terme.

Dans le cas général, nous appellerons q et q' les deux quotients,

$$a = b \times q,$$
$$a' = b' \times q';$$

en multipliant ces quantités respectivement égales, on a

$$a \times a' = b \times q \times b' \times q' = b \times b' \times q \times q'.$$

Donc

$$\frac{a \times a'}{b \times b'} = q \times q' = \frac{a}{b} \times \frac{a'}{b'}.$$

Corollaire I. *Pour élever un rapport au carré ou au cube, il suffit d'élever chaque terme séparément au carré ou au cube.*

Réciproquement, *pour extraire la racine carrée ou la racine cubique d'un rapport, il suffit d'extraire séparément la racine de chaque terme.*

Corollaire II. *Le produit de deux rapports inverses,* $\frac{a}{b}$ *et* $\frac{b}{a}$, *est égal à l'unité.*

Propriétés des proportions.

233. Deux rapports égaux constituent une proportion. Ainsi les deux rapports égaux $\frac{12}{4}$ et $\frac{15}{5}$ forment une proportion que l'on écrit

$$\frac{12}{4} = \frac{15}{5}, \text{ ou } 12 : 4 :: 15 : 5.$$

Sous cette dernière forme, on l'énonce : 12 *est à 4 comme* 15 *est à* 5.

Remarque. On a coutume de considérer deux sortes de rapports, le rapport par différence et le rapport par quotient. Le rapport par différence de 8 à 5 est la différence 3 de ces deux nombres. Le rapport par quotient est celui que nous avons étudié. Le rapport par quotient étant d'un grand usage en géométrie, on l'a appelé pour cette raison *rapport géométrique;* et par opposition, le rapport par différence a été appelé *rapport arithmétique.*

De même, il y a deux sortes de proportions. Deux rapports arithmétiques égaux forment une proportion arithmétique, deux rapports géométriques égaux forment une proportion géométrique. Comme les rapports et les proportions arithmétiques ne sont d'aucune utilité, nous croyons inutile d'en parler. Ainsi, dans tout cet ouvrage, il est bien entendu que les mots rapport et proportion s'appliquent exclusivement au rapport et à la proportion géométriques.

234. Théorème IV. *Dans toute proportion, le produit des extrêmes est égal au produit des moyens.*

Considérons la proportion $a : b :: c : d$; les deux nombres a et d, placés aux extrémités, s'appellent *extrêmes;* les deux autres b et c, placés au milieu, s'appellent *moyens*. Nous pouvons transformer les deux rapports donnés $\frac{a}{b}$ et $\frac{c}{d}$ en deux autres qui aient même conséquent; pour cela multiplions par d les deux termes du premier rapport, et par b les deux termes du second; nous remplaçons ainsi les deux rapports proposés par les deux rapports $\frac{a \times d}{b \times d}$ et $\frac{c \times b}{d \times b}$. Ces deux rapports étant égaux et ayant même conséquent, il est nécessaire qu'ils aient aussi même antécédent; donc $a \times d = c \times b$.

Théorème V. Réciproquement, *lorsque quatre nombres sont tels, que le produit des extrêmes est égal au produit des moyens, ces quatre nombres forment une proportion.*

Soient a, b, c, d quatre nombres tels que $a \times d = b \times c$; divisons ces deux quantités égales par le même nombre $b \times d$, nous aurons $\frac{a \times d}{b \times d} = \frac{b \times c}{b \times d}$, et, en simplifiant, $\frac{a}{b} = \frac{c}{d}$; donc les quatre nombres donnés forment une proportion $a : b :: c : d$.

Corollaire I. *Connaissant trois termes d'une proportion, il est facile de trouver le quatrième; si le terme inconnu est un extrême, on fait le produit des moyens et on divise par l'extrême connu; si le terme inconnu est un moyen, on fait le produit des extrêmes et on divise par le moyen connu.*

Soient 12, 4 et 15 les trois premiers termes d'une proportion; en représentant par x le quatrième terme inconnu, on doit avoir la proportion
$$12 : 4 :: 15 : x;$$

le produit des extrêmes étant égal au produit des moyens, il en résulte
$$12 \times x = 4 \times 15,$$

d'où
$$x = \frac{4 \times 15}{12} = 5.$$

Corollaire II. On appelle *moyenne proportionnelle* entre deux nombres donnés un nombre qui occupe les deux places moyennes dans une proportion dont les deux nombres donnés sont les extrêmes. Désignons x la moyenne proportionnelle entre deux nombres donnés 18 et 8, nous avons la proportion

$$18 : x :: x : 8.$$

Le produit des moyens $x \times x$ ou x^2 est égal au produit des extrêmes 18×8; donc $x = \sqrt{18 \times 8} = \sqrt{144} = 12$.

Ainsi on *obtient la moyenne proportionnelle entre deux nombres donnés, en extrayant la racine carrée du produit de ces deux nombres.*

235. Théorème VI. *Étant donnés quatre nombres en proportion, on peut les disposer de huit manières différentes.*

Soit la proportion

$$12 : 4 :: 15 : 5;$$

si l'on change l'ordre des termes de manière à ce que le produit des extrêmes reste toujours égal au produit des moyens, il est évident que la proportion subsiste. Changeons d'abord les moyens de place,

$$12 : 15 :: 4 : 5;$$

puis les extrêmes,

$$5 : 4 :: 15 : 12;$$

puis à la fois les moyens et les extrêmes,

$$5 : 15 :: 4 : 12.$$

Maintenant, dans chacune des proportions qui précèdent, mettons les moyens à la place des extrêmes et les extrêmes à la place des moyens, nous obtiendrons quatre nouvelles proportions

$$4 : 12 :: 5 : 15,$$
$$15 : 12 :: 5 : 4,$$
$$4 : 5 :: 12 : 15,$$
$$15 : 5 :: 12 : 4.$$

236. Théorème VII. *Quand deux proportions ont un rapport commun, les deux autres rapports forment une proportion.*

Soient les deux proportions

$$a \,:\, b \,::\, c \,:\, d$$
$$a' \,:\, b' \,::\, c \,:\, d;$$

les deux rapports $\frac{a}{b}$ et $\frac{a'}{b'}$, étant tous deux égaux au rapport $\frac{c}{d}$, sont égaux entre eux et forment par conséquent la proportion

$$a \,:\, b \,::\, a' \,:\, b'.$$

Corollaire. *Quand deux proportions ont mêmes conséquents, les antécédents sont en proportion.*

Soient les deux proportions

$$a \,:\, b \,::\, c \,:\, d$$
$$a' \,:\, b \,::\, c' \,:\, d.$$

En changeant les moyens de place, ces proportions deviennent

$$a \,:\, c \,::\, b \,:\, d$$
$$a' \,:\, c' \,::\, b \,:\, d;$$

alors elles ont un rapport commun, et l'on a

$$a \,:\, c \,::\, a' \,:\, c',$$

ou

$$a \,:\, a' \,::\, c \,:\, c'.$$

237. Théorème VIII. *Étant données plusieurs proportions, si on les multiplie terme à terme, on obtient une nouvelle proportion.*

Considérons les deux proportions

$$a \,:\, b \,::\, c \,:\, d$$
$$a' \,:\, b' \,::\, c' \,:\, d'.$$

En multipliant terme à terme, je dis qu'on obtient la nouvelle proportion

$$a \times a' \,:\, b \times b' \,::\, c \times c' \,:\, d \times d'.$$

En effet, le rapport $\frac{a \times a'}{b \times b'}$ est égal au produit des rapports $\frac{a}{b}$ et $\frac{a'}{b'}$, le rapport $\frac{c \times c'}{d \times d'}$ est égal au produit des rapports $\frac{c}{d}$ et $\frac{c'}{d'}$, égaux respectivement aux deux premiers ; donc les deux rapports $\frac{a \times a'}{b \times b'}$ et $\frac{c \times c'}{d \times d'}$, sont égaux entre eux, et par conséquent la proportion existe.

Le théorème étant démontré pour deux proportions, l'est pour un nombre quelconque de proportions.

237 bis. *Si l'on élève es quatre termes d'une proportion au carré ou au cube, on obtient une nouvelle proportion.*

En élevant au carré les quatre termes de la proportion

$$a : b :: c : d,$$

je dis qu'on obtient une nouvelle proportion

$$a^2 : b^2 :: c^2 : d^2 ;$$

car les rapports $\frac{a^2}{b^2}$ et $\frac{c^2}{d^2}$, carrés des rapports égaux $\frac{a}{b}$ et $\frac{c}{d}$, sont égaux.

De même pour les cubes.

Théorème VIII. *Si l'on extrait la racine carrée ou la racine cubique des quatre termes d'une proportion, on obtient une nouvelle proportion.*

En extrayant la racine des quatre termes de la proportion

$$a : b :: c : d,$$

je dis qu'on obtient une nouvelle proportion

$$\sqrt{a} : \sqrt{b} :: \sqrt{c} : \sqrt{d}.$$

Car les rapports $\frac{\sqrt{a}}{\sqrt{b}}$ et $\frac{\sqrt{c}}{\sqrt{d}}$, racines carrées des rapports égaux $\frac{a}{b}$ et $\frac{c}{d}$, sont égaux.

De même pour la racine cubique.

238. Théorème IX. *Dans toute proportion, la somme ou la différence des deux premiers termes est au second, comme la somme ou la différence des deux derniers termes est au quatrième.*

Soit la proportion

$$a : b :: c : d.$$

Si au dividende on ajoute le diviseur, le nouveau dividende contenant une fois de plus le diviseur, le quotient augmente d'une unité. A chaque antécédent ajoutons son conséquent, les deux rapports, augmentant chacun d'une unité, sont encore égaux après l'augmentation. On a donc la nouvelle proportion

$$a + b : b :: c + d : d.$$

Ce théorème peut être généralisé. Si à chaque antécédent on ajoute un même nombre de fois son conséquent, les deux rapports, augmentant d'un même nombre d'unités, restent égaux.

La démonstration est la même pour la différence. Supposons que les antécédents soient plus grands que les conséquents, et de chaque antécédent retranchons son conséquent, les deux rapports diminuent chacun d'une unité, et l'on a la proportion

$$a - b : b :: c - d : d.$$

Corollaire I. *La somme ou la différence des deux premiers termes est au premier, comme la somme ou la différence des deux derniers est au troisième.*

En effet, puisque les deux proportions

$$a : b :: c : d$$
$$a + b : b :: c + d : d$$

ont mêmes conséquents, les antécédents sont en proportion. Donc

$$a + b : a :: c + d : c.$$

Corollaire II. *La somme ou la différence des deux premiers*

*termes est à la somme ou à la différence des deux derniers,
comme les antécédents sont entre eux ou comme les conséquents
sont entre eux.*

En effet, si dans les proportions

$$a + b : b :: c + d : d$$
$$a + b : a :: c + d : c$$

nous changeons les moyens de place, nous avons

$$a + b : c + d :: b : d$$
$$a + b : c + d :: a : c.$$

Corollaire III. *La somme des deux premiers termes est à leur
différence comme la somme des deux derniers est à leur différence.*

En effet les deux proportions

$$a + b : b :: c + d : d$$
$$a - b : b :: c - d : d,$$

ayant mêmes conséquents, les antécédents sont en proportion.
Donc

$$a + b : a - b :: c + d : c - d.$$

239. Théorème X. *La somme ou la différence des antécédents
est à la somme ou à la différence des conséquents comme un antécédent est à son conséquent.*

Soit la proportion

$$a : b :: c : d.$$

Changeons les moyens de place

$$a : c :: b : d,$$

et appliquons à cette dernière proportion le corollaire II du théorème précédent, nous aurons

$$a + c : b + d :: a : b$$

ou
$$a + c : b + d :: c : d.$$

En prenant les différences, on aurait de même

$$a - c : b - d :: a : b :: c : d.$$

Corollaire. *La somme des antécédents est à leur différence comme la somme des conséquents est à leur différence.*

Les deux proportions

$$a + c : b + d :: a : b$$
$$a - c : b - d :: a : b,$$

ayant un rapport commun, donnent en effet

$$a + c : b + d :: a - c : b - d,$$

ou, en changeant les moyens de place,

$$a + c : a - c :: b + d : b - d.$$

240. **Théorème XI.** *Étant donnés plusieurs rapports égaux, si l'on fait la somme des antécédents et la somme des conséquents, on obtient un nouveau rapport égal à chacun des proposés.*

Soit une suite de rapports égaux

$$\frac{a}{b} = \frac{a'}{b'} = \frac{a''}{b''} = \ldots$$

Les deux premiers forment une proportion

$$a : b :: a' : b';$$

en vertu du théorème précédent, on a la nouvelle proportion

$$a + a' : b + b' :: a : b,$$

c'est-à-dire que le nouveau rapport $\frac{a+a'}{b+b'}$ est égal au rapport $\frac{a}{b}$ et par conséquent à chacun des proposés.

Considérons les deux rapports égaux $\frac{a+a'}{b+b'}$ et $\frac{a''}{b''}$, et appliquons le même principe, nous obtenons le nouveau rapport $\frac{a+a'+a''}{b+b'+b''}$, aussi égal aux proposés. En continuant de cette manière, on arrivera finalement au rapport $\dfrac{a+a'+a''+\ldots}{b+b'+b''+\ldots}$, égal à chacun des rapports donnés.

Corollaire I. Multiplions les deux termes du premier rapport par m, les deux termes du second par m', etc., nous savons que ces différents rapports ne changent pas ; en appliquant le théorème aux rapports égaux $\dfrac{a\times m}{b\times m}=\dfrac{a'\times m'}{b'\times m'}=\dfrac{a''\times m''}{b''\times m''}=\ldots$, nous obtiendrons un nouveau rapport

$$\frac{a\times m+a'\times m'+a''\times m''+\ldots}{b\times m+b'\times m'+b''\times m''+\ldots}$$

égal à chacun des rapports proposés $\dfrac{a}{b},\ \dfrac{a'}{b'},\ldots$

Corollaire II. Élevons au carré les rapports proposés, nous formons des rapports égaux $\dfrac{a^2}{b^2}=\dfrac{a'^2}{b'^2}=\dfrac{a''^2}{b''^2}=\ldots$; appliquons le théorème à ces derniers, nous obtenons un nouveau rapport

$$\frac{a^2+a'^2+a''^2+\ldots}{b^2+b'^2+b''^2+\ldots}$$

égal à chacun d'eux. En extrayant la racine carrée, on a un rapport

$$\frac{\sqrt{a^2+a'^2+a''^2+\ldots}}{\sqrt{b^2+b'^2+b''^2+\ldots}},$$

égal à chacun des rapports proposés $\dfrac{a}{b},\ \dfrac{a'}{b'},\ \ldots$

CHAPITRE II

Règles de trois simples.

Lorsque dans un problème entrent trois quantités connues et une quatrième quantité inconnue, et que, d'après la nature de la question, ces quatre quantités forment une proportion, on a ce qu'on appelle une *règle de trois*. On distingue deux sortes de règles de trois : la règle de trois *directe*, et la règle de trois *inverse*. Des exemples feront bien comprendre cette distinction.

241. Problème I. 48 mètres d'étoffes ont coûté 150 francs, combien coûteront 60 mètres de la même étoffe?

Nous supposons que si la quantité d'étoffe devient deux, trois..... fois plus grande ou plus petite, le prix devient lui-même deux, trois..... fois plus grand ou plus petit. Il en résulte que le rapport des prix est égal au rapport des quantités d'é-toffe. En effet, désignons par a et a' les deux quantités d'étoffe, par b et b' les prix; le rapport de a à a' s'exprime dans tous les cas par une fraction ordinaire, par exemple, $\frac{3}{5}$. Si a' mètres d'étoffe coûtent b' francs, le cinquième de a' coûtera le cinquième de b', les trois cinquièmes de a' coûteront trois fois plus, ou les trois cinquièmes de b'. Donc, si a est les $\frac{3}{5}$ de a', le prix correspondant b est aussi les $\frac{3}{5}$ de b'; donc les deux rapports $\frac{a}{a'}$ et $\frac{b}{b'}$ sont égaux, et l'on a la proportion

$$a : a' :: b : b'.$$

Appliquons à la question proposée. En désignant par x le

prix inconnu des 60 mètres d'étoffe, nous aurons la proportion

$$48 : 60 :: 150 : x,$$

de laquelle on déduit

$$x = \frac{60 \times 150}{48} = 187^{\mathrm{f}},50.$$

Pour abréger, on écrit simplement

$$48 : 60 :: 150 : x = \frac{60 \times 150}{48} = 187^{\mathrm{f}},50.$$

242. Problème II. Une locomotive qui fait 6 lieues à l'heure a employé 10 heures pour parcourir une certaine distance. Combien d'heures emploierait-elle pour parcourir la même distance, si elle faisait 8 lieues à l'heure?

Nous appellerons vitesse de la locomotive le nombre de lieues qu'elle parcourt en une heure ; il est clair que si la locomotive marche avec une vitesse deux, trois..... fois plus grande, elle emploiera, pour parcourir la même distance, un temps deux, trois..... fois plus petit ; il en résulte que le rapport du temps est inverse du rapport des vitesses. En effet, désignons par a et a' les deux vitesses, par b et b' les temps correspondants ; le rapport des vitesses $\frac{a}{a'}$ est une certaine fraction $\frac{3}{5}$. Si avec la vitesse a' la locomotive emploie b' heures, avec une vitesse cinq fois plus petite elle emploiera un temps $b' \times 5$, cinq fois plus grand ; avec une vitesse trois fois plus grande que cette dernière, elle emploiera un temps trois fois plus petit, soit $\frac{b' \times 5}{3}$. Donc, si a est les $\frac{3}{5}$ de a', le temps correspondant b est les $\frac{5}{3}$ de b'. Ici, les deux rapports $\frac{a}{a'}$ et $\frac{b}{b'}$ ne sont pas égaux, mais inverses l'un de l'autre ; en renversant l'un d'eux, par exemple le premier, nous aurons deux rapports égaux $\frac{a'}{a}$ et $\frac{b}{b'}$, lesquels forment une proportion

$$a' : a :: b : b'.$$

Appliquons à la question proposée. En désignant par x le temps inconnu, nous avons la proportion

$$8 : 6 :: 10 : x = \tfrac{6 \times 10}{8} = 7^{h}30'.$$

243. Les deux questions que nous venons de traiter sont deux règles de trois ; la première est *directe* parce que les deux rapports sont directement égaux ; la seconde est *inverse* parce que les deux rapports sont d'abord inverses, et ne deviennent égaux que lorsqu'on a renversé l'un d'eux.

D'après les raisonnements que nous avons faits pour reconnaître si la proportion existe, et par conséquent si la question proposée est bien une règle de trois, il suffit d'examiner si d'après la nature de la question, lorsqu'une des quantités devient un certain nombre de fois plus grande, l'autre quantité devient le *même* nombre de fois plus grande ou plus petite. La règle de trois sera directe dans le premier cas, inverse dans le second cas. C'est là le caractère dont nous nous servirons dans la pratique ; appliquons-le à quelques exemples.

Problème III. Une fontaine a mis $2^{h}52'46''$ pour remplir un bassin d'une capacité de 7 mètres cubes. Combien de temps mettra-t-elle pour remplir un bassin d'une capacité de 12 mètres cubes ?

Il est clair que pour remplir un bassin deux, trois..... fois plus grand, il faut à la fontaine un temps deux, trois..... fois plus grand ; la question est donc une règle de trois directe.

Nous écrirons que la capacité du premier bassin est à la capacité du second bassin, comme le temps nécessaire pour remplir le premier bassin est au temps nécessaire pour remplir le second bassin.

$$7 : 12 :: 2^{h}52'46'' : x = \frac{(2^{h}52'46'') \times 12}{7}.$$

Problème IV. *On veut échanger 50 mètres d'un drap qui vaut*

12^f,75 *le mètre contre de la soie qui vaut 8,50 le mètre. Quelle quantité de soie doit-on recevoir en échange ?*

Il est évident que si le prix de la soie était deux, trois..... fois plus grand que celui du drap, on devrait en recevoir une quantité deux, trois..... fois plus petite ; la question est donc une règle de trois inverse.

Nous écrirons que le prix de la soie est au prix du drap, comme la quantité de drap est à la quantité de soie ;

$$8,50 : 12,75 :: 50 : x = \frac{12,75 \times 50}{8,50} = \frac{12,75 \times 100}{17} = \frac{1275}{17} = 75^m.$$

244. Remarque I. Nous avons déjà résolu les questions de cette nature par une méthode très-simple appelée *Réduction à l'unité*. Nous ferons remarquer que ces deux méthodes sont au fond les mêmes ; la considération des rapports entre implicitement dans la première méthode, et d'ailleurs la règle de trois conduit finalement pour le calcul de l'inconnue aux deux opérations, une multiplication et une division, que nous indiquait immédiatement la réduction à l'unité. Ainsi l'emploi des proportions dans les questions de ce genre n'offre en réalité aucun avantage ; c'est un intermédiaire dont on peut se passer.

245. Quelle que soit la méthode que l'on emploie, le point qu'il faut surtout examiner avec soin, c'est de savoir si les quantités qui entrent dans la question varient bien proportionnellement. On propose, par exemple, la question suivante : la construction d'un mur ayant 5 mètres de hauteur a coûté 180 fr. Combien coûtera la construction d'un mur pareil de 5 mètres de hauteur ? Ici on ne peut pas dire que, si la hauteur du mur devient double, le prix devient double, parce que, à mesure que le mur s'élève, le travail nécessaire pour l'élévation des matériaux augmente ; en d'autres termes, il est plus difficile de faire un mètre de maçonnerie à une grande élévation qu'au niveau du sol. La question proposée ne peut donc être résolue par une règle de trois, et l'on est obligé de tenir compte des circonstances que nous venons de signaler.

Considérons encore le problème suivant : le soleil, 3 heures après son lever, est à 20 degrés au-dessus de l'horizon. A quelle hauteur sera-t-il 5 heures après son lever? L'élévation ne croît pas proportionnellement au temps, parce que le cercle décrit par le soleil dans un jour est oblique à l'horizon; le problème ne peut donc être résolu par une règle de trois, le calcul est beaucoup plus compliqué.

Règles de trois composées.

On appelle règle de trois composée une question qui peut être résolue par plusieurs proportions.

246. PROBLÈME V. Avec $28^{kil},5$ de fil on a fabriqué une pièce de toile ayant 120 mètres de longueur sur $1^m,25$ de largeur. Quelle longueur d'une toile semblable à la première, mais ayant $0^m,92$ de largeur, pourra-t-on fabriquer avec 40 kil. de fil?

Proposons-nous d'abord de déterminer la longueur de toile (et désignons par x' cette longueur) que l'on fabriquerait avec 40 kil. de fil, si l'on ne changeait pas la largeur. La largeur étant la même, on peut en faire abstraction, et la question se réduit à ces termes : avec $28^k,5$ de fil on fabrique 120^m de toile; combien fabriquerait-on de la même toile avec 40^k? Si la quantité de fil devient deux, trois..... fois plus grande, la quantité de toile devient évidemment deux, trois...... fois plus grande; c'est donc une règle de trois directe, et l'on a la proportion

$$28,5 : 40 :: 120 : x',$$

qui détermine la quantité x', que nous regarderons alors comme connue.

Changeons maintenant la largeur. Nous savons qu'avec 40 kil. de fil on fabrique x' mètres de toile ayant $1^m,25$ de largeur; il s'agit de trouver combien de mètres on fabriquerait avec ces 40 kil. de fil, si la largeur était de $0^m,92$. La quantité de fil étant la même, nous pouvons en faire abstraction, et la question se réduit à ces termes simples : la largeur étant de $1^m,25$, on fabrique x' mètres de toile ; la largeur devenant $0^m,92$, combien en fabriquera-t-on ? Il est clair que, si la largeur est deux, trois..... fois plus grande, on aura une longueur deux, trois..... fois plus petite ; c'est donc une règle de trois inverse, et, si l'on désigne par x l'inconnue cherchée, on aura la proportion

$$0,92 \; : \; 1,25 \; :: \; x' \; : \; x.$$

Au moyen de la première proportion on pourrait calculer x' ; mettant cette valeur dans la seconde proportion, on calculerait ensuite x. Mais nous arriverons plus facilement au résultat en multipliant les deux proportions terme à terme, ce qui donne la nouvelle proportion

$$28,5 \times 0,92 \; : \; 40 \times 1,25 \; :: \; 120 \times x' \; : \; x' \times x;$$

divisant ensuite par x' les deux termes du second rapport, on obtient la proportion

$$28,5 \times 0,92 \; : \; 40 \times 1,25 \; :: \; 120 \; : \; x,$$

de laquelle on déduit immédiatement la valeur de l'inconnue cherchée x.

Afin que l'on puisse saisir d'un coup d'œil la série des raisonnements, nous les disposerons en tableau

Avec $28^k,5$ de fil, la toile ayant une largeur de 1.25, on fabrique 120^m,
Avec 40, ... 1,25, ... x', $28.5 : 40 :: 120 : x'$
Avec 40, ... 0,92, ... x, $0,92 : 1,25 :: x' : x$

$$28,5 \times 0,92 : 40 \times 1,25 :: 120 : x = \frac{120 \times 40 \times 1.25}{28.5 \times 0.92} = 228^m,8$$

247. Les questions sur l'intérêt de l'argent sont des règles de trois.

PROBLÈME VI. Quelle est la rente annuelle produite par un capital de $687^f,50$, placés à $4^f,25$ pour 100 par an ?

Les intérêts sont proportionnels aux capitaux ; si donc nous désignons par x l'intérêt cherché, nous aurons la proportion

$$100 \; : \; 687,50 \; :: \; 4,25 \; : \; x = 29^f,22.$$

Problème VII. A quel taux faut-il placer un capital de 5680 fr., pour qu'il produise une rente annuelle de 261^f,28?

Le taux, c'est l'intérêt de 100 francs dans un an. Si donc nous désignons par x le taux cherché, nous aurons la proportion

$$5680 \; : \; 100 \; :: \; 261,28 \; : \; x = 4^f,60.$$

Problème VIII. Quelle est la valeur actuelle d'un billet de 3780 francs, payable dans 90 jours, le taux de l'intérêt étant 6 pour 100 par an?

Un capital de 100 f. vaut, après 90 jours, $100 + \frac{6 \times 90}{360} = 101,50$. Un billet de 101^f,50, payable dans 90 jours, a donc une valeur actuelle de 100 fr. Or les valeurs actuelles sont proportionnelles aux valeurs nominales; en désignant par x la valeur actuelle cherchée, on a donc la proportion

$$101,50 \; : \; 3780 \; :: \; 1000 \; : \; x = 3728^f,08.$$

Partages proportionnels.

248. **Problème IX.** Partager le nombre 60 en trois parties proportionnelles aux trois nombres 3, 5, 7.

Appelons x, x' x'' les trois nombres cherchés; il s'agit de déterminer ces trois nombres de manière à ce que leur somme soit égale à 60, et que l'on ait les trois rapports égaux

$$x \; : \; 3 \; :: \; x' \; : \; 5 \; :: \; x'' \; : \; 7.$$

Nous savons que la somme des antécédents est à la somme des conséquents comme un antécédent quelconque à son conséquent; or la somme des antécédents est 60, la somme des conséquents est 15; en égalant le rapport de 60 à 15 à chacun des rapports proposés, on obtient les trois proportions

$$60 : 15 :: x : 3, \quad x = \frac{60 \times 3}{15} = 12,$$
$$60 : 15 :: x' : 5, \quad x' = \frac{60 \times 5}{15} = 20,$$
$$60 : 15 :: x'' : 7, \quad x'' = \frac{60 \times 7}{15} = 28,$$

qui déterminent les trois nombres cherchés.

Cette méthode est générale.

PROBLÈME X. Partager un nombre **A** en plusieurs autres proportionnels aux nombres a, a', a''.....

Désignant par x, x', x''......, ces différents nombres, on doit avoir

$$x : a :: x' : a' :: x'' : a'' :: \ldots\ldots$$

Appliquant le même théorème que précédemment, on obtient les proportions

$$A : a + a' + a'' + \ldots.. :: x : a, \quad x = \frac{A \times a}{a + a' + a'' + \ldots..}$$
$$A : a + a' + a'' + \ldots.. :: x' : a', \quad x = \frac{A \times a'}{a + a' + a'' + \ldots..}$$
$$\cdots \cdots \cdots \cdots \cdots$$

qui déterminent les nombres cherchés.

Si l'on emploie la forme de fraction, on écrira simplement

$$\frac{x}{a} = \frac{x'}{a'} = \frac{x''}{a''} = \ldots\ldots = \frac{A}{a + a' + a'' + \ldots..}$$

Vérification : la somme des nombres trouvés doit reproduire A.

249. PROBLÈME XI. Trois négociants se sont associés. Le premier a mis dans la société 12000 fr., le second 10500 fr., le troisième 7840 fr. A la fin de l'année, les bénéfices s'élèvent à 6375 fr. Partagez ce bénéfice en proportion des mises.

Appelons x, x' x'' les parts des trois associés. Les parts des trois associés doivent être entre elles dans le rapport de leurs mises respectives ; on doit donc avoir

$$x \; : \; x' \; :: \; 12000 \; : \; 10500,$$
$$x' \; : \; x'' \; :: \; 10500 \; : \; 7840,$$
$$x'' \; : \; x \; :: \; 7840 \; : \; 12000;$$

en changeant les moyens de place, ces proportions deviennent

$$x \; : \; 12000 \; :: \; x' \; : \; 10500,$$
$$x' \; : \; 10500 \; :: \; x'' \; : \; 7840,$$
$$x'' \; : \; 7840 \; :: \; x \; : \; 12000.$$

On a donc les rapports égaux

$$\frac{x}{12000} = \frac{x'}{10500} = \frac{x''}{7840} = \frac{6375}{30340},$$

et la question est un partage proportionnel.

PROBLÈME XII. Partager le nombre 150 en trois parties, de manière à ce que la seconde partie soit les $\frac{5}{6}$ de la première, et que la troisième ne soit que les $\frac{3}{8}$ de la seconde.

Appelons x, x', x'' ces trois parties, on doit avoir

$$x \; : \; x' \; :: \; 6 \; : \; 5,$$
$$x' \; : \; x'' \; :: \; 8 \; : \; 3;$$

multiplions par 8 les deux termes du rapport de 6 à 5, et par 5 lès deux termes du rapport de 8 à 3, et changeons ensuite les moyens de place, nous aurons les rapports égaux

$$\frac{x}{6 \times 8} = \frac{x'}{5 \times 8} = \frac{x''}{3 \times 5} = \frac{150}{103}.$$

250. PROBLÈME XIII. Un groupe de travailleurs, composé de 12 hommes, 15 femmes et 20 enfants, travaillant en commun, a gagné 1600 francs. Répartir cette somme de manière à ce que la part de chaque femme soit les $\frac{3}{5}$ de celle de chaque homme, et la part d'un enfant la moitié de celle d'une femme.

Appelons x la part d'un homme, x' celle d'une femme, x'' celle d'un enfant;

$$x \,:\, x' \,::\, 5 \,:\, 3,$$
$$x' \,:\, x'' \,::\, 2 \,:\, 1;$$

d'où, en raisonnant comme précédemment,

$$\frac{x}{5 \times 2} = \frac{x'}{3 \times 2} = \frac{x''}{3}, \quad \frac{x}{10} = \frac{x'}{6} = \frac{x''}{3}.$$

Les parts des hommes, des femmes et des enfants sont proportionnelles aux trois nombres 10, 6 et 3.

Actuellement multiplions les deux termes du premier rapport par 12, les deux termes du second par 15 et les deux termes du troisième par 20; puis ajoutons, d'une part, les antécédents, d'autre part, les conséquents, nous obtiendrons un rapport

$$\frac{x \times 12 + x' \times 15 + x'' \times 20}{10 \times 12 + 6 \times 15 + 3 \times 20}$$

égal aux proposés. Or l'antécédent est la somme à partager 1600 francs, le conséquent est égal à 270; donc finalement

$$\frac{x}{10} = \frac{x'}{6} = \frac{x''}{3} = \frac{1600}{270}.$$

Problème XIV. Trouver trois nombres proportionnels aux nombres 3, 5, 7, et tels que la somme de leurs carrés soit égale à 332.

En désignant ces trois nombres par x, x' et x'', nous avons

$$\frac{x}{3} = \frac{x'}{5} = \frac{x''}{7} = \frac{\sqrt{x^2 + x'^2 + x''^2}}{\sqrt{3^2 + 5^2 + 7^2}} = \frac{\sqrt{332}}{\sqrt{83}} = 2;$$

d'où

$$x = 6, \quad x' = 10, \quad x'' = 14.$$

CHAPITRE III

DES PROGRESSIONS ARITHMÉTIQUES

251. DÉFINITION. On appelle *progression arithmétique* une suite de nombres tels que la différence entre deux nombres consécutifs est constante. Cette différence se nomme *raison*.

La progression est *croissante*, lorsque les nombres qui la composent vont en croissant. Dans ce cas, chaque terme est égal au précédent augmenté de la raison.

Au contraire, la progression est *décroissante*, lorsque les nombres qui la composent vont en décroissant. Dans ce cas, chaque terme est égal au précédent diminué de la raison.

Voici deux progressions arithmétiques

$$\div\ 2\ .\ 5\ .\ 8\ .\ 11\ .\ 14\ .\ 17\ .\ 20,$$
$$\div\ 20\ .\ 17\ .\ 14\ .\ 11\ .\ 8\ .\ 5\ .\ 2,$$

l'une croissante, l'autre décroissante. La première s'énonce : *2 est à 5, comme 5 est à 8, comme 8 est à 11, comme 11 est à 14*, etc. La seconde s'énoncerait de la même manière. La raison est 2.

252. THÉORÈME I. *Dans une progression arithmétique, un terme de rang quelconque est égal au premier terme augmenté ou diminué de la raison répétée autant de fois qu'il y a de termes avant lui.*

Considérons d'abord une progression arithmétique croissante

$$\div\ 2\ .\ 5\ .\ 8\ .\ 11\ .\ 14\ .\ 17\ .\ 20.$$

Le second terme est égal au premier plus la raison,

$$5 = 2 + 3.$$

Le troisième terme est égal au second terme plus la raison, et par conséquent au premier plus deux fois la raison,

$$8 = 5 + 3 = 2 + 3 + 3 = 2 + 3 \times 2.$$

Le quatrième terme est égal au troisième plus la raison, et par conséquent au premier plus trois fois la raison,

$$11 = 8 + 3 = 2 + 3 + 3 + 3 = 2 + 3 \times 3,$$

et ainsi de suite.

Considérons maintenant une progression arithmétique décroissante

$$\div \; 20 \, . \, 17 \, . \, 14 \, . \, 11 \, . \, 8 \, . \, 5 \, . \, 2.$$

Le second terme 17 est égal au premier 20 moins la raison 3,

$$17 = 20 - 3.$$

Le troisième terme 14 est égal au second moins la raison, c'est-à-dire au premier moins deux fois la raison

$$14 = 17 - 3 = 20 - 3 - 3 = 20 - 3 \times 2.$$

Le quatrième terme 11 est égal au troisième moins la raison, c'est-à-dire au premier moins trois fois la raison,

$$11 = 14 - 3 = 20 - 3 - 3 - 3 = 20 - 3 \times 3,$$

et ainsi de suite.

253. INSÉRER ENTRE DEUX NOMBRES DONNÉS UN CERTAIN NOMBRE DE MOYENS ARITHMÉTIQUES. On appelle moyens arithmétiques insérés entre deux nombres donnés, des nombres qui forment une progression arithmétique dont les deux nombres donnés soient les deux extrêmes. La question revient évidemment à trouver la raison de la progression.

Soit à insérer cinq moyens arithmétiques entre les deux nombres 2 et 20. Nous savons que le dernier terme de la progression 20 est égal au premier 2, plus la raison répétée autant de fois qu'il y a de termes avant lui ; or le nombre des termés qui précèdent le dernier terme, c'est le nombre des moyens à insérer, plus un ; donc le dernier terme est égal au premier, plus six fois la raison. Du dernier terme retranchons le premier, la différence 18 est égale à six fois la raison ; en divisant cette différence par 6, nous obtenons la raison elle-même 3. Ainsi :

RÈGLE. *Pour trouver la raison de la progression, prenez la différence des deux nombres donnés, et divisez cette différence par le nombre des moyens à insérer plus un.*

Une fois qu'on connaît la raison de la progression, il est facile de former les moyens demandés ; en ajoutant la raison au plus petit des deux nombres donnés, on forme le premier moyen; en l'ajoutant à ce premier moyen on forme le second moyen, et ainsi de suite. On a donc la progression

$$\div 2 \ . \ 5 \ . \ 8 \ . \ 11 \ . \ 14 \ . \ 17 \ . \ 20.$$

254. THÉORÈME II. *Si entre tous les termes d'une progression arithmétique on insère le même nombre de moyens arithmétiques, toutes les progressions partielles ainsi formées composent une seule et même progression.*

En effet, puisqu'on insère le même nombre de moyens entre deux termes consécutifs de la progression et que la différence de ces deux termes est constante, la raison est la même dans toutes les progressions partielles ; d'autre part, comme le dernier terme de chaque progression partielle est le premier de la progression suivante, ces progressions partielles se continuent de manière à ne former qu'une seule et même progression.

255. THÉORÈME III. *Dans toute progression arithmétique, la* *somme de deux termes également éloignés des extrémités est constante et égale à la somme des extrêmes.*

Soit la progression

$$\div 2 \, . \, 5 \, . \, 8 \, . \, 11 \, . \, 14 \, . \, 17 \, . \, 20 \, . \, 23 \, . \, 26.$$

Considérons le second terme et l'avant-dernier. Le second terme 5 est égal au premier plus la raison; l'avant-dernier terme 23 est égal au dernier moins la raison; donc la somme $5 + 23$ est égale à la somme des extrêmes $2 + 26$.

Supprimons les deux extrêmes 2 et 26, il nous reste une progression qui commence à 5 et qui finit à 23. Nous pouvons répéter sur cette progression le même raisonnement, et nous en concluons que la somme $8 + 20$ est égale à $5 + 23$, et par conséquent à la somme des extrêmes $2 + 26$. Et ainsi de suite.

Remarque. La progression que nous avons prise pour exemple renferme un nombre impair de termes; il y a au milieu un terme 14 également distant des deux extrémités. Quand nous aurons supprimé progressivement d'un côté et de l'autre un nombre suffisant de termes, nous arriverons à la progression

$$\div 11 \, . \, 14 \, . \, 17.$$

Le terme 14 est égal d'une part à 11 plus la raison, d'autre part à 17 moins la raison; donc deux fois 14 est égal à la somme $11 + 17$ et par conséquent à la somme des extrêmes $2 + 26$. Ainsi, *quand la progression renferme un nombre impair de termes, deux fois le terme du milieu est égal à la somme des extrêmes.*

256. Somme des termes d'une progression arithmétique. Écrivons la progression proposée au-dessous d'elle-même, en sens inverse

$$\div \ 2 \, . \, 5 \, . \, 8 \, . \, 11 \, . \, 14 \, . \, 17 \, . \, 20 \, . \, 23 \, . \, 26,$$
$$\div 26 \, . \, 23 \, . \, 20 \, . \, 17 \, . \, 14 \, . \, 11 \, . \, 8 \, . \, 5 \, . \, 2;$$

nous remarquons que les deux termes qui se correspondent dans ces deux progressions sont des termes également distants des extrémités dans la première progresssion, et que par conséquent leur somme est constante et égale à la somme des extrêmes $2 + 26$; si donc on additionne les deux progressions terme à terme, la somme totale se composera de la somme des extrêmes $2 + 26$ répétée autant de fois qu'il y a de termes dans la progression proposée. Mais cette somme est le double de celle qu'on cherche. Donc

THÉORÈME IV. *La somme des termes d'une progression arithmétique est égale à la moitié du produit obtenu en multipliant la somme des extrêmes par le nombre des termes.*

Nous pouvons représenter par des formules les principales propriétés que nous venons de démontrer. Désignons par a, b, c,.... h, k, l, les termes successifs d'une progression arithmétique croissante

$$\div a \cdot b \cdot c \cdot \cdot \cdot \cdot \cdot \cdot h \cdot k \cdot l;$$

par n le nombre des termes, par r la raison, par s la somme des termes. On a

$$l = a + (n - 1)\, r,$$
$$s = \frac{(a + l) \times n}{2}.$$

APPLICATIONS. 1° Les nombres entiers consécutifs forment une progression arithmétique croissante dont la raison est l'unité. La somme des n premiers nombres entiers est

$$1 + 2 + 3 + \cdot \cdot , \cdot \cdot \cdot + n = \frac{(n + 1) \times n}{2}.$$

Par exemple, la somme des 20 premiers nombres entiers est égale à 210.

2° La suite des nombres impairs forme une progression arithmétique croissante dont la raison est 2 ; le n^{me} terme de la progression est égal à $2n - 1$. La somme des n premiers nombres impairs

$$1 + 3 + 5 + 7 + \ldots + (2n - 1) = \frac{2n \times n}{2} = n^2$$

est égale au carré de n.

Ainsi :

$$1 + 3 = 2^2, \quad 1 + 3 + 5 = 3^2, \quad 1 + 3 + 5 + 7 = 4^2, \text{ etc.}$$

CHAPITRE IV

PROGRESSIONS GÉOMÉTRIQUES

---

257. Définition. On appelle *progression géométrique* une suite de nombres tels, que chaque terme est égal à celui qui le précède multiplié par un nombre constant qui est la raison de la progression.

La progression est croissante ou décroissante, suivant que la raison est plus grande ou plus petite que l'unité. Voici deux progressions géométriques,

$$\div\ 2 : 6 : 18 : 54 : 162 : 486 : 1458$$
$$\div\ 54 : 18 : 6 : 2 : \tfrac{2}{3} : \tfrac{2}{9} : \tfrac{2}{27} : \tfrac{2}{81},$$

l'une croissante, l'autre décroissante. La raison de la première est 3, celle de la seconde est $\tfrac{1}{3}$.

258. Théorème I. *Dans une progression géométrique, un terme de rang quelconque est égal au premier terme multiplié par la raison élevée à une puissance marquée par le nombre des termes qui précèdent.*

Considérons la progression

$$\div\ 2 : 6 : 18 : 54 : 162 : 486 : 1458.$$

Le second terme 6 est égal au premier multiplié par la raison,

$$6 = 2 \times 3.$$

Le troisième terme est égal au second multiplié par la raison, et par conséquent au premier multiplié par la seconde puissance de la raison,

$$18 = 6 \times 3 = 2.3.3 = 2 \times 3^2.$$

Le quatrième terme est égal au troisième multiplié par la raison, et par conséquent au premier multiplié par la troisième puissance de la raison,

$$54 = 18 \times 3 = 2.3.3.3 = 2 \times 3^3,$$

et ainsi de suite.

259. Insérer entre deux nombres donnés un certain nombre de moyens géométriques. On appelle moyens géométriques insérés entre deux nombres donnés, des nombres qui forment une progression géométrique dont les deux nombres donnés soient les deux extrêmes. La question revient évidemment à trouver la raison de la progression.

Soit à insérer cinq moyens géométriques entre les 2 nombres 2 et 1458. Nous savons que le dernier terme de la progression 1458 est égal au premier 2 multiplié par la raison élevée à une puissance marquée par le nombre des termes qui précèdent; or le nombre des termes qui précèdent le dernier terme, c'est le nombre des moyens à insérer, plus un; donc le dernier terme est égal au premier multiplié par la sixième puissance de la raison. Si nous divisons 1458 par 2, le quotient 729 est la sixième puissance de la raison; en extrayant la racine sixième de 729, nous obtenons la racine elle-même 3. Ainsi :

Règle. *Pour trouver la raison de la progression, divisez le dernier terme par le premier, et extrayez du quotient une racine ayant pour indice le nombre des moyens à insérer, plus un.*

Une fois qu'on connaît la raison de la progression, il est facile de former les moyens demandés. En multipliant le premier nombre par la raison, on forme le premier moyen; en multipliant ce premier moyen par la raison, on forme le second moyen, et ainsi de suite. On a donc la progression

$$\div 2 : 6 : 18 : 54 : 162 : 486 : 1458.$$

260. Théorème II. *Si entre tous les termes d'une progression géométrique on insère le même nombre de moyens géométriques, toutes les progressions partielles ainsi obtenues composent une seule et même progression.*

En effet, puisqu'on insère le même nombre de moyens entre deux termes consécutifs de la progression, et que le quotient de ces deux termes est constant, la raison sera la même dans toutes les progressions partielles. D'autre part, comme le dernier terme de chaque progression partielle est le premier de la progression suivante, ces progressions partielles se continuent de manière à ne former qu'une seule et même progression.

261. Théorème III. *Dans toute progression géométrique, le produit de deux termes également distants des extrémités est constant et égal au produit des extrêmes.*

Soit la progression

$$\div\ 2 : 6 : 18 : 54 : 162 : 486 : 1458 : 4374 : 13122.$$

Considérons le second terme et l'avant-dernier. Le second terme 6 est égal au premier multiplié par la raison, l'avant-dernier terme 4374 est égal au dernier divisé par la raison ; donc le produit 6×4374 est égal au produit des extrêmes 2×13122.

Supprimons les deux extrêmes 2 et 13122, il nous reste une progression qui commence à 6 et finit à 4374. Nous pouvons répéter sur cette progression le même raisonnement, et nous en concluons que le produit 18×1458 est égal au produit 6×4374, et par conséquent au produit des extrêmes 2×13122. Et ainsi de suite.

Remarque. La progression que nous avons prise pour exemple renferme un nombre impair de termes ; il y a au milieu un terme 162 également distant des deux extrémités. Quand nous aurons supprimé progressivement d'un côté et de l'autre un nombre suffisant de termes, nous arriverons à la progression

$$\div\ 54 : 162 : 486.$$

Le terme 162 est égal, d'une part, à 54 multiplié par la raison, d'autre part à 486 divisé par la raison; donc le carré de 162 est égal au produit de 54×486, et par conséquent au produit des extrêmes 2×13122. Ainsi, *quand la progression renferme un nombre impair de termes, le carré du terme du milieu est égal au produit des extrêmes.*

262. PRODUIT DES TERMES D'UNE PROGRESSION GÉOMÉTRIQUE. Écrivons la progression proposée au-dessous d'elle-même, en sens inverse

$$\div\ \ 2\ :\ 6\ :\ 18\ :\ 54\ :\ 162 : 486 : 1458 : 4374 : 13122$$
$$\div\ 13122 : 4374 : 1458 : 486 : 162 : 54\ :\ 18\ :\ 6\ :\ 2\ .$$

Nous remarquons que les deux termes qui se correspondent dans ces deux progressions sont des termes également distants des extrêmes dans la première progression, et que par conséquent leur produit est constant et égal au produit des extrêmes 2×13122. Si donc on fait le produit de tous les termes des deux progressions considérés comme autant de facteurs, on aura autant de facteurs, égaux chacun au produit des extrêmes, qu'il y a de termes dans la progression ; le produit final sera donc la neuvième puissance du produit des extrêmes. Mais, puisqu'on a pris chaque terme deux fois comme facteur, ce produit est égal au carré du produit des termes de la progression proposée ; on aura donc le produit demandé, **en extrayant la racine carrée du résultat.**

THÉORÈME IV. *On obtient le produit des termes d'une progression géométrique en faisant le produit des extrêmes, élevant ce produit à une puissance marquée par le nombre des termes, et extrayant la racine carrée du résultat.*

263. Si l'on désigne par a, b, c.......h, k, l les termes successifs d'une progression géométrique

$$\div\ a : b : c : \ldots\ldots\ldots : h : k : l,$$

par r la raison, par n le nombre des termes, et par P le produit de tous les termes, on a

$$l = a \times r^{n-1}, \quad P = \sqrt{(a \times l)^n}.$$

Si dans l'expression du produit nous remplaçons le dernier terme l par sa valeur, nous trouvons

$$P = \sqrt{(a^2 \times r^{n-1})^n} = \sqrt{a^{2n} . r^{n(n-1)}} = a^n \times r^{\frac{n(n-1)}{2}}.$$

On demande, par exemple, le produit des sept premiers termes de la progression géométrique dont le premier terme est 5 et la raison 2.

$$\div\ 5\ \vdots\ 10\ \vdots\ 20\ \vdots\ 40\ \vdots\ \ldots\ldots\ldots$$

En appliquant la seconde formule, nous trouvons

$$P = 5^7 \times 2^{21} = 2^{14} \times 10^7 = 163840000000.$$

264. THÉORÈME V. *Lorsque la raison d'une progression géométrique est plus grande que l'unité, les termes vont en croissant et deviennent plus grands que toute quantité donnée.*

1° Considérons d'abord la progression formée par les puissances successives de la raison

$$\div\ 1\ \vdots\ r\ \vdots\ r^2\ \vdots\ r^3\ \vdots\ r^4\ \vdots\ \ldots\ldots$$

Puisque la raison est supposée plus grande que l'unité, nous la représenterons par $1 + \alpha$. Appelons g un terme quelconque, le suivant h est

$$h = g \times (1 + \alpha) = g + g \times \alpha;$$

il surpasse le précédent d'une quantité égale à $g \times \alpha$; mais cette quantité est plus grande que α, puisque le terme g est plus grand que le premier terme ou l'unité; ainsi l'excès de chaque terme sur le précédent est plus grand que la quantité constante α. Donc les termes de la progression géométrique

$$\div\ 1\ :\ (1+\alpha)\ :\ (1+\alpha)^2\ :\ (1+\alpha)^3\ :\ (1+\alpha)^4\ :\ \ldots\ldots$$

croissent plus rapidement que les termes de la progression arithmétique

$$\div\ 1\ .\ 1+\alpha\ .\ 1+2\alpha\ .\ 1+3\alpha\ .\ 1+4\alpha\ .\ \ldots\ldots\ldots$$

Comme les deux premiers termes sont les mêmes, il en résulte qu'à partir du second, chaque terme de la progression géométrique est plus grand que le terme correspondant de la progression arithmétique.

En comparant les termes de rang $m+1$, on a

$$(1+\alpha)^m > 1+m\alpha.$$

Or on peut prendre m assez grand pour que le terme $1+m\alpha$ de la progression arithmétique devienne plus grand que toute quantité donnée A, quelque grande qu'elle soit ; en effet, pour rendre $1+m\alpha$ plus grand que A, ou $m\alpha$ plus grand que A — 1, il suffit de prendre pour m le nombre entier immédiatement supérieur au quotient $\dfrac{A-1}{\alpha}$. Le terme correspondant de la progression géométrique sera à plus forte raison plus grand que la quantité A.

2° En désignant par a le premier terme et par r la raison, une progression géométrique peut toujours se mettre sous la forme

$$\div\ a\ :\ a\times r\ :\ a\times r^2\ :\ a\times r^3\ :\ a\times r^4\ :\ \ldots\ldots$$

Les différents termes de la progression sont égaux au premier terme multiplié par les puissances successives de la raison ; le $m+1^e$ terme est $a\times r^m$. Nous voulons déterminer m de manière à ce que ce terme devienne plus grand que A. Pour que $a\times r^m$ soit plus grand que A, il faut que r^m soit plus grand que $\dfrac{A}{a}$; en posant $r = 1 + \alpha$, nous prendrons donc pour m le nombre entier immédiatement supérieur à $\dfrac{\frac{A}{a} - 1}{\alpha}$.

265. THÉORÈME VI. *Lorsque la raison d'une progression géométrique est plus petite que l'unité, les termes vont en décroissant et deviennent plus petits que toute quantité donnée.*

La raison, étant plus petite que l'unité, peut se mettre sous la forme $r = \dfrac{1}{1+\alpha}$. Nous voulons que le terme $a \times r^m$ ou $\dfrac{a}{(1+\alpha)^m}$ soit plus petit que la quantité $\dfrac{1}{A}$; il faut que $\dfrac{(1+\alpha)^m}{a}$ soit plus grand que A, ou que $(1+\alpha)^m$ plus grand que $A \times a$. Nous prendrons donc pour m le nombre entier immédiatement supérieur à $\dfrac{A \times a}{\alpha}$

266. SOMME DES TERMES D'UNE PROGRESSION GÉOMÉTRIQUE. Soit une progression géométrique

$$\div a : b : c : \ldots\ldots : h : k : l.$$

Désignons par S la somme des termes

$$S = a + b + c + \ldots\ldots + h + k + l.$$

Multiplions par la raison toutes les parties de cette somme, et par conséquent la somme elle-même; en observant que chaque terme multiplié par la raison donne le terme suivant, nous aurons

$$S \times r = b + c + d + \ldots\ldots + k + l + l \times r.$$

1° Si la raison est plus grande que l'unité, le produit $S \times r$ est plus grand que S; de la première quantité retranchons la seconde

$$
\begin{aligned}
S \times r &= \phantom{a +{}} b + c + \ldots\ldots + k + l + l \times r \\
S &= a + b + c + \ldots\ldots + k + l
\end{aligned}
$$

$$S \times r - S = l \times r - a.$$

Tous les termes se retranchent, excepté le premier. Du produit

.de S par r, nous avons retranché la quantité S elle-même; la différence est le produit de S par $r-1$; nous obtiendrons la somme cherchée S en divisant la différence par $r-1$. Ainsi :

$$S = \frac{l \times r - a}{r - 1}.$$

THÉORÈME VII. *On obtient la somme des termes d'une progression géométrique croissante en multipliant le dernier terme par la raison, retranchant le premier terme, et divisant la différence par la raison diminuée d'une unité.*

2° Si la raison est plus petite que l'unité, le produit $S \times r$ étant plus petit que S, nous retrancherons la première quantité de la seconde

$$\begin{aligned}
S &= a + b + c + \ldots + k + l \\
S \times r &= \phantom{a + {}} b + c + \ldots + k + l + l \times r \\
\hline
S - S \times r &= a - l \times r.
\end{aligned}$$

Tous les termes se retranchent, excepté le dernier. De la quantité S, nous avons retranché le produit de cette quantité par une fraction r, la différence est égale au produit de S par la fraction $1-r$; nous obtiendrons la somme cherchée S en divisant la différence par $1-r$. Ainsi :

$$S = \frac{a - l \times r}{1 - r}.$$

THÉORÈME VIII. *On obtient la somme des termes d'une progression géométrique décroissante, en retranchant du premier terme le produit du dernier terme par la raison, et divisant la différence par l'unité moins la raison.*

267. En désignant par n le nombre des termes, et remplaçant par sa valeur $l = a \times r^{n-1}$, les deux formules précédentes deviennent

$$\textit{Progression croissante} \quad S = \frac{a \times r^n - a}{r - 1} = \frac{a \times (r^n - 1)}{r - 1},$$

$$\textit{Progression décroissante} \quad S = \frac{a - a \times r^n}{1 - r} = \frac{a \times (1 - r^n)}{1 - r}.$$

On demande, par exemple, la somme des dix premiers termes de la progression

$$\div \; 1 : 2 : 4 : 8 : \ldots \ldots \ldots$$

$$S = \frac{1 \times (2^{10} - 1)}{2 - 1} = 2^{10} - 1 = 255.$$

268. La somme des termes d'une progression géométrique décroissante $\div \; a : b : c : d : \ldots \ldots$ peut s'écrire

$$S = \frac{a}{1 - r} - \frac{l \times r}{1 - r} = \frac{a}{1 - r} - l \times \frac{r}{1 - r}.$$

Supposons que l'on prenne un nombre de termes de plus en plus grand, la somme augmente, mais en restant toujours plus petite que la quantité $\frac{a}{1 - r}$. Nous avons démontré d'ailleurs que le dernier terme l devenait plus petit que toute quantité donnée ; le produit $l \times \frac{r}{1 - r}$ de ce dernier terme par la quantité constante $\frac{r}{1 - r}$ devient aussi plus petit que toute quantité donnée ; donc, si on prolonge la progression indéfiniment, la somme des termes s'approche de la quantité fixe $\frac{a}{1 - r}$, de manière à ce que la différence devienne plus petite que toute quantité donnée. Ainsi :

THÉORÈME IX. *La somme des termes d'une progression géométrique décroissante à l'infini a pour limite le premier terme divisé par l'unité moins la raison.*

En appliquant ce théorème à la progression géométrique décroissante

$$\div \; \tfrac{1}{2} : \tfrac{1}{4} : \tfrac{1}{8} : \tfrac{1}{16} : \ldots \ldots$$

dont la raison est $\tfrac{1}{2}$, nous trouvons que la somme des termes tend vers une limite égale à l'unité.

269. APPLICATION AUX FRACTIONS DÉCIMALES PÉRIODIQUES. Les fractions décimales périodiques ne sont autre chose que des progressions géométriques décroissantes. Par exemple, la fraction décimale périodique simple

$$0,35353535\ldots\ldots$$

peut s'écrire

$$\frac{35}{100} + \frac{35}{10000} + \frac{35}{1000000} + \cdot\cdot\cdot\cdot\cdot;$$

c'est une progression géométrique décroissante dont la raison est $\frac{1}{100}$. D'après le théorème précédent, la somme des termes tend vers la limite

$$\frac{\frac{35}{100}}{1 - \frac{1}{100}} = \frac{\frac{35}{100}}{\frac{99}{100}} = \frac{35}{99}.$$

Cette limite est ce qu'on appelle la valeur de la fraction décimale.

CHAPITRE V

Préliminaires.

270. Considérons deux progressions, l'une géométrique commençant par l'unité, l'autre arithmétique commençant par 0,

$$\div\ 1\ :\ 3\ :\ 9\ :\ 27\ :\ 81\ :\ 243\ :\ 729\ :\ 2187\ :\ 6561\ ;\ \dots$$
$$\div\ 0\ .\ 2\ .\ 4\ .\ 6\ .\ 8\ .\ 10\ .\ 12\ ,\ 14\ .\ 16\ .\ \dots$$

Si nous désignons généralement par a la raison de la première et par b celle de la seconde, ces deux progressions se mettent sous la forme

$$\div\ 1\ :\ a\ :\ a^2\ :\ a^3\ :\ a^4\ :\ a^5\ :\ a^6\ :\ a^7\ :\ a^8\ :\ \dots$$
$$\div\ 0\ .\ b\ .\ 2b\ .\ 3b\ .\ 4b\ .\ 5b\ .\ 6b\ .\ 7b\ .\ 8b\ .\ \dots$$

Nous remarquons que les termes de la progression arithmétique sont les multiples successifs de la raison, et que les termes de la progression géométrique sont les puissances successives de la raison.

Nous avons disposé ces deux progressions de manière à ce que les termes qui occupent le même rang soient placés l'un au-dessous de l'autre; nous voyons que, dans deux termes correspondants, par exemple, a^5 et $5b$, le même nombre 5 sert d'exposant et de multiplicateur.

271. Multiplions l'un par l'autre deux termes de la progression géométrique; multiplions, par exemple, a^3 par a^5; il faut ajouter les exposants 3 et 5; le produit a^8 est aussi un terme de la progression géométrique. Additionnons les deux termes correspondants $5b$ et $3b$ de la progression arithmétique; il faut ajouter 3 fois b à 5 fois b; la somme $8b$ est aussi un terme de la progression arithmétique. On voit que l'exposant du produit a^8 est égal au multiplicateur de la somme $8b$; donc *le produit et la somme se correspondent dans les deux progressions.*

Cette propriété est générale; car si nous multiplions deux termes quelconques a^m et a^n de la progression géométrique, et si nous additionnons les deux termes correspondants $b \times m$ et $b \times n$ de la progression arithmétique, nous obtenons un produit a^{m+n} et une somme $b \times (m+n)$, qui se correspondent évidemment dans les deux progressions.

272. Divisons l'un par l'autre deux termes de la progression géométrique; divisons, par exemple, a^8 par a^5; il faut retrancher l'exposant du diviseur de celui du dividende; le quotient a^3 est aussi un terme de la progression géométrique. Prenons la différence entre les termes correspondants $8b$ et $5b$ de la progression arithmétique; il faut retrancher 5 fois b de 8 fois b; la différence $3b$ est aussi un terme de la progression arithmétique. On voit que l'exposant du quotient a^3 est égal au multiplicateur de la différence $3b$, donc *le quotient et la différence se correspondent dans les deux progressions.*

Divisons généralement a^m par a^n (m étant supposé plus grand que n), et retranchons $b \times n$ de $b \times m$; le quotient a^{m-n} et la différence $b \times (m-n)$ se correspondent dans les deux progressions.

273. Élevons à une certaine puissance un terme de la progression géométrique; élevons, par exemple, le terme a^4 à la troisième puissance; il faut multiplier l'exposant par l'indice de la puissance; la puissance a^{12} est aussi un terme de la progression géométrique. Multiplions par 3 le terme correspondant $4b$ de la progression arithmétique; le produit $12b$ est aussi un terme de la progression arithmétique. On voit que l'exposant de la puissance a^{12} est égal au multiplicateur du produit $12b$; donc *la puissance et le produit se correspondent dans les deux progressions.*

Élevons généralement à la puissance n un terme quelconque a^m de la progression géométrique, et multiplions par n le terme correspondant $b \times m$ de la progression arithmétique; la puissance $a^{m \times n}$ et le produit $b \times (m \times n)$ se correspondent dans les deux progressions.

274. Extrayons la racine d'un terme de la progression géométrique; extrayons, par exemple, la racine troisième de a^{12}; il faut diviser l'exposant par l'indice de la racine (nous supposons cette division possible); la racine a^4 est aussi un terme de progression géométrique. Divisons par 3 le terme correspondant $12b$ de la progression arithmétique; le quotient $4b$ est aussi un terme de la progression arithmétique. On voit que l'exposant de la racine a^4 est égal au multiplicateur du quotient $4b$; donc *la racine et le quotient se correspondent dans les deux progressions.*

275. L'arithmétique apprend à effectuer six opérations sur les nombres : trois opérations directes et trois opérations inverses. Les trois opérations directes sont : l'addition, la multiplication et l'élévation aux puissances; l'opération fondamentale est l'addition; la multiplication est l'addition de plusieurs nombres égaux; la puissance est le produit de plusieurs facteurs égaux. Les trois opérations inverses sont : la soustraction, la division et l'extraction des racines; la soustraction est l'opération inverse de l'addition; la division est l'opération inverse de la multiplication; l'extraction des racines est l'opération inverse de l'élévation aux puissances.

Les six opérations que nous venons d'énumérer constituent les trois ordres du tableau suivant :

	Opérations directes.	**Opérations inverses.**
PREMIER ORDRE. .	*Addition.*	*Soustraction.*
SECOND ORDRE. .	*Multiplication.* . . .	*Division.*
TROISIÈME ORDRE.	*Élév. aux puissances.*	*Extract. des racines.*

Chaque ordre comprend une opération directe et une opération inverse. Les opérations du premier ordre s'effectuent facilement et avec rapidité; celles du second ordre sont déjà plus longues et plus difficiles; enfin celles du troisième ordre deviennent très-longues et très-pénibles.

276. Les relations que nous venons d'étudier entre deux progressions, l'une géométrique, l'autre arithmétique, permettent de remplacer les opérations à effectuer sur les nombres par d'autres opérations plus simples. On veut, par exemple, multiplier les deux nombres 27 et 243, qui appartiennent à la progression géométrique; additionnons les deux termes correspondants 6 et 10 de la progression arithmétique, nous trouvons 16; regardons maintenant quel est le terme de la progression géométrique qui correspond à cette somme 16, c'est 6561; puisque le produit et la somme se correspondent, le produit cherché est 6561.

Diviser 6561 par 243. De 16 retranchons 10, il reste 6; à 6 correspond 27; le quotient demandé est 27.

Élever 81 au carré. Au terme 81 de la progression géométrique correspond le terme 8 dans la progression arithmétique; multiplions 8 par 2, le produit est 16; à 16 correspond dans la progression géométrique le terme 6561. Le carré demandé est 6561.

Extraire la racine carrée de 6561. A ce nombre correspond 16; divisons 16 par 2, le quotient est 8; à 8 correspond 81; la racine cherchée est 81.

De cette manière, une *multiplication* à effectuer sur les nombres de la progression géométrique est remplacée par une *addition* à effectuer sur les termes correspondants de la progression arithmétique. Une *division* est remplacée par une *soustraction;* une *élévation* aux puissances par une multiplication; une *extraction* de racine par une division. En un mot, les opérations du second ordre sont remplacées par celles du premier ordre; celles du troisième ordre par celles du second ordre. Telle est l'origine de la théorie des logarithmes.

Définition des logarithmes.

277. Étant données deux progressions, l'une géométrique commençant par l'unité, l'autre arithmétique commençant par 0,

$$\div\ 1 : a : a^2 : a^3 : a^4 : \ldots\ldots$$
$$\div\ 0 . b . 2b . 3b . 4b \ldots\ldots;$$

les termes de la progression arithmétique sont dits les *logarithmes* des termes correspondants de la progression géométrique. L'ensemble de ces deux progressions constitue un *système* de logarithmes.

Les deux progressions par lesquelles on définit les logarithmes dont on fait habituellement usage, et qu'on appelle pour cette raison *logarithmes vulgaires*, sont les suivantes

$$\div\ 1 : 10 : 100 : 1000 : \ldots\ldots$$
$$\div\ 0 . 1 . 2 . 3 \ldots\ldots$$

dans ce système le logarithme de 10 est 1, celui de 100 est 2, etc.

Nous supposerons en général que la raison a de la progression géométrique est plus grande que l'unité ; de cette manière les termes de la progression géométrique vont en augmentant et deviennent plus grands que toute quantité donnée ; d'ailleurs les logarithmes vont aussi en augmentant.

277 bis. D'après la définition que nous venons de donner, les nombres qui font partie de la progression géométrique ont seuls des logarithmes ; il est donc nécessaire d'étendre cette définition à tous les autres nombres. Concevons que l'on insère entre deux termes consécutifs de la progression géométrique proposée un très-grand nombre de moyens géométriques, nous formerons une nouvelle progression géométrique qui renfermera une multitude de nombres. Si, par exemple, nous avons inséré mille moyens géométriques entre deux termes consécutifs, la nouvelle progression renfermera mille nombres compris entre 1 et 10, mille entre 10 et 100, etc. Insérons le même nombre de moyens arithmétiques entre deux termes consécutifs de la progression arithmétique, nous formerons une nouvelle progression arithmétique qui nous donnera les *logarithmes* de tous les nombres inscrits dans la nouvelle progression géométrique.

278. Afin de donner à cette définition toute la précision désirable, il est nécessaire d'entrer dans quelques développements. Comme le nombre des moyens insérés est arbitraire, il faut examiner d'abord si les diverses progressions obtenues de la sorte donnent pour le même nombre le même logarithme.

Supposons que l'on ait inséré entre les termes consécutifs des progressions proposées, d'une part $n-1$ moyens, d'autre part $n'-1$ moyens, et formé ainsi deux couples de progressions nouvelles, l'une géométrique, l'autre arithmétique. La raison de la première progression arithmétique est $\frac{b}{n}$, celle de la seconde $\frac{b}{n'}$. Si nous insérons ensuite $n'-1$ moyens entre les termes consécutifs des premières progressions, ou bien $n-1$ entre les termes des secondes, les raisons des progressions arithmétiques deviennent $\frac{b}{n \times n'}$, ou $\frac{b}{n' \times n}$; nous arrivons ainsi aux mêmes progressions, celles qu'on aurait obtenues en insérant directement $n \times n' - 1$ moyens entre les termes des progressions proposées, et les deux couples de progressions que nous comparons peuvent être considérés comme faisant partie de ces nouvelles progressions.

Appelons P un terme de la première progression géométrique, p le terme correspondant de la première progression arithmétique, P' un terme de la seconde progression géométrique, p' le terme correspondant de la seconde progression arithmétique, il résulte de ce qui précède : 1° Si P' est égal à P, p' sera égal à p; car, dans le troisième couple, P' se confondant avec P, p' se confondra avec p; 2° Si P' est plus grand que P, p' sera plus grand que p; car, dans le troisième couple, P' venant après P, p' viendra après p.

Ainsi, *quels que soient les nombres de moyens insérés entre les termes consécutifs des deux progressions proposées, les diverses progressions obtenues de la sorte donnent : 1° pour un même nombre, le même logarithme ; 2° pour un nombre plus grand, un logarithme plus grand.*

279. LOGARITHMES COMMENSURABLES. Lorsqu'on insère $n - 1$ moyens entre les termes consécutifs des progressions proposées, on forme deux progressions nouvelles, l'une géométrique, dont la raison a' est égale à $\sqrt[n]{a}$, l'autre arithmétique, dont la raison b' est égale à $\dfrac{b}{n}$;

$$\div\; 1 \,:\, a' \,:\, a'^2 \,:\, a'^3 \,:\, a'^4 \,:\, \ldots\ldots$$
$$\div\; 0 \,.\, b' \,.\, 2b' \,.\, 3b' \,.\, 4b' \,\ldots\ldots$$

Un terme quelconque de la progression géométrique, étant une puissance de la raison, sera représenté par a'^m ou $\left(\sqrt[n]{a}\right)^m$ ou $\sqrt[n]{a^m}$; le terme correspondant de la progression arithmétique, étant un multiple de la raison, sera $b' \times m$ ou $\dfrac{b \times m}{n}$. Il en résulte que, par l'insertion d'un nombre convenable de moyens, nous obtiendrons les logarithmes de tous les nombres qui peuvent se mettre sous la forme $\sqrt[n]{a^m}$, et que nous n'obtiendrons jamais les logarithmes des nombres qui ne peuvent pas se mettre sous cette forme.

Afin de mieux fixer les idées à cet égard, considérons le système des logarithmes vulgaires ; dans ce système, un terme quelconque de la progression géométrique sera de la forme $\sqrt[n]{10^m}$ et aura pour logarithme $\dfrac{m}{n}$. Soit A l'un de ces nombres, $A = \sqrt[n]{10^m}$; en élevant à la puissance n, on a $A^n = 10^m$; il est impossible d'abord que A soit un nombre commensurable fractionnaire, car sa puissance étant fractionnaire ne serait pas égale à un nombre entier 10^m ; d'autre part, parmi les nombres entiers il n'y a que les puissances de 10 qui, élevées à une certaine puissance, donnent une puissance de 10. Ainsi, *dans le système vulgaire, les puissances de 10 sont les seuls nombres commensurables qui aient des logarithmes commensurables;* tout autre nombre entier, comme 2, 5, 40, ne fera jamais partie de la progression géométrique, quel que soit le nombre des moyens insérés.

289. LOGARITHMES INCOMMENSURABLES. Lorsqu'un nombre donné A ne peut faire partie de la progression géométrique, nous définirons son logarithme par une limite, comme nous avons fait pour les racines incommensurables. Insérons $n-1$ moyens et désignons par P et Q les deux termes consécutifs de la progression géométrique qui comprennent A, et par p et q les deux termes correspondants de la progression arithmétique. Si nous donnons à n des valeurs n', n'', n'''……. de plus en plus grandes, nous formerons deux séries de logarithmes

$$
\begin{array}{cc}
p' & q' \\
p'' & q'' \\
p''' & q''' \\
\cdots & \cdots
\end{array}
$$

qui tendent vers une limite commune; c'est cette limite que nous appellerons le logarithme de A.

Nous démontrons l'existence de la limite en observant : 1° que chacun des nombres de la première série est plus petit que chacun de ceux de la seconde; par exemple p'', logarithme d'un nombre plus petit que A, est plus petit que q', logarithme d'un nombre plus grand que A ; 2° Que la différence $q-p$ devient aussi petite qu'on veut ; car cette différence, raison de la progression arithmétique, est égale à $\frac{b}{n}$, et devient par conséquent plus petite que toute quantité donnée, quand on insère un nombre de moyens suffisamment grand.

281. Nous avons vu immédiatement que la différence entre deux termes consécutifs de la progression arithmétique pouvait être rendue plus petite que toute quantité donnée. Nous allons démontrer qu'il en est de même pour la progression géométrique. Supposons, pour fixer les idées, que le nombre A soit compris entre 1 et 10; quand on a inséré $n - 1$ moyens, il est compris entre deux termes consécutifs P et Q; le terme Q étant égal au précédent multiplié par la raison, on a

$$Q = P \times \sqrt[n]{a},$$
$$Q - P = P \times \sqrt[n]{a} - P = P \times (\sqrt[n]{a} - 1).$$

Le terme P étant plus petit que 10, la différence $Q - P$ est aussi petite que $10 \times (\sqrt[n]{a} - 1)$. Pour rendre cette différence plus petite qu'une quantité donnée B, il suffit évidemment de rendre $\sqrt[n]{a} - 1$ plus petite que le quotient $\frac{B}{10}$ que je représente par α;

il suffit pour cela de rendre $\sqrt[n]{a}$ plus petite que $1 + \alpha$, ou, ce qui est la même chose, $1 + \alpha$ plus grande que $\sqrt[n]{a}$. Mais il est évident que, si la quantité $1 + \alpha$, élevée à la n^e puissance, surpasse a, cette quantité surpasse elle-même $\sqrt[n]{a}$; la question revient donc à déterminer n de manière à ce que la puissance $(1 + \alpha)^n$ soit plus grande qu'une quantité donnée a; or nous avons démontré qu'on peut toujours prendre n assez grand pour que ceci ait lieu.

Si donc nous considérons les deux séries de nombres

$$P', \ P'', \ P''', \ \ldots \ldots \ A, \ \ldots \ldots \ Q''', \ Q'', \ Q'$$

entre lesquels nous avons compris A; puisque la différence $Q - P$ devient aussi petite qu'on veut, ces deux séries ont une limite, et cette limite est A.

Ainsi, en résumé, *le logarithme d'un nombre qui ne fait pas partie de la progression géométrique est la limite des logarithmes des termes de la progression dont le nombre donné est la limite.*

Remarquons comme conséquence que deux nombres différents ne peuvent avoir même logarithme. Soit **B** un nombre plus petit que A; une fois que la différence Q—P sera plus petite que A—B, le nombre P sera nécessairement plus grand que B; le logarithme de A étant plus grand que p, celui de B étant plus petit que p, ces deux logarithmes diffèrent nécessairement.

Propriétés fondamentales des logarithmes.

282. Théorème I. *Le logarithme d'un produit est égal à la somme des logarithmes des facteurs.*

Ce théorème a été déjà démontré pour deux nombres qui appartiennent à la même progression géométrique.

Si les deux nombres appartiennent, l'un à la progression donnée par l'insertion de $n-1$ moyens, l'autre à la progression donnée par l'insertion de $n'-1$ moyens, nous avons vu que ces deux progressions faisaient partie de la progression donnée par l'insertion de $n \times n'-1$ moyens. On retombe ainsi dans le cas précédent.

Considérons maintenant le produit de deux nombres A et B qui ne font pas partie des progressions géométriques. Chacun d'eux est la limite de deux séries de nombres appartenant aux progressions

$$P', \; P'', \; P''', \ldots \ldots A, \ldots \ldots Q''', \; Q'', \; Q',$$
$$R', \; R'', \; R''', \ldots \ldots B, \ldots \ldots S''', \; S'', \; S'.$$

Le produit $A \times B$ étant la limite des deux séries

$$P' \times R', \; P'' \times R'', \; P''' \times R'''\ldots \; A \times B, \; \ldots Q''' \times S''', \; Q'' \times S'', \; Q' \times S',$$

d'après ce que nous avons dit, le logarithme du nombre $A \times B$ sera la limite des logarithmes des nombres qui le comprennent; or $\log (P \times R) = \log P + \log R$; donc $\log (A \times B)$ est la limite des deux séries

$$\log P' + \log R', \; \log P'' + \log R'', \ldots \; \ldots \log Q'' + \log S'', \; \log Q' + \log S'.$$

Mais cette double série provient de l'addition des doubles séries

$$\log P', \ \log P'', \ldots \ldots \ \log A, \ \ldots \ldots \ \log Q'', \ \log Q'$$
$$\log R', \ \log R'', \ldots \ldots \ \log B, \ \ldots \ldots \ \log S'', \ \log S'$$

qui ont pour limites, l'une log A, l'autre log B ; donc cette double série a aussi pour limite log A $+$ log B. Ainsi les deux quantités log $(A \times B)$ et log A $+$ log B sont toutes deux égales à la limite des deux mêmes séries, et par conséquent elles sont égales entre elles ;

$$\log (A \times B) = \log A + \log B.$$

Ce théorème s'étend évidemment à un nombre quelconque de facteurs.

283. Théorème II. *Le logarithme d'un quotient est égal au logarithme du dividende, moins le logarithme du diviseur.*

Supposons A plus grand que B, et appelons C le quotient de A par B,

$$A = B \times C;$$

en appliquant le théorème précédent, on a

$$\log A = \log B + \log C;$$

d'où

$$\log C = \log A - \log B.$$

Ainsi

$$\log \frac{A}{B} = \log A - \log B.$$

Théorème III. *Le logarithme d'une puissance d'un nombre est égal au logarithme du nombre multiplié par l'indice de la puissance.*

En effet

$$A^m = A \times A \times A \times \ldots.,$$
$$\log A^m = \log A + \log A + \log A + \ldots = m \log A.$$

Théorème IV. *Le logarithme de la racine d'un nombre est égal au logarithme du nombre divisé par l'indice de la racine.*

Appelons B la racine n^e de A ;

$$B^m = A,$$
$$m \log B = \log A,$$
$$\log B = \frac{\log A}{m};$$

Ainsi

$$\log \sqrt[m]{A} = \frac{\log A}{m}.$$

Ces diverses propriétés avaient déjà été aperçues dans les préliminaires ; elles remplacent, ainsi que nous l'avons expliqué, les opérations à effectuer sur les nombres par des opérations plus simples à effectuer sur leurs logarithmes. Mais pour cela il est nécessaire de construire des tables renfermant les logarithmes des nombres.

Construction d'une table de logarithmes.

284. Les logarithmes dont on se sert habituellement, et qu'on appelle *logarithmes vulgaires*, sont définis par les deux progressions

$$\div \; 1 \;\colon\; 10 \;\colon\; 100 \;\colon\; 1000 \;\colon\; 10000 \;\colon\; \ldots\ldots$$
$$\div \; 0 \;.\; 1 \;.\; 2 \;.\; 3 \;.\; 4 \;.\ldots\ldots$$

Le nombre qui a pour logarithme l'unité est la *base* du système de logarithmes. Dans le système vulgaire, la base est 10.

Les tables de Delalande contiennent les logarithmes des nombres entiers de 1 à 10000, avec sept décimales. Celles de Callet sont plus étendues ; elles contiennent les logarithmes des nombres entiers de 1 à 108000, aussi avec sept décimales. Pour construire les tables de Callet, il suffit de déterminer les logarithmes de tous les nombres premiers plus petits que 108000; car un nombre non premier étant un produit de facteurs premiers, on obtiendra son logarithme en additionnant les logarithmes des facteurs premiers qui le composent. Ainsi, puisque $72 = 2^3 \times 3^2$, on a

$$\log 72 = 3 \log 2 + 2 \log 3.$$

Mais nous remarquons qu'en additionnant les valeurs approchées des logarithmes, les erreurs s'ajoutent, et que par conséquent la même approximation ne se conserve pas jusqu'à la fin. Cherchons donc avec combien de décimales nous devons déterminer les logarithmes des nombres premiers, pour qu'on puisse en déduire les autres logarithmes avec sept décimales exactes.

En calculant par multiplications successives les puissances de 2, nous trouvons que 2^{17} surpasse 108000 ; il en résulte qu'un nombre inférieur à 108000 renferme au plus 16 facteurs, et que par conséquent l'erreur commise sera répétée au plus 16 fois ; si donc nous déterminons les logarithmes des nombres premiers avec neuf décimales, nous serons certain d'avoir sept décimales exactes jusqu'à la fin.

La question est donc celle-ci : déterminer les logarithmes des nombres premiers inférieurs à 108000, avec neuf décimales exactes.

285. Prenons pour exemple le nombre 5, et, afin de simplifier, proposons-nous de déterminer son logarithme à $\frac{1}{100}$ près. Le nombre 5 étant compris entre 1 et 10, son logarithme est compris entre 0 et 1 ; ce sera par conséquent une fraction proprement dite. En insérant $n - 1$ moyens, on obtient deux progressions qui ont pour raisons, l'une $\sqrt[n]{10}$, l'autre $\frac{1}{n}$; le nombre 5 étant compris entre deux termes consécutifs de la nouvelle progression géométrique, son logarithme sera compris entre les deux termes correspondants de la progression arithmétique ; la différence de ces deux derniers étant $\frac{1}{n}$, on a ainsi le logarithme de 5 avec une erreur moindre que $\frac{1}{n}$. Comme nous voulons que l'erreur soit plus petite que $\frac{1}{100}$, nous ferons $n = 100$.

Les deux termes consécutifs de la progression arithmétique sont de la forme $\frac{k}{n}$ et $\frac{k+1}{n}$; le nombre 5 est compris entre les deux termes correspondants de la progression géométrique $\sqrt[n]{10^k}$ et $\sqrt[n]{10^{k+1}}$. Si nous élevons à la n^e puissance, le nombre 5^n sera compris entre 10^k et 10^{k-1};

$$\sqrt[n]{10^k} < 5 < \sqrt[n]{10^{k-1}}$$
$$10^k < 5^n < 10^{k+1}.$$

Ainsi la détermination de k revient à la recherche de la plus haute puissance de 10 contenue dans 5^{100}.

Par des multiplications successives formons la 100e puissance de 5, et comptons combien de chiffres elle renferme; elle renferme 70 chiffres. Or un nombre de 70 chiffres est plus grand que l'unité suivie de 69 zéros ou 10^{69} et plus petit que l'unité suivie de 70 zéros ou 10^{70}; ainsi 5^{100} est compris entre 10^{69} et 10^{70}.

$$10^{69} < 5^{100} < 10^{70}.$$

Il en résulte que le nombre cherché k est égal à 69. Le logarithme de 5 est donc compris entre 0,69 et 0,70. Ainsi :

RÈGLE. *Pour avoir le logarithme d'un nombre avec une erreur moindre que* $\frac{1}{n}$, *calculez la* n^e *puissance de ce nombre, et comptez combien de chiffres renferme cette puissance. En désignant par* $k + 1$ *ce nombre de chiffres, le logarithme cherché est compris entre* $\frac{k}{n}$ *et* $\frac{k+1}{n}$.

286. REMARQUE I. Si nous formons un tableau renfermant les puissances successives de 5, nous obtiendrons deux séries de

nombres de plus en plus rapprochés et comprenant entre eux
le logarithme cherché

$$5^1 = 5, \qquad \ldots \ldots \quad 0, \qquad 1$$
$$5^2 = 25, \qquad \ldots \ldots \quad \tfrac{1}{2}, \qquad 1$$
$$5^3 = 125, \qquad \ldots \ldots \quad \tfrac{2}{3}, \qquad 1$$
$$5^4 = 625, \qquad \ldots \ldots \quad \tfrac{2}{4}, \qquad \tfrac{3}{4}$$
$$5^5 = 3125, \qquad \ldots \ldots \quad \tfrac{3}{5}, \qquad \tfrac{4}{5}$$
$$5^6 = 15625, \qquad \ldots \ldots \quad \tfrac{4}{6}, \qquad \tfrac{5}{6}$$
$$5^7 = 78125, \qquad \ldots \ldots \quad \tfrac{4}{7}, \qquad \tfrac{5}{7}$$
$$5^8 = 390625, \qquad \ldots \ldots \quad \tfrac{5}{8}, \qquad \tfrac{6}{8}$$

Le logarithme de 5 est d'abord compris entre 0 et 1, puis entre
$\tfrac{1}{2}$ et 1, entre $\tfrac{2}{3}$ et 1, entre $\tfrac{2}{4}$ et $\tfrac{3}{4}$, etc.

287. Mais au lieu de former toutes les puissances successives,
il est plus simple de ne former que les puissances qui ont pour
indice une puissance de 2 ; pour cela il suffit de multiplier par
elle-même la dernière puissance obtenue.

$$5^1 = 5, \qquad \ldots \ldots \quad 0, \qquad 1$$
$$5^2 = 25, \qquad \ldots \ldots \quad \tfrac{1}{2}, \qquad 1$$
$$5^4 = 625, \qquad \ldots \ldots \quad \tfrac{2}{4}, \qquad \tfrac{3}{4}$$
$$5^8 = 390625, \qquad \ldots \ldots \quad \tfrac{5}{8}, \qquad \tfrac{6}{8}$$
$$5^{16} = 152587890625, \ldots \ldots \quad \tfrac{11}{16}, \qquad \tfrac{12}{16}$$

En multipliant 5^2 par 5^2, on obtient 5^4 ; en multipliant 5^4 par 5^4,
on obtient 5^8, etc. De cette manière, l'approximation croît beaucoup plus rapidement.

Après n opérations, l'exposant est 2^n et la différence des logarithmes est $\tfrac{1}{2^n}$. Il est aisé de voir, d'après cela, combien de multiplications il faudra faire pour obtenir le logarithme d'un nom-

bre donné avec une certaine approximation $\frac{1}{N}$. Si l'on veut, par exemple, le logarithme avec cinq décimales exactes ou à moins de $\frac{1}{10^5}$, la différence $\frac{1}{2^n}$ devant être égale ou inférieure à $\frac{1}{10^5}$, on déterminera n de manière à ce que 2^n soit égal ou supérieur à 10^5; or nous savons que la 17e puissance de 2 surpasse 10^5; il faudra donc 17 multiplications. Ainsi *le nombre des multiplications nécessaires pour calculer un logarithme, avec une approximation marquée par $\frac{1}{N}$, est égal à l'indice de la puissance de 2 égale ou immédiatement supérieure à N.*

Remarquons que le nombre des multiplications nécessaires est le même, quel que soit le nombre dont on cherche le logarithme.

Cependant, malgré la simplification indiquée, le procédé que nous venons d'exposer pour la détermination des logarithmes exige encore des calculs d'une extrême longueur; aussi a-t-on eu recours pour la construction des tables à des procédés plus rapides, mais qui ne peuvent trouver place dans un traité élémentaire.

288. Changement de base. Nous avons appelé base d'un système de logarithmes le nombre qui a pour logarithme l'unité. La connaissance de la base suffit pour déterminer un système de logarithmes. En effet, si nous désignons la base par a, nous aurons les deux progressions

$$\div 1 : a : a^2 : a^3 : a^4 : \ldots$$
$$\div 0 . 1 . 2 . 3 . 4 \ldots$$

l'une géométrique, l'autre arithmétique, qui définissent complétement les logarithmes.

Si l'on change la base, les logarithmes des mêmes nombres changent; on a un nouveau système de logarithmes. Il y a donc une infinité de systèmes de logarithmes; mais il est facile de passer d'un système à un autre. Supposons que l'on ait construit une table de logarithmes dans le système dont la base est a, et que l'on veuille construire une nouvelle table renfermant les logarithmes des nombres dans le système dont la base est a'.

Soit $\frac{k'}{n'}$ le logarithme d'un nombre A dans le nouveau système, nous avons

$$A = \sqrt[n']{a'^{k'}}, \text{ ou } A^{n'} = a'^{k'}.$$

En prenant les logarithmes de ces deux quantités égales dans le système dont la base est a (le signe log. désignera un logarithme de la première table), on a

$$n' \log A = k' \log a' ;$$

d'où

$$\frac{k'}{n'} = \log A \times \frac{1}{\log a'}.$$

Mais $\frac{k'}{n'}$ est le logarithme de A dans le nouveau système ; on voit donc que l'on obtient le nouveau logarithme d'un nombre quelconque A en multipliant le logarithme ancien par la quantité constante $\frac{1}{\log a'}$. Ce multiplicateur constant s'appelle *module* du second système relativement au premier.

CHAPITRE VI

USAGE DES TABLES

---

289. On appelle *caractéristique* d'un logarithme la partie entière de ce logarithme.

Reportons-nous aux deux progressions

$$\div 1 : 10 : 100 : 1000 : 10000 : \ldots$$
$$\div 0 . \quad 1 . \quad 2 . \quad 3 . \quad 4 . \ldots$$

qui définissent les logarithmes vulgaires. Tout nombre compris entre 1 et 10 n'a qu'un chiffre à sa partie entière; son logarithme, étant compris entre 0 et 1, est un nombre décimal qui a 0 pour partie entière ou pour caractéristique. De même, tout nombre compris entre 10 et 100 a deux chiffres à sa partie entière; son logarithme, étant compris entre 1 et 2, est un nombre décimal ayant 1 pour caractéristique. De même, tout nombre compris entre 100 et 1000 a trois chiffres à sa partie entière, et son logarithme, étant compris entre 2 et 3, a 2 pour caractéristique, etc. Ainsi *la caractéristique du logarithme d'un nombre entier contient autant d'unités que le nombre contient de chiffres à sa partie entière moins un.*

290. Le logarithme de 10^n est n. Multiplions un nombre A par 10^n, nous aurons

$$\log (A \times 10^n) = \log A + \log 10^n = \log A + n.$$

La partie décimale reste la même, il suffit d'ajouter n unités à la caractéristique.

Divisons A par 10^n, nous aurons

$$\log \frac{A}{10^n} = \log A - \log 10^n = \log A - n.$$

La partie décimale ne change pas ; il suffit de retrancher *n* unités de la caractéristique.

Ainsi, *pour multiplier ou pour diviser un nombre par* 10, 100, 1000, ... *il suffit d'augmenter ou de diminuer la caractéristique du logarithme d'une, deux, trois, ... unités.*

Il en résulte que lorsque deux nombres décimaux ne diffèrent que par la place qu'occupe la virgule, leurs logarithmes ont même partie décimale et ne diffèrent que par la caractéristique.

291. DISPOSITION DES TABLES. Les tables de Delalande sont formées de trois colonnes verticales, contenant : la première, les nombres entiers de 1 à 10000 ; la seconde, leurs logarithmes avec sept décimales ; la troisième, les différences qui existent entre deux logarithmes consécutifs. Ces différences expriment des unités du septième ordre. Ainsi, entre *log* 993 et *log* 994, on trouve pour différence 4371, c'est-à-dire 0,0004371.

Dans les tables de Callet, la colonne verticale intitulée N contient les dizaines des nombres, les unités sont inscrites au haut de la page et en tête des dix colonnes intitulées 0, 1, 2, 3,... 8, 9. La caractéristique n'est pas indiquée ; il est facile de l'ajouter d'après la règle énoncée : la table ne donne que la partie décimale des logarithmes. Dans la colonne intitulée 0, on trouve les trois premiers chiffres décimaux de chaque logarithme ; les quatre autres sont inscrits dans la colonne convenable.

Pour effectuer des calculs par logarithmes, il faut savoir résoudre les deux questions suivantes : 1° trouver le logarithme d'un nombre donné ; 2° trouver le nombre qui correspond à un logarithme donné. Nous allons traiter successivement chacune de ces deux questions.

Trouver le logarithme d'un nombre donné.

292. TROUVER LE LOGARITHME D'UN NOMBRE ENTIER. Si le nombre est dans les limites des tables, s'il est moindre que 10000 pour les tables de Delalande et que 108000 pour celle de Callet, on trouve immédiatement dans les tables le logarithme demandé.

Si le nombre surpasse la limite des tables, on l'y ramène en divisant par une puissance de 10. On demande, par exemple, le logarithme du nombre 356478 avec les tables de Delalande. Afin de rendre ce nombre plus petit que 10000, divisons-le par 100, nous aurons le nombre décimal 3564,78. La question revient à chercher le logarithme de ce nombre décimal ; car une fois ce logarithme trouvé, en ajoutant 2 à sa caractéristique, on aura le logarithme demandé.

Les tables nous donnent le logarithme de la partie entière 3564,

$$log\ 3564 = 3,5519377.$$

Nous trouvons en regard une différence 1218, c'est-à-dire que si on augmentait le nombre 3564 d'une unité, il faudrait ajouter 1218 unités du septième ordre au logarithme. Les accroissements du logarithme ne sont pas proportionnels aux accroissements du nombre ; mais quand il s'agit d'accroissements plus petits que l'unité, et par conséquent très-petits par rapport au nombre lui-même, nous pouvons admettre la proportion sans erreur sensible. Nous dirons donc : puisque pour une augmentation d'une unité dans le nombre 3564 il faut ajouter 1218 au logarithme, pour une augmentation de 0,78 il faudra ajouter au logarithme les $\frac{78}{100}$ de 1218, soit $\frac{1218 \times 78}{100}$, ou 950 unités du septième ordre, en négligeant les unités plus petites. Ainsi nous aurons

$$log\ 3564 \quad = 3,5519377$$
$$pour\ 0,78 \quad \ldots \ldots \quad 950$$
$$\overline{}$$
$$log\ 3564,78 = 3,5520327$$
$$log\ 356478 = 5,5520327.$$

Si l'on se sert des tables de Callet, il suffit, pour ramener le nombre 356478 dans les limites des tables, de le diviser par 10, et la question revient à considérer le nombre décimal 35647,8. Les tables donnent directement le logarithme de la partie entière. Quant à l'augmentation à faire subir au logarithme pour les 0,8 d'augmentation dans le nombre, on la trouve toute calculée dans les tables de Callet ; car dans la dernière colonne verticale à droite on voit, au-dessous de la différence 122, un petit tableau indiquant les augmentations du logarithme qui correspondent à 1, 2, 3, ... 9 dixièmes. Ainsi

$$
\begin{array}{ll}
log\ 35647 & = 4,5520230 \\
pour\ 0,8 & \ldots\ldots\ 98 \\
\hline
log\ 356478 & = 5,5520328.
\end{array}
$$

293. Proposons-nous encore de calculer le logarithme du nombre 2543246. Si l'on se sert des tables de Delalande, on considérera le nombre décimal 2543,246 ; on trouvera dans la table le logarithme de la partie entière et en regard la différence 1707 ; pour une augmentation de 0,246 dans le nombre, il faudra ajouter $\frac{1707 \times 246}{1000} = 420$. Ainsi :

$$
\begin{array}{ll}
log\ 2543 & = 5,4053464 \\
pour\ 0,246 & = \ldots\ 420 \\
\hline
log\ 2543,246 & = 3,4053884 \\
log\ 2543246 & = 6,4053884
\end{array}
$$

Si l'on emploie les tables de Callet, on ramènera le nombre proposé au nombre décimal 25432,46 ; la table donne le logarithme de la partie entière ; on trouve dans le petit tableau des différences l'augmentation qui correspond à 0,4 ; en prenant la dixième partie de l'augmentation qui correspond à 0,6, on obtient celle qui correspond à 0,06. Nous aurons donc

$$
\begin{array}{ll}
log\ 25432 & = 4,4053805 \\
0,4 & \ldots\ldots\ 68 \\
0,06 & \ldots\ldots\ 10 \\
\hline
log\ 25432,46 & = 4,4053883 \\
log\ 2543246 & = 6,4053883
\end{array}
$$

Nous remarquons que, dans le calcul de l'augmentation du logarithme, on doit tenir compte seulement des trois premiers chiffres décimaux du nombre proposé; on négligera les suivants, parce qu'ils n'ont pas d'influence sur les sept premiers chiffres décimaux du logarithme. On demande, par exemple, le logarithme du nombre 317562375. Avec les tables de Delalande, on ramène ce nombre au nombre décimal 3175,62375, ou plus simplement 3175,624, en négligeant les deux derniers chiffres.

$$log\ 3175 \qquad = 3,5017437$$
$$pour\ 0,624\ .\ .\ .\ .\ .\ \ 855$$
$$\overline{\qquad\qquad\qquad\qquad\qquad}$$
$$log\ 3175,624\ = 3,5018290$$
$$log\ 317562400 = 8,5018290.$$

La différence tubulaire est 1568; un millième d'augmentation dans le nombre ne donnant qu'une augmentation égale à 1 dans le logarithme, les chiffres qui suivent les millièmes ne donnent rien dans le logarithme.

Avec les tables de Callet, on dira

$$log\ 31756 \qquad\quad = 4,5018258$$
$$pour\ 0,2 \qquad\quad .\ .\ .\ .\ .\ 27$$
$$0,05 \qquad\quad .\ .\ .\ .\ .\ \ 4$$
$$0,007 \qquad\quad .\ .\ .\ .\ .\ \ 1$$
$$\overline{\qquad\qquad\qquad\qquad\qquad}$$
$$log\ 31756,257\ = 4,5018290$$
$$log\ 317562570\ = 8,5018290$$

284. Trouver le logarithme d'un nombre décimal. On demande le logarithme du nombre décimal 55,6478. Multiplions-le par une puissance de 10, de manière à ce qu'il se rapproche le plus possible de la limite des tables. Si l'on opère avec les tables de Delalande, on le multipliera par 100, et on cherchera le logarithme du nombre 5564,78. Pour revenir au nombre proposé, il faut diviser par 100; par conséquent on retranchera deux unités de la caractéristique du logarithme. Ainsi

$$log\ 5564,78 = 3,5520527$$
$$log\ 55,6478 = 1,5520527.$$

Si l'on opère avec les tables de Callet, on multipliera par 1000 et on cherchera le logarithme du nombre 35647,8 ; puis on retranchera trois unités de la caractéristique

$$log\ 35647,8 = 4,5520328$$
$$log\ 35,6478 = 1,5520328.$$

295. TROUVER LE LOGARITHME D'UN NOMBRE FRACTIONNAIRE. Il y a deux manières de procéder : ou bien on convertira le nombre fractionnaire en nombre décimal et on appliquera la règle précédente; ou bien, mettant le nombre fractionnaire sous forme de fraction ordinaire, et remarquant qu'une fraction est égale au quotient de son numérateur par son dénominateur, on retranchera du logarithme du numérateur le logarithme du dénominateur.

296. TROUVER LE LOGARITHME D'UNE FRACTION. En nous reportant aux deux progressions par lesquelles nous avons défini les logarithmes vulgaires, puisque la progression géométrique commence à l'unité et va en croissant, nous voyons que tous les nombres plus grands que l'unité ont des logarithmes, mais que les nombres plus petits que l'unité n'en ont pas. Cependant on a jugé utile, pour généraliser les règles du calcul des logarithmes, de considérer certaines expressions comme étant les logarithmes des fractions.

Soit, par exemple, à multiplier un nombre A par la fraction décimale 0,0364 ; désignons par P le produit, et multiplions la fraction décimale par 100, afin de la rendre plus grande que l'unité, nous aurons

$$P = A \times 0,03564 = \frac{A \times 3,564}{100};$$

d'où
$$log\ P = log\ A + log\ 3,564 - 2$$

et comme
$$log\ 3,564 = 0,5519377,$$
$$log\ P = log\ A + 0,5519377 - 2.$$

Pour abréger, on écrit simplement

$$log \ P = log \ A + \bar{2},5519577 ;$$

le signe – placé au-dessus du chiffre 2 indique qu'il faut retrancher 2 unités. Afin que le logarithme du produit soit toujours égal à la somme des logarithmes des facteurs, on est convenu de considérer l'expression 2,5519377 comme étant le logarithme de la fraction décimale; en d'autres termes on pose

$$log \ 0,05564 = \dot{2},5519577 ;$$

le nombre $\bar{2}$, qui tient lieu de la partie entière et qui doit être retranché, s'appelle une *caractéristique négative*.

Il en est de même d'une fraction ordinaire ; soit un nombre A à multiplier par la fraction $\frac{3}{7}$; en multipliant cette fraction par 10, afin de la rendre plus grande que l'unité, nous avons

$$P = A \times \frac{3}{7} = \frac{A \times \frac{30}{7}}{10} ;$$

d'où

$$log \ P = log \ A + log \ \frac{30}{7} - 1.$$

Mais $log \ \frac{30}{7} = log \ 30 - log \ 7$; les tables donnent

$$log \ 30 = 1,4771125$$
$$log \ 7 \ = 0,8450980,4 ;$$

d'où

$$log \ \frac{30}{7} = 0,6320232,4 ;$$

$$log \ P = log \ A + 0,6320232,4 - 1 = log \ A + \bar{1},6320232,4 ;$$

et l'on pose

$$log \ \frac{3}{7} = \bar{1},6320232,4.$$

Règle *Pour trouver le logarithme d'une fraction, multipliez-la par une puissance de 10 qui la rende plus grande que l'unité mais plus petite que 10, cherchez le logarithme du nombre fractionnaire ainsi obtenu, et affectez ce logarithme d'une caractéristique négative égale à l'indice de la puissance de 10 par laquelle vous avez multiplié.*

Trouver le nombre qui admet un logarithme donné.

297. Trouver le nombre qui a pour logarithme 3,5520352 avec les tables de Delalande. On regarde dans les tables quel est le plus grand logarithme contenu dans le logarithme donné, c'est 3,5519577 qui correspond au nombre 3564; le nombre est donc compris entre 3564 et 3565. Le logarithme donné surpasse le logarithme de 3564 de 955 unités du septième ordre : or, la différence tabulaire est 1218, c'est-à-dire que si on augmentait le logarithme de 3564 de 1218 unités du dernier ordre, il faudrait augmenter d'une unité le nombre 3564 ; appelons x l'augmentation qu'il faut faire subir au nombre 3564, et établissons la proportion entre les accroissements du nombre et ceux du logarithme, nous aurons

$$1218 : 955 :: 1 : x = \tfrac{955}{1218} = 0,784.$$

Le nombre cherché est 3564,784 ; mais, comme on n'est pas sûr du chiffre des millièmes, on négligera ce chiffre et on prendra 3564,78 à moins d'un centième près.

298. Trouver le nombre qui a pour logarithme 5,5520352 avec les tables de Delalande. Retranchons 2 de la caractéristique pour ramener le logarithme dans les limites des tables, et cherchons le nombre qui a pour logarithme 35520352; c'est 3564,78. Pour revenir au logarithme donné, il faut ajouter 2 à la caractéristique, et par conséquent multiplier par 100; le nombre cherché est donc 356478 à moins d'une unité près.

Trouver le nombre qui a pour logarithme 6,5520352. On retranchera 3 de la caractéristique, et on trouvera pour le nombre cherché 3564780 à moins d'une dizaine près.

Si l'on employait les tables de Callet, on retrancherait 2 de la caractéristique seulement; on chercherait le nombre qui a pour logarithme 4,5520352, c'est 35647,83; multipliant par 100, on obtiendrait le nombre cherché 5564785 à moins d'une unité près.

299. Trouver le nombre qui a pour logarithme 1,5520352 avec les tables de Delalande. On ajoutera 2 unités à la caractéristique, et l'on cherchera le nombre qui a pour logarithme 3,5520352 ; c'est 3564,78. Pour revenir au logarithme proposé, il faut retrancher 2 de la caractéristique, et par conséquent il faut diviser par 100 ; le nombre cherché est donc 35,6478 avec quatre décimales exactes.

On voit qu'il y a un grand avantage à augmenter la caractéristique de manière à opérer dans la partie la plus élevée des tables ; si l'on avait conservé la caractéristique 1, on aurait trouvé le nombre 35,64 avec deux décimales seulement, tandis qu'en opérant comme nous avons fait, nous avons obtenu quatre décimales.

300. Trouver le nombre qui a pour logarithme $\overline{2}$,5520352. Cherchons le nombre qui a pour logarithme 0,5520352 ; c'est 3,56478. La caractéristique négative $\overline{2}$ indique qu'il faut diviser ce nombre par 100 ; le nombre demandé est donc 0,0356478.

Remarques sur l'emploi des logarithmes.

301. MULTIPLICATION. Si les facteurs sont plus grands que l'unité, on ajoute leurs logarithmes ; il n'y a là aucune difficulté.

Si certains facteurs sont plus petits que l'unité, leurs logarithmes ont des caractéristiques négatives qui indiquent la division par des puissances de 10, on aura soin de retrancher ces caractéristiques négatives.

Appliquons à des exemples, en nous servant des tables de Delalande ;

1° P = 785,6 × 63,28;

$$log\ 785,6\ \ = 2,8952015$$
$$log\ \ \ 63,28 = 1,8012665$$

$$log\ P\ .\ .\ .\ = 4,6964680$$
$$log\ 4971\ \ \ = 3,6964488$$

$$0,28\ .\ .\ .\ .\ \cdot 242$$

$$P = 49712,8.$$

2° P = 785,6 × 0,06328;

$$log\ \ \ 785,4\ \ = 2,8952015$$
$$log\ 0,06328 = \overline{2},8012665$$

$$log\ P\ .\ .\ .\ = 1,6964680$$
$$P = 49,7128.$$

Et, ajoutant les logarithmes, nous trouvons 3 pour partie entière; et, comme il faut retrancher 2, il reste 1.

3° P = 78,56 × 0,006328;

$$log\ \ \ 78,56\ \ \ = 1,8952015$$
$$log\ 0,006328 = \overline{3},8012665$$

$$log\ P.\ .\ .\ .\ = \overline{1},6964680$$
$$P = 0,497128.$$

L'addition des logarithmes nous donne 2 pour partie entière;
la caractéristique $\overline{3}$ indique qu'il faut diviser par 1000. Divisons
d'abord par 100, il nous reste 0 pour partie entière; il faudra
ensuite diviser par 10, ce que nous indiquons par la caractéristique négative $\overline{1}$.

4° P = 0,07856 × 0,006328;

$$log\ 0,07854\ \ = \overline{2},8952015$$
$$log\ 0,006328 = \overline{3},8012665$$

$$log\ P\ .\ .\ .\ = \overline{4},6964680$$
$$P = 0,000497128.$$

L'addition des logarithmes donne 1 pour partie entière. Il faut diviser par 10^2 et par 10^3, c'est-à-dire par 10^5; divisons d'abord par 10, il reste 0 pour partie entière; il faudra encore diviser par 10^4, ce que nous indiquons par la caractéristique négative $\overline{4}$. Le nombre qui a pour logarithme 0,6964680 est 4,97128; divisons ce nombre par 10^4, nous aurons le produit cherché 0,000497128.

302. DIVISION. Nous avons dit que le logarithme d'un quotient était égal au logarithme du dividende moins le logarithme du diviseur; on a cherché à éviter cette soustraction et à la remplacer par une addition. Soit A le dividende, B le diviseur, Q le quotient; on a $Q = \dfrac{A}{B}$; d'où

$$log\ Q = log\ A - log\ B = log\ A + (10 - log\ B) - 10.$$

Nous avons ajouté et retranché 10, ce qui ne change pas évidemment le résultat. Cela posé, on appelle *complément* d'un logarithme l'excès de 10 sur ce logarithme. Ainsi 10—*log* B est le complément de *log* B, et se désigne par la notation C' *log* B; on a donc

$$log\ Q = log\ A + C'\ log\ B - 10.$$

On obtient le logarithme d'un quotient en ajoutant au logarithme du dividende le complément du logarithme du diviseur, et retranchant 10 du résultat.

Les compléments se calculent aisément. On demande, par exemple, le complément du logarithme de 3564. De 10 il faut retrancher 3,5519377. Or, 10 unités valent 9 unités et 10 dixièmes, 10 dixièmes valent 9 dixièmes et 10 centièmes, etc.; donc le nombre 10 est égal au nombre 9,999999, plus 10 unités du septième ordre. En effectuant la soustraction, nous aurons le complément;

$$9,9\ 9\ 9\ 9\ 9\ 9\ ^{10}$$
$$3,5\ 5\ 1\ 9\ 3\ 7\ 7$$
$$\overline{}$$
$$6,4\ 4\ 8\ 0\ 6\ 2\ 3.$$

Règle. *Pour trouver le complément d'un logarithme, retran-chez chacun des chiffres de 9, excepté le dernier que vous re-trancherez de 10.*

Dans cette opération, on procède de gauche à droite, et avec un peu d'habitude on parvient à écrire immédiatement le com-plément en lisant le logarithme dans les tables.

302 bis. Supposons que le diviseur soit un nombre 0,03564 plus petit que l'unité, on a

$$Q = \frac{A}{0,03564} = \frac{A \times 100}{3,564}$$
$$log\ Q = log\ A + 2 + C^{t}\ log\ 3,564 - 10.$$

Or, le complément du logarithme de 3,564 est 9,4480623 ; donc

$$log\ Q = log\ A + 11,4480623 - 10.$$

Ce nombre 11,4480623 a été appelé par analogie le complé-ment du logarithme de 0,03564. De cette manière on a toujours la relation

$$log\ Q = log\ A + C^{t}\ log\ 0,03564 - 10.$$

Ainsi, *pour trouver le complément d'un logarithme dont la caractéristique est négative, on ajoute cette caractéristique à 9, au lieu de la retrancher de 9.*

303. Puissances. Nous savons qu'on élève un nombre à une puissance en multipliant son logarithme par l'indice de la puis-sance.

1° Élever 5 à la 10ᵉ puissance. On cherchera d'abord le loga-rithme de 5, puis on multipliera ce logarithme par 10.

$$log\ 5 = 0,69897000$$
$$log\ 5^{10} = log\ 5 = 6,9897000$$

Le nombre correspondant 9765625 est le nombre demandé. L'emploi de la proportion laisse quelque incertitude sur le dernier chiffre ; mais cette incertitude disparaît si l'on observe qu'une puissance de 5 est nécessairement terminée par un 5.

2° Élever au cube la fraction décimale 0,4326.

$$log \ 0,4326 \ = \overline{1},6360865$$
$$log \ (0,4326)^3 = \overline{2},9082595$$

En multipliant la partie décimale 0,6360865 du logarithme par 3, nous trouvons 1,9082595 ; la caractéristique négative $\overline{1}$ indique un diviseur 10 ; dans le cube nous aurons donc le diviseur 10^3 et par conséquent il faut retrancher 3 de la partie entière du logarithme, ce qui donne $\overline{2}$,9082595. Le nombre correspondant 0,08095794 est le nombre cherché.

3° Élever la fraction $\frac{2}{37}$ à la 5° puissance.

$$log \ 2 \ = 0,30103000$$
$$C^t \ log \ 37 \ = 8,45179828$$
$$\overline{\hspace{4cm}}$$
$$log \ \tfrac{2}{37} \ = \overline{2},75282828$$
$$log \ (\tfrac{2}{37})^5 = \overline{7},66414140$$

En multipliant par 5 la partie décimale du logarithme, on trouve 3 pour partie entière. La caractéristique négative $\overline{2}$ indique le diviseur 10^2 dans le nombre et par conséquent le diviseur 10^{10} dans la 5° puissance ; il faut donc retrancher 10 de la partie entière, ce qui nous donne la caractéristique négative $\overline{7}$. Le nombre correspondant 0,0000004614676 est le nombre cherché.

304. Racines. On extrait la racine d'un nombre en divisant son logarithme par l'indice de la racine.

1° Extraire la racine cubique du nombre 478928.

$$log \ 478928 = 5,6802703$$
$$\tfrac{1}{3} \ log \ 478928 = 1,8934234$$

Le nombre correspondant 7,823902 est la racine cherchée.

2° Extraire la racine cubique de la fraction décimale 0,054327.

$$log \ 0,054327 = \overline{2},7350157.$$

La caractéristique négative $\overline{2}$ indique un diviseur 100. Nous supposerons ce logarithme écrit sous la forme

$$\overline{3} + 1,7350157,$$

afin d'avoir dans le nombre un diviseur 10^3 cube parfait, et par conséquent le diviseur 10 dans la raison cubique. En divisant par 3 le logarithme $1,7350157$, et indiquant le diviseur 10 par la caractéristique $\overline{1}$, nous trouvons

$$log \sqrt[3]{\overline{0,054327}} = \overline{1},5783386.$$

La racine cherchée est $0,5787377$.

3° Extraire la racine cinquième de la fraction $0,0000098763$

$$log \ 0,0000098763 = \overline{6},9945943.$$

Nous supposons le logarithme écrit pour la forme

$$\overline{10} + 4,9945943,$$

afin d'avoir dans le nombre un diviseur 10^{10} puissance cinquième parfaite et par suite dans la racine le diviseur 10^2. Divisant ensuite par 5 le logarithme $4,9945943$ et indiquant le diviseur 10^2 par la caractéristique $\overline{2}$, nous trouvons

$$log \sqrt[5]{\overline{0,0000098763}} = \overline{2},9989189.$$

La racine demandée est $0,09975137$.

305. REMARQUE SUR LES ACCROISSEMENTS DES LOGARITHMES. En examinant dans les tables la colonne des différences, nous voyons ces différences aller sans cesse en décroissant. Par exemple les logarithmes des nombres 486 et 487 diffèrent entre eux de 8927 unités du septième ordre, tandis que ceux des nombres 48624 et de 48625 ne diffèrent plus que de 89 unités du même ordre. Il est facile d'expliquer la cause de cette diminution. Soient a et $a+1$ deux nombres entiers consécutifs, la différence de leurs logarithmes est

$$log\ (a+1) - log\ a = log\ \frac{a+1}{a} = log\left(1 + \frac{1}{a}\right);$$

or, à mesure que a augmente, $1 + \frac{1}{a}$ diminue et tend vers l'unité; la différence tabulaire diminue donc et tend vers o. Si on prolongeait les tables indéfiniment, cette différence deviendrait plus petite que toute quantité donnée.

Plus généralement, donnons au nombre a un accroissement constant h, l'accroissement du logarithme

$$log\ (a+h) - log\ a = log\left(\frac{a+h}{a}\right) = log\left(1 + \frac{h}{a}\right)$$

sera d'autant plus petit que a sera plus grand. Ainsi, pour un même accroissement *absolu* donné au nombre, l'accroissement du logarithme diminue à mesure que le nombre augmente. Mais si l'on donnait au nombre un même accroissement *relatif* (j'entends par accroissement relatif le rapport de l'accroissement absolu au nombre lui-même; un nombre, par exemple, éprouve un accroissement relatif de $\frac{1}{1000}$, si on l'augmente de la $\frac{1}{1000}$ partie de sa valeur), l'accroissement du logarithme serait constant. Désignons par k l'accroissement relatif, c'est-à-dire posons $k = \frac{h}{a}$, l'accroissement du logarithme devient $log\ (1 + k)$; c'est une quantité constante si l'accroissement relatif reste le même.

306. Dans la recherche des logarithmes des nombres, nous avons établi une proportion entre les accroissements du nombre et ceux du logarithme; cette proportion n'est pas exacte. En effet, donnons au nombre a l'accroissement h, le logarithme subit un certain accroissement; donnons au nombre $a+h$ le même accroissement h, le logarithme subit un nouvel accroissement plus petit que le premier; ainsi, quand l'accroissement du nombre devient double, l'accroissement du logarithme ne devient pas double; et réciproquement, quand l'accroissement du nombre devient moitié, l'accroissement du logarithme ne se réduit pas à moitié. L'emploi de la proportion nous donne donc dans le passage des nombres aux logarithmes un résultat trop faible et dans le passage des logarithmes aux nombres un résultat trop fort.

Mais, si l'on a soin d'employer toujours la partie la plus élevée des tables, l'erreur commise n'affectera pas les unités du septième ordre décimal ; et en effet, nous voyons dans les tables de Callet que la même différence tabulaire existe entre plusieurs couples de logarithmes consécutifs. Par exemple, du nombre 68595 au nombre 69744 la différence tabulaire est la même. Dans cet intervalle pour une unité d'augmentation dans le nombre, le logarithme subit un accroissement constant 63 ; pour deux, trois..... unités d'augmentation dans le nombre, le logarithme subit donc un accroissement deux, trois..... fois plus grand, et par conséquent il y a proportion entre les accroissements du nombre et ceux du logarithme, du moins au degré d'approximation des tables.

CHAPITRE VII

DES INTÉRÊTS COMPOSÉS

307. Nous avons dit qu'habituellement les intérêts d'un capital prêté se payaient chaque année et constituaient une rente; mais il arrive quelquefois qu'on laisse les intérêts s'ajouter au capital, de manière que le capital s'accroisse d'année en année: c'est là ce qu'on appelle *capitaliser* les intérêts, ou placer à *intérêts composés*.

Nous avons appelé *taux* de l'intérêt ce qui rapporte 100 francs dans un an; mais, dans le calcul des intérêts composés, il est plus commode de prendre pour taux l'intérêt de *un* franc en un an, intérêt que pour abréger nous désignerons par la lettre r. Ainsi placer à 5 pour 100, c'est la même chose que placer à 0,05 pour 1; dans ce cas $r = 0,05$.

308. Le capital de *un* franc, augmenté de son intérêt, vaut après une année $1 + r$; un capital de 2460 francs vaut 2460 fois plus, c'est-à-dire $(1 + r) \times 2460$ ou $2460 \times (1 + r)$. En général, si nous représentons par a un capital quelconque, sa valeur au bout d'un an, par l'addition des intérêts, sera $a \times (1 + r)$. Ainsi:

LEMME. *La valeur d'un capital après une année est égale à ce capital multiplié par l'unité augmentée de l'intérêt de un franc.*

Par exemple le capital 2460 placé à 5 pour 100 vaut au bout d'un an $2460 \times 1,05 = 2583$.

309. Supposons maintenant que le capital a soit placé pendant n années. Après une année ce capital devient $a \times (1 + r)$; tel est le capital dû à la fin de la première année et qui produit intérêt pendant la seconde année. Pour savoir ce que devient ce capital $a\times(1+r)$ par l'addition des intérêts de la seconde année, il faut le multiplier par $1+r$, ce qui fait $a\times(1+r)\times(1+r)$ ou $a\times(1+r)^2$; tel est le capital dû à la fin de la seconde année et qui produit intérêt pendant la troisième année. Pour savoir ce que devient ce capital $a\times(1+r)^2$ par l'addition des intérêts de la troisième année, il faut le multiplier par $1+r$, ce qui fait $a\times(1+r)^2\times(1+r)$ ou $a\times(1+r)^3$; tel est le capital dû à la fin de la troisième année, et qui produit intérêt pendant la quatrième année. Le même raisonnement peut être continué indéfiniment; et comme chaque année nouvelle, introduit un nouveau facteur $1+r$, la valeur du capital, au bout de n années, sera $a\times(1+r)^n$. Ainsi :

THÉORÈME. *On obtient la valeur qu'un capital, placé à intérêts composés, acquiert après un certain nombre d'années, en multipliant ce capital par la valeur d'un franc après un an, élevée à une puissance marquée par le nombre des années.*

310. Si donc nous désignons par A la valeur du capital après n années, nous aurons la formule générale

$$A = a \times (1 + r)^n,$$

qui, par les logarithmes, se traduit dans la suivante :

$$log\ A = log\ a + n\ log\ (1 + r).$$

Cette formule établit une relation entre les quatre quantités représentées par a, A, n et r, relation qui détermine l'une quelconque des quatre quantités, les trois autres étant données. Nous pourrons donc, à l'aide de cette relation, résoudre les quatre questions que nous allons examiner successivement.

PROBLÈME I. Un capital étant placé au taux r à intérêts composés, combien vaut-il au bout de n années? C'est la question que nous venons de traiter : on calculera A par la formule

$$log\ A = log\ a + n\ log\ (1 + r).$$

PROBLÈME II. Quel est le capital qui, placé à intérêts composés, au taux r, acquiert après n années une valeur A? La formule précédente donne

$$log\ a = log\ A - n\ log\ (1 + r).$$

PROBLÈME III. A quel taux faut-il placer un capital a, à intérêts composés, pour qu'après n années il acquière une valeur A? L'inconnue ici est r; de la formule fondamentale on déduit

$$log\ (1 + r) = \frac{log\ A - log\ a}{n}.$$

On calculera de cette manière la quantité $1 + r$; retranchant 1 du résultat, on aura r.

PROBLÈME IV. Pendant combien d'années faut-il placer un capital a, au taux r, à intérêts composés, pour qu'après ce temps il acquière une valeur A? L'inconnue est n, et la formule fondamentale donne

$$n = \frac{log\ A - log\ a}{log\ (1 + r)}.$$

311. REMARQUE. Jusqu'ici nous avons supposé que la somme était placée pendant un nombre entier d'années; supposons maintenant que la somme soit placée pendant n années, plus une fraction d'années que nous désignerons par k; si, par exemple, la somme est placée pendant 5 ans et 8 mois, on aura $n = 5$ et $k = \frac{8}{12} = \frac{2}{3}$. Après n années, le capital a vaut $a \times (1 + r)^n$; c'est là le capital qui produit intérêt pendant la fraction d'année. Un franc, rapportant r en un an, rapporte kr dans la fraction d'année, et par conséquent vaut $1 + kr$ après cette fraction d'année; le capital $a \times (1 + r)^n$ vaudra donc après la fraction d'année $a \times (1 + r)^n \times (1 + kr)$. En représentant par A la valeur du capital a après n années plus la fraction k d'année, nous aurons la formule générale

$$A = a \times (1 + r)^n \times (1 + kr),$$

d'où

$$log\ A = log\ a + n\ log\ (1 + r) + log\ (1 + kr).$$

On résoudra immédiatement les deux premières questions au moyen de cette formule; mais les deux autres questions présentent quelques difficultés. Nous ferons mieux comprendre par des exemples comment on lève ces difficultés.

312. PROBLÈME IV. Un capital de 12000 francs placé à intérêts composés pendant 7 ans et 9 mois a acquis une valeur de 18000 francs. A quel taux était-il placé?

Le capital, acquérant une valeur de 18000 francs, a produit 6000 francs en intérêts composés. Or, il est évident que les intérêts produits par un capital sont proportionnels au taux de l'intérêt. Supposons donc que le capital ait été placé à 5 pour 100, et cherchons ce qu'il eût produit à ce taux; comparant ensuite les intérêts, nous trouverons le taux demandé par une proportion.

Appelons A la valeur du capital placé à 5 pour 100 après 7 ans et 9 mois; en calculant A par la formule

$$log\ A = log\ 12000 + 7\ log\ 1{,}05 + log\ (1+0{,}05\times\tfrac{3}{4})$$
$$log\ A = log\ 12000 + 7\ log\ 1{,}05 + log\ 1{,}0375,$$

on trouve A = 17518,40; la différence 5518,40 exprime les intérêts qu'eût produits le capital s'il eût été placé à 5 pour 100.

Désignons maintenant par x le taux cherché, nous avons la proportion

$$5518{,}40 : 6000 :: 5 : x = 5{,}4364.$$

Ainsi le capital a été placé à 5,4364 pour 100 par an.

Si l'on avait appliqué la formule ordinaire en donnant à l'exposant n la valeur fractionnaire $7+\tfrac{3}{4}$, ou 7,75,

$$log\ (1+r) = \frac{log\ 18000 - log\ 12000}{7{,}75},$$

on eût trouvé pour le taux 5,437. La différence n'est pas un millième.

313. PROBLÈME VI. *Pendant combien de temps faut-il qu'un capital soit placé à intérêts composés à 5 pour 100 par an pour qu'il acquière une valeur double?*

Comme la grandeur du capital n'a aucune influence dans la question, nous supposerons qu'il s'agit d'un capital de 1 franc qui doit acquérir la valeur de 2 francs. Si le placement avait lieu pendant un nombre entier d'années, il faudrait appliquer la formule

$$n = \frac{log\ \mathrm{A} - log\ a}{log\ (1 + r)}$$

qui, dans la question, se réduit à

$$n = \frac{log\ 2}{log\ 1,05}.$$

Le calcul donne pour n un nombre fractionnaire dont la partie entière est 14; on en conclut qu'après 14 années le capital n'est pas encore doublé, et qu'après 15 années il est plus que doublé. Ainsi le placement doit durer 14 ans, plus une fraction d'année. Déterminons cette fraction d'année : on peut se servir pour cela de la formule du n° 311, qui donne

$$log\ (1 + kr) = log\ 2 - 14\ log\ 1,05 ;$$

on calculera la quantité $1 + kr$; puis retranchant l'unité et divisant par 0,05, on aura la fraction d'année k. On trouve ainsi que le capital, pour acquérir une valeur double, doit être placé pendant 14 ans 2 mois et 12 jours.

Le nombre fractionnaire trouvé d'abord pour n aurait donné 14 ans 2 mois et 14 jours; il n'y a que 2 jours de différence.

314. PROBLÈME VII. *La population d'un État est de 40 millions d'habitants, elle s'accroît chaque année de $\frac{1}{300}$ de sa valeur; on demande quelle sera la population de cet État dans un siècle.*

Appelons P la population au bout d'un certain nombre d'années; l'année suivante elle sera

$$\mathrm{P} + \frac{\mathrm{P}}{300} = \mathrm{P} \left(1 + \frac{1}{300} \right) = \mathrm{P} \times \frac{301}{300}.$$

Ainsi la population croît année par année, comme les termes d'une progression géométrique dont le premier terme est 40 millions et la raison $\frac{301}{300}$. On demande le 101e terme de la progression : en désignant par x ce terme, nous aurons

$$x = 40000000 \times \left(\frac{301}{300}\right)^{100},$$
$$log\ x = log\ 40000000 + (log\ 301 - log\ 300) \times 100,$$
$$x = 55750000.$$

Problème VIII. Les populations de deux États sont, l'une de 20 millions d'habitants, l'autre de 30 millions; la première s'accroît chaque année de $\frac{1}{200}$, la seconde de $\frac{1}{300}$. Dans combien de temps les deux populations seront-elles égales?

Appelons n le nombre d'années cherché; après ce nombre d'années, les deux populations étant égales, on a

$$20000000 \times \left(\frac{201}{200}\right)^n = 30000000 \times \left(\frac{301}{300}\right)^n;$$

d'où

$$2 \times \left(\frac{201}{200}\right)^n = 3 \times \left(\frac{301}{300}\right)^n,$$
$$\left(\frac{201}{200}\right)^n : \left(\frac{301}{300}\right)^n = \frac{3}{2},$$
$$\left(\frac{201 \times 300}{200 \times 301}\right)^n = \frac{3}{2};$$
$$\left(\frac{603}{602}\right)^n = \frac{3}{2};$$

et, par les logarithmes,

$$n\ (log\ 603 - log\ 602) = log\ 3 - log\ 2;$$
$$n = \frac{log\ 3 - log\ 2}{log\ 603 - log\ 602}$$

$n = 244$ ans et une fraction.

Annuités.

315. Problème IX. Une personne place chaque année une somme a pendant n années, et laisse les capitaux et les intérêts s'accumuler. On demande quelle sera la valeur totale de tous ces placements après ces n années?

Le premier versement, étant placé pendant n années, acquiert une valeur égale à $a \times (1+r)^n$; le second, étant placé pendant $n-1$ années, acquiert une valeur égale à $a \times (1+r)^{n-1}$, etc.; enfin le dernier, ne restant placé que pendant un an, vaut $a \times (1+r)$. La valeur totale après les n années est donc

$$a (1+r) + a (1+r)^2 + \ldots \ldots + a (1+r)^n ;$$

c'est la somme des termes d'une progression géométrique dont la raison est $1+r$; cette somme est égale à

$$A = \frac{a (1+r)^{n+1} - a (1+r)}{r} = \frac{a (1+r) [(1+r)^n - 1]}{r}.$$

Il est impossible de soumettre directement cette formule au calcul logarithmique; on est obligé de faire deux calculs séparés. Désignons par b la quantité $(1+r)^n$, on calculera d'abord b par la formule

$$log\, b = n\, log\, (1+r).$$

Quand on aura trouvé la valeur de b, on calculera ensuite A par la formule

$$log\, A = log\, a + log\, (1+r) + log\, (b-1) + C' log\, r - 10.$$

316. Une personne emprunte actuellement une somme A, et voudrait se libérer en n années par n paiements égaux effectués à la fin de chaque année. On demande quel doit être le montant de chacun des paiements?

Désignons par r le montant de chaque paiement et supposons qu'on règle les comptes à la fin de la n^e année; la somme due est alors $A \times (1+r)^n$. Le premier versement, ayant été fait $n-1$ années auparavant, vaut au moment du règlement $x \times (1+r)^{n-1}$; le second versement, ayant été fait $n-2$ années auparavant, vaut $x \times (1+r)^{n-2}$, et ainsi de suite; l'avant-dernier versement, ayant été fait il y a un an, vaut $x \times (1+r)$; enfin le dernier, étant fait au moment même, vaut x. La valeur totale des n paiements annuels est donc au moment du règlement de compte

$$x + x(1+r) + x(1+r)^2 + \ldots\ldots + x(1+r)^{n-1},$$

ou, en faisant la somme,

$$x \times \frac{(1+r)^n - 1}{r}.$$

Pour que la dette soit acquittée, il faut que cette valeur totale soit égale à la somme due ; on a donc

$$x \times \frac{(1+r)^n - 1}{r} = A \times (1+r)^n ;$$

d'où

$$x = \frac{A \times r \times (1+r)^n}{(1+r)^n - 1}.$$

Cette formule présente le même inconvénient que la précédente, il est impossible de la soumettre directement au calcul logarithmique. On calculera d'abord $b = (1+r)^n$; puis connaissant b, on calculera x par la formule

$$log\, x = log\, A + log\, r + log\, b + C'\, log\, (b-1) - 10.$$

LIVRE VI

COMPLÉMENTS

CHAPITRE I

SYSTÈMES DE NUMÉRATION

317. Nous avons expliqué au commencement de l'arithméti
que comment on est parvenu à compter les objets, en les grou-
pant par collections de dix en dix fois plus grandes; il est clair
que nous aurions pu grouper les objets d'une tout autre manière,
par exemple par collections de douze en douze fois plus grandes.
Le nombre qui détermine le mode de groupement s'appelle *base*
du système de numération; un nombre quelconque peut servir
de base; le système dont la base est *dix* est devenu d'un usage
universel parmi les hommes; c'est dans ce système que nous
avons écrit les nombres; cependant, afin de mieux comprendre
le mécanisme du calcul, il est bon de considérer les nombres,
et de s'exercer à faire les opérations, dans un autre système.
Nous prendrons pour type le système à base douze, ou système
duodécimal.

318. NUMÉRATION PARLÉE. Dans le système duodécimal les
unités des différents ordres sont de douze en douze fois plus
grandes; chacun des onze premiers nombres a reçu un nom
particulier; la *douzaine* est l'unité du second ordre; nous désignerons par les mots *vingt, trente, quarante, cinquante, septante, octante, nonante, dizante* et *onzante*, la collection de

deux, trois........, dix et onze douzaines. La réunion de douze douzaines forme l'unité du troisième ordre ou la *centaine ;* la réunion de douze centaines forme l'unité du quatrième ordre ou le *mille ;* puis viennent la *douzaine de mille,* la *centaine de mille,* le *million,* etc.

Quand on a ainsi groupé les objets que l'on veut compter par collections de douze en douze fois plus grandes, pour énoncer le nombre des objets on dit combien il y a d'unités de chaque ordre (et il y en a au plus onze), en commençant par l'ordre le plus élevé et descendant progressivement. Nous aurons, par exemple : *quarante-sept* MILLIONS, *trois cent dizante onze* MILLE, *dix cent douze cinq* UNITÉS.

319. NUMÉRATION ÉCRITE. Pour écrire les nombres dans le système duodécimal, il faut d'abord imaginer onze caractères ou chiffres pour représenter les onze premiers nombres ; nous conserverons naturellement aux neuf premiers nombres leurs caractères habituels, et nous adopterons les lettres grecques α et β pour désigner les nombres dix et onze, de sorte que les onze premiers nombres seront représentés par les chiffres

$$1,\ 2,\ 3,\ 4,\ 5,\ 6,\ 7,\ 8,\ 9,\ \alpha,\ \beta.$$

Puis nous indiquerons l'ordre des unités par le rang du chiffre à partir de la droite ; de cette manière, le nombre précédent s'écrira

$$473\alpha\beta\alpha15.$$

On emploiera le chiffre 0 pour remplir les places vacantes ; le nombre douze ou une unité du second ordre s'écrira 10 ; le nombre *octante* MILLIONS, *dix cent trois* MILLE, *cinquante onze* UNITÉS s'écrira

$$80\alpha0305\beta.$$

On voit que pour écrire les nombres dans le système duodécimal il faut douze chiffres; en général, il faut un nombre de chiffres marqué par la base du système de numération.

320. Système binaire. Sous ce point de vue, le système le plus simple serait le système dont la base est deux et que nous pouvons appeler système binaire; dans ce système, les deux chiffres 1 et 0 suffisent pour écrire tous les nombres. Le nombre deux, étant une unité de second ordre, s'écrirait 10; le nombre trois s'énoncerait deux un et s'écrirait 11; le nombre quatre ou deux fois deux, formant l'unité de troisième ordre, s'énoncerait cent et s'écrirait 100; de même, les nombres cinq, six, sept, huit, s'écriraient 101, 110, 111, 1000; etc. On voit par là que, si le système binaire est le plus simple de tous en ce sens que les deux chiffres 1 et 0 suffisent pour écrire tous les nombres, ce système entraînerait dans la pratique une excessive longueur, puisqu'un nombre relativement petit, comme huit, se compose déjà de quatre chiffres.

Changement de base.

Un nombre étant écrit dans un certain système de numération, on peut se proposer de l'écrire dans un autre système.

321. Soit, par exemple, le nombre 962638 écrit dans le système décimal, on demande de l'écrire dans le système duodécimal.

```
962638 | 12
    26   80219 | 12
    23      82   6684 | 12
   118     101     68    557 | 12
    10      59     84     77    46 | 12
            11      0      5     10    3
```

Puisqu'une unité du second ordre est la réunion de douze unités simples, nous saurons combien le nombre proposé contient d'unités du second ordre, en cherchant combien de fois ce nombre contient douze, c'est-à-dire en le divisant par 12 ; cette division nous indique que le nombre proposé se compose de 80219 unités du second ordre, plus dix unités simples. Puisque une unité du troisième ordre est la réunion de douze unités du second ordre, nous diviserons de même 80219 par 12 ; cette division nous indique que les 80219 unités du second ordre valent 6684 unités du troisième ordre, plus onze du second. En continuant de cette manière, nous trouvons finalement que le nombre proposé renferme *dix* unités simples, *onze* unités du second ordre, *cinq* du quatrième, *dix* du cinquième et *trois* du sixième ; ce nombre s'écrira donc dans le système duodécimal

$$3\alpha5 0\beta\alpha.$$

RÈGLE I. *Un nombre étant écrit dans le système décimal, pour l'écrire dans un autre système on divise par la nouvelle base, d'abord le nombre donné, puis le premier quotient, puis le second quotient, et ainsi de suite ; les restes successifs forment les chiffres qui doivent composer le nombre à partir de la droite dans le nouveau système.*

322. Résolvons maintenant la question inverse. Un nombre étant écrit dans un certain système, l'écrire dans le système décimal. On donne, par exemple, le nombre $3\alpha5 0\beta\alpha$ écrit dans le système duodécimal; nous voulons l'écrire dans le système décimal. Nous avons 3 unités du sixième ordre, qui en valent 12×3 ou 36 du cinquième ordre, et qui, ajoutées aux dix unités de cet ordre, donnent 46 unités du cinquième ordre. Ces 46 unités du cinquième ordre valent 12×46 ou 552 unités du quatrième ordre qui, ajoutées aux cinq unités de cet ordre, donnent 557 unités du quatrième ordre. Ces 557 unités du quatrième ordre valent 12×557 ou 6684 du troisième, et 12×6684 ou

80208 du second, qui, ajoutées aux onze unités de cet ordre, donnent 80219 unités du second ordre. Ces 80219 unités du second ordre valent 12×80219 unités simples, qui, ajoutées aux dix unités simples, donnent 962638 unités simples. Telle est l'expression du nombre proposé dans le système décimal. Ainsi :

RÈGLE II. *Un nombre étant écrit dans un certain système, pour l'écrire dans le système décimal on multiplie par la base le premier chiffre de gauche, on ajoute au produit le second chiffre, on multiplie le résultat par la base, on ajoute le troisième chiffre, et ainsi de suite jusqu'à ce qu'on soit arrivé au dernier chiffre.*

323. Si l'on voulait passer d'un système quelconque à un autre, on se servirait comme intermédiaire du système décimal. Étant donné, par exemple, le nombre 489α écrit dans le système duodécimal, on veut l'écrire dans le système dont la base est 7; en passant du système duodécimal au système décimal, nous trouvons que le nombre proposé s'écrit 8182 dans le système décimal; en passant actuellement du système décimal au système dont la base est 7, nous trouvons que le nombre s'écrit 32566 dans le système à base 7. Ainsi :

$$489\alpha \text{ (base 12)} = 8182 \text{ (base 12)} = 32566 \text{ (base 7)}.$$

Opérations de l'arithmétique.

324. ADDITION. L'addition n'offre aucune difficulté; tout dépend de l'addition d'un nombre d'un chiffre avec un nombre d'un chiffre; lorsque la somme est supérieure à la base du système de numération, avec un nombre d'unités égal à la base on forme une unité du second ordre. Ainsi, dans le système duodécimal, on dira : 5 et 7 font 10 (cinq et sept font douze), 8 et 9 font 15 (huit et neuf font douze cinq), β et α font 19 (onze et dix font douze neuf).

Proposons-nous d'additionner des nombres quelconques écrits dans le système duodécimal,

$$2 \; \alpha \; \beta \; \beta$$
$$1 \; 5 \; \alpha \; 9$$
$$7 \; 8 \; \beta \; \alpha$$
$$\overline{1 \; 0 \; 1 \; \alpha \; 6.}$$

Nous dirons : β et 9..... 18, et α..... 26, je pose 6 et retiens 2, et β.... 11, et α.... 1β, et β.... 2α, je pose α et retiens 2, et α... 10, et 5.... 15, et 8.... 21, je pose 1 et retiens 2, et 2.... 4, et 1... 5, et 7.... 10, je pose 10.

325. SOUSTRACTION. Soit à retrancher 29βα de 4α89 dans le système duodécimal,

$$4 \; \alpha \; 8 \; 9$$
$$2 \; 9 \; \beta \; \alpha$$
$$\overline{2 \; 0 \; 8 \; \beta}$$

On ne peut retrancher α de 9, j'ajoute un nombre supérieur douze unités qui, avec les 9 unités, font 19 unités ; de 19 ôtez α, il reste β ; afin que la différence ne change pas, j'ajoute par la pensée une unité du second ordre au nombre inférieur ; on ne peut retrancher 10 de 8, j'ajoute au nombre supérieur douze unités du second ordre qui, avec les 8, font 18 unités du second ordre ; de 18 ôtez 10, il reste 8, etc.

326. MULTIPLICATION. Pour opérer la multiplication dans le système duodécimal, il est nécessaire de savoir par cœur les produits des onze premiers nombres multipliés les uns par les autres. Ces produits sont renfermés dans la table suivante :

1	2	3	4	5	6	7	8	9	α	β
2	4	6	8	α	10	12	14	16	18	1α
3	6	9	10	13	16	19	20	23	26	29
4	8	10	14	18	20	24	28	30	34	38
5	α	13	18	21	26	2β	34	39	42	47
6	10	16	20	26	30	36	40	46	50	56
7	12	19	24	2β	36	41	48	53	5α	65
8	14	20	28	34	40	48	54	60	68	74
9	16	23	30	39	46	55	60	69	76	83
α	18	26	34	42	50	5α	68	76	84	92
β	1α	29	38	47	56	65	74	83	92	α1

On forme cette table comme celle de Pythagore, en ajoutant les nombres de la première ligne horizontale à eux-mêmes, les ajoutant ensuite à ceux de la seconde ligne, puis à ceux de la troisième, etc.

Soit à multiplier un nombre de plusieurs chiffres 52α9 par un nombre d'un chiffre 7 ;

$$5\ 2\ α\ 9$$
$$7$$
$$\overline{3\ 0\ 8\ 3\ 3}$$

nous dirons : 7 fois 9..... 53, je pose 3 et retiens 5 ; 7 fois α..... 5α et 5 de retenue 63, je pose 3 et retiens 6 ; 7 fois 2.... 12 et 6 de retenue 18, je pose 8 et retiens 1 ; 7 fois 5... 2β et 1 de retenue 30, je pose 30.

Après avoir observé qu'on multiplie un nombre par douze, cent, mille....., en ajoutant un, deux, trois..... zéros à la droite du nombre, on traitera facilement le cas général de la multiplication. Soit à multiplier $52\alpha9$ par $3\beta7$;

$$
\begin{array}{r}
5\ 2\ \alpha\ 9 \\
3\ \beta\ 7 \\
\hline
3\ 0\ 8\ 3\ 3 \\
4\ 9\ 7\ \alpha\ 3 \\
1\ 3\ 8\ 8\ 3 \\
\hline
1\ 8\ 9\ 4\ 9\ 6\ 3
\end{array}
$$

Il s'agit de répéter le multiplicande 7 fois, plus $\beta0$ fois, plus 300 fois. Répétons d'abord le multiplicande 7 fois, nous obtenons le produit partiel 30833, que nous écrivons au-dessous du trait horizontal. Pour répéter le multiplicande $\beta0$ fois, il faut le multiplier par β, ce qui donne $497\alpha3$, puis mettre un zéro à la droite de ce nombre, ce qui revient à considérer ce nombre comme exprimant des douzaines ; nous écrirons donc ce second produit partiel de manière que son premier chiffre 3 se trouve placé dans la colonne des douzaines. Nous répéterons le multiplicande 300 fois en multipliant par 3, puis ajoutant deux zéros à la droite du produit, c'est-à-dire en mettant le premier chiffre de ce troisième produit partiel dans la colonne des centaines. L'addition de ces trois produits partiels nous donnera le produit demandé. On retrouve ainsi la règle ordinaire de la multiplication.

327. DIVISION. Il est inutile de parler de la division; c'est l'opération inverse de la multiplication, et comme telle elle se déduit de cette dernière.

Nous ferons remarquer que, si l'on sait effectuer la division dans le système duodécimal, on pourra, un nombre étant écrit dans le système duodécimal, le transformer dans un système quelconque, sans passer par le système décimal. Si, par exemple, on veut traduire dans le système à base 7 le nombre 489α

écrit dans le système duodécimal, on divisera par 7 le nombre proposé, puis le quotient, puis le second quotient, etc. Les restes successifs seront les chiffres cherchés, à partir de la droite.

$$
\begin{array}{r|l}
489\alpha & 7 \\ \cline{2-2}
9 & 814 \\
\end{array}
\quad
\begin{array}{r|l}
 & 7 \\ \cline{2-2}
2\alpha \quad 11 & 11\alpha \\
6 \quad\;\; 64 & 6\alpha \\
\end{array}
\quad
\begin{array}{r|l}
 & 7 \\ \cline{2-2}
1\beta & \\
\end{array}
\quad
\begin{array}{r|l}
 & 7 \\ \cline{2-2}
2 & 3 \\
\end{array}
$$

$$
\begin{array}{c|c|c|c|c}
489\alpha & 7 & & & \\
9 & \overline{814} & 7 & & \\
2\alpha \quad 11 & 11\alpha & \overline{} & 7 & \\
6 \quad 64 & 6\alpha & 1\beta & \overline{} & 7 \\
6 & 5 & 2 & 3 &
\end{array}
$$

Ainsi le nombre proposé s'écrira 32566 dans le système à base 7.

Caractères de divisibilité.

328. Les caractères de divisibilité ne sont pas les mêmes dans les différents systèmes de numération.

Dans le système duodécimal, un nombre terminé par un 0 étant multiple de douze, est multiple de chacun des diviseurs de douze, c'est-à-dire de 2, 3, 4, 6. Un nombre quelconque $2\alpha76$ se décomposant en deux parties, l'une $2\alpha70$, multiple de chacun des diviseurs de douze, l'autre 6 formée du dernier chiffre, on en conclut qu'un nombre est divisible par l'un des diviseurs de la base, si son dernier chiffre est divisible par ce diviseur, et qu'en général le reste est égal au reste donné par ce dernier chiffre. Ainsi le nombre $2\alpha76$ est divisible par 2, par 3, et par 6; divisé par 4, il donne pour reste 2.

Un nombre terminé par deux zéros, étant un multiple de cent ou du carré de la base, est un multiple de chacun des diviseurs de cent, à savoir 8, 9....... Un nombre sera donc divisible par l'un de ces diviseurs, si le nombre formé par ces deux derniers chiffres est divisible. Ainsi le nombre $1\alpha60$ est divisible par 8 et par 9.

329. Méthode générale. Nous allons exposer maintenant la méthode générale par laquelle on trouve les caractères de divisibilité par un diviseur quelconque. Pour fixer les idées, nous raisonnerons sur le diviseur 7, et nous supposerons le nombre écrit dans le système décimal. Cherchons d'abord les restes que fournissent les puissances successives de la base divisées par 7.

$$
\begin{aligned}
1 &= \quad . \quad . \quad . \quad . \quad 1 \\
10 &= \text{multiple } 7 + 3 \\
100 &= \quad \text{id.} \qquad + 2 \\
1000 &= \quad \text{id.} \qquad + 6 \\
10000 &= \quad \text{id.} \qquad + 4 \\
100000 &= \quad \text{id.} \qquad + 5 \\
1000000 &= \quad \text{id.} \qquad + 1 \\
10000000 &= \quad \text{id.} \qquad + 3 \\
. \quad . \quad . &\quad . \quad . \quad . \quad . \quad . \quad . \\
. \quad . \quad . &\quad . \quad . \quad . \quad . \quad . \quad .
\end{aligned}
$$

Le nombre 10 est égal à 7 plus 3. Le nombre 100 est égal à 10×10; or, on sait qu'on obtient le reste d'un produit en multipliant le reste du multiplicande par celui du multiplicateur; le reste de 100 sera donc $3 \times 3 = 9$ ou 2. De même 1000 étant égal à 100×10, le reste de 1000 sera égal au reste de 100 multiplié par celui de 10, c'est-à-dire à $2 \times 3 = 6$. De même 10000 étant égal à 1000×10, le reste de 10000 sera égal au reste de 1000 · multiplié par celui de 10, c'est-à-dire à $6 \times 3 = 18$ ou 4. Ainsi:

Règle. *Pour calculer les restes que fournissent les puissances successives d'un nombre divisé par un autre, on multipliera le dernier reste obtenu par le reste de la première puissance, ce qui donnera le reste suivant.*

330. Le reste étant plus petit que le diviseur, après un nombre d'opérations au plus égal au diviseur, on retombera nécessairement sur un reste déjà obtenu, et comme les restes se calculent d'après une règle uniforme, les restes suivants se reproduiront de manière à former une série périodique. Dans l'exemple actuel, à la septième opération on retrouve le premier reste 1, et la série se compose des six restes 1, 3, 2, 6, 4, 5, qui se reproduisent périodiquement.

Si, pour simplifier, nous remplaçons les restes plus grands que la moitié du diviseur par des restes plus petits que cette moitié, le tableau précédent devient

$$
\begin{aligned}
1 &= \ldots \ldots \quad + 1 \\
10 &= \text{multiple de 7} \quad + 3 \\
100 &= \text{id.} \quad + 2 \\
1000 &= \text{id.} \quad - 1 \\
10000 &= \text{id.} \quad - 3 \\
100000 &= \text{id.} \quad - 2 \\
1000000 &= \text{id.} \quad + 1 \\
&\ldots \ldots \ldots \ldots \\
&\ldots \ldots \ldots \ldots
\end{aligned}
$$

Considérons maintenant un nombre quelconque 53184942629. On le décomposera de la manière suivante :

$$
\begin{aligned}
9 &= \ldots \ldots \quad 9 \\
20 &= \text{multiple de 7} \quad + 3 \times 2 \\
600 &= \text{id.} \quad + 2 \times 6 \\
2000 &= \text{id.} \quad \ldots \ldots - 1 \times 2 \\
40000 &= \text{id.} \quad \ldots \ldots - 3 \times 4 \\
900000 &= \text{id.} \quad \ldots \ldots - 2 \times 9 \\
4000000 &= \text{id.} \quad + 1 \times 4 \\
80000000 &= \text{id.} \quad + 3 \times 8 \\
100000000 &= \text{id.} \quad + 2 \times 1 \\
3000000000 &= \text{id.} \quad \ldots \ldots - 1 \times 3 \\
50000000000 &= \text{id.} \quad \ldots \ldots - 3 \times 5
\end{aligned}
$$

Et en effet, puisqu'une unité du second ordre est égale à un multiple de 7 plus 3, deux unités de cet ordre seront égales à deux fois ce multiple de 7 plus deux fois 3; de même, puisqu'une unité du cinquième ordre est égale à un multiple de 7 moins 3, quatre unités de cet ordre seront égales à quatre fois ce multiple de 7 moins quatre fois 3.

THÉORÈME. *Pour trouver le reste de la division par 7 d'un nombre écrit dans le système décimal, on le partage en tranches de trois chiffres à partir de la droite, on ajoute au premier chiffre de chaque tranche trois fois le second et deux fois le troisième, on retranche les sommes fournies par les tranches de rang pair de celles fournies par les tranches de rang impair, en augmentant ces dernières de 7, si cela est nécessaire.*

Dans le calcul, on retranchera 7 toutes les fois que ce sera possible. En opérant sur le nombre proposé, on voit qu'il est divisible par 7.

331. REMARQUE I. Désignons par a la base du système de numération et par b le diviseur que l'on considère. La méthode consiste à former un tableau des restes fournis par les puissances successives de a divisées par b. Or il peut se présenter différentes circonstances qu'il est bon d'étudier.

Et d'abord, si le diviseur ne contient que les facteurs premiers qui entrent dans la base, il est clair qu'on arrivera à une puissance a^m de la base divisible par b; alors on trouvera le reste 0, et tous les restes suivants seront aussi nuls; on voit que les m derniers chiffres de droite du nombre proposé concourent seuls à la formation du reste, les chiffres de gauche n'exerçant aucune influence.

Considérons le cas le plus simple, celui où b est un diviseur de la base a; dans ce cas, le reste de la division d'un nombre par b est égal au reste donné par le dernier chiffre; si ce dernier chiffre est divisible par b, le nombre est divisible par b. C'est ainsi que, dans le système décimal, nous avons trouvé le caractère de divisibilité par les deux diviseurs 2 et 5 de la base dix; dans le système duodécimal, par les quatre diviseurs 2, 3, 4 et 6 de la base douze.

332. REMARQUE II. Supposons que le diviseur b soit égal à $a - 1$; la première puissance de la base a est égale à b plus 1; la seconde puissance donne aussi pour reste 1; tous les restes sont égaux à l'unité. Il en résulte :

THÉORÈME. *Un nombre, écrit dans le système de numération dont la base est a, est divisible par a — 1, si la somme de ses chiffres est divisible par a — 1.*

Ce caractère s'applique au diviseur 9 dans le système décimal, au diviseur β dans le système duodécimal. Soit, par exemple, le nombre 45α3 écrit dans le système duodécimal; pour trouver le reste de la division de ce nombre par β, on dira : 3 et α..... 2, et 5..... 7, et 4..... 0; le nombre est divisible par β.

333. REMARQUE III. Considérons enfin le cas où le diviseur b est égal à $a + 1$, et, pour fixer les idées, raisonnons dans le système duodécimal. Les puissances successives de la base a s'écrivent 1, 10, 100.......; le nombre $b + 1$ s'écrit 11. Le nombre 100 est égal à $\beta\beta + 1$; or $\beta\beta$, étant égal au produit $11 \times \beta$, est un multiple de 11; donc la seconde puissance 10^2 donne le reste 1; et par conséquent les restes 1 et 10 se succèdent alternativement.

$$
\begin{aligned}
1 &= \qquad\qquad\quad 1 \\
10 &= \qquad\qquad\quad 10 = \text{multiple de } 11 - 1 \\
100 &= \text{multiple de } 11 + 1 \\
1000 &= \qquad \text{id.} \qquad + 10 = \qquad \text{id.} \qquad - 1 \\
10000 &= \qquad \text{id.} \qquad + 1
\end{aligned}
$$

. . . .

THÉORÈME *Un nombre, écrit dans le système de numération dont la base est a, est divisible par a + 1, quand l'excès de la somme de ses chiffres de rang impair sur celle des chiffres de rang pair est divisible par a + 1.*

Ce caractère s'applique au diviseur *onze* dans le système décimal et au diviseur *treize* dans le système duodécimal. On reconnaît de cette manière que le nombre 9734βα6α, écrit dans le système duodécimal, est divisible par treize.

Fractions duodécimales.

334. Si, pour mesurer les grandeurs, nous partageons l'unité en parties de douze en douze fois plus petites, nous obtiendrons des fractions duodécimales qui joueront le même rôle que les fractions décimales, et qui, comme elles, s'écriront sous forme de nombres entiers.

Proposons-nous de convertir en fraction duodécimale la fraction ordinaire $\frac{11}{18}$; cette fraction dans le système duodécimal s'écrit $\frac{\beta}{16}$; divisons donc β par 16 en multipliant le dividende par une puissance de douze;

$$
\begin{array}{c|l}
\beta 0 & 16 \\
60 & \overline{0,74} \\
0 &
\end{array}
$$

nous obtenons la fraction duodécimale 0,74.

La conversion sera possible, si le dénominateur de la fraction ordinaire supposée irréductible ne renferme que les facteurs premiers 2 et 3 qui entrent dans la base douze; et en effet, dans ce cas, le numérateur multiplié par une puissance convenable de douze devient divisible exactement par le dénominateur. Mais, si le dénominateur contient des facteurs autres que 2 et 3, la fraction duodécimale se prolonge indéfiniment, et elle est périodique.

La conversion des fractions duodécimales en fractions ordinaires s'opère d'après les mêmes raisonnements que ceux employés dans l'étude des fractions décimales. Une fraction duodécimale périodique simple est égale à une fraction ordinaire ayant pour numérateur la période et pour dénominateur un nombre formé d'autant de β qu'il y a de chiffres à la période; une fraction duodécimale périodique mixte est égale à une fraction ordinaire ayant pour dénominateur un nombre formé d'autant de β qu'il y a de chiffres à la période suivis d'autant de 0 qu'il y a de chiffres irréguliers.

Il en résulte qu'une fraction ordinaire, dont le dénominateur ne renferme que des facteurs autres que 2 et 3, donne naissance à une fraction duodécimale périodique simple; la fraction est périodique mixte, si le dénominateur renferme à la fois les facteurs 2 ou 3 et des facteurs étrangers. Par exemple la fraction $\frac{3}{5}$ donne naissance à une fraction duodécimale périodique simple, la fraction $\frac{7}{8}$ à une fraction périodique mixte.

335. Supériorité du système duodécimal. Si l'on compare les différents systèmes de numération, on reconnaît que c'est le système duodécimal qui offre le plus d'avantages. La base dix n'est divisible que par 2 et par 5, tandis que la base douze est divisible par 2, 3, 4, 6. Parmi les fractions ordinaires $\frac{1}{2}$, $\frac{1}{3}$, $\frac{1}{4}$, $\frac{1}{5}$, $\frac{1}{6}$, $\frac{1}{7}$, $\frac{1}{8}$, $\frac{1}{9}$, deux seulement peuvent être converties en fractions décimales, tandis que six de ces fractions se convertissent exactement en fractions duodécimales. Ainsi la mesure des grandeurs s'opérerait avec plus de facilité dans le système duodécimal; il y aurait beaucoup plus de chances d'arriver à une expression simple et exacte de la grandeur.

Les hommes ont adopté la numération décimale dès les premiers siècles, sans doute à cause des dix doigts de leurs mains; ils comptaient d'abord sur leurs doigts; arrivés au nombre dix, afin d'aller plus loin, ils ont été obligés de considérer la dizaine comme une unité nouvelle, pour recommencer à compter sur les doigts, de manière à former une nouvelle dizaine et prolonger ainsi la série des nombres.

Cependant la division duodécimale offrait tant d'avantages qu'on la retrouve dans presque toutes les anciennes mesures. Ainsi chacune des deux parties du jour a été partagée en douze heures; l'ancienne unité de longueur, le pied, était divisée en douze pouces, le pouce en douze lignes; l'unité de monnaie, le sou, était de même divisé en douze deniers, etc. Dans les usages de la vie commune, on a souvent à prendre la moitié, le tiers, ou le quart d'une quantité; la division duodécimale le permet aisément. Par exemple, la moitié du pied, c'est six pouces; le tiers, c'est quatre pouces; le quart, c'est deux pouces. Avec la division décimale, on peut bien prendre la moitié du mètre, c'est 5 décimètres, mais il est impossible d'en prendre le tiers, et d'ailleurs le quart s'exprime d'une manière compliquée, 25 centimètres.

Aussi est-il à regretter que les savants français, lorsque la nation les chargea d'opérer la réforme des mesures et de les mettre en harmonie avec le système de numération, n'aient pas conservé ce qu'il y avait de bon dans les anciennes mesures, la division duodécimale, et substitué la numération duodécimale à la numération décimale.

CHAPITRE II

DES APPROXIMATIONS NUMÉRIQUES.

336. Il arrive souvent que l'on a à effectuer des calculs sur des nombres approchés. Nous avons vu en effet que les quantités incommensurables ne peuvent être représentées exactement par des nombres ; d'ailleurs les instruments dont on se sert dans la mesure des grandeurs n'étant susceptibles que d'un certain degré de précision, les nombres obtenus doivent être regardés, non pas comme les mesures exactes des grandeurs, mais comme des évaluations plus ou moins approchées suivant la perfection de l'instrument. Ces nombres approchés étant introduits dans les calculs, on arrive à un résultat inexact ; il se présente ici deux questions : 1° Connaissant l'approximation des nombres sur lesquels on opère, quelle est l'approximation du résultat?— 2° Avec quelle approximation faut-il avoir les nombres sur lesquels on opère pour que l'on obtienne le résultat avec une approximation donnée?

Nous dirons que le nombre est approché par *défaut* s'il est plus petit que la quantité, par *excès* s'il est plus grand.

Addition.

337. Il est clair que, si toutes les erreurs ont lieu dans le même sens, l'erreur commise sur la somme est égale à la somme des erreurs.

1ᵉʳ *Exemple*. On additionne les quatre nombres

$$
\begin{array}{r}
1\,2,4\;5\;6 \\
7,8\;7\;4 \\
0,2\;0\;8 \\
3,6\;2\;7 \\
\hline
2\,4,1\;6\;5
\end{array}
$$

approchés par défaut chacun à moins d'un millième. La somme est aussi approchée par défaut, et l'erreur commise est moindre que 4 millièmes; la somme est donc comprise entre 24,165 et 24,169. Le chiffre des millièmes étant inexact, on le néglige et l'on dit que la somme est comprise entre 24,16 et 24,17; on prendra de préférence 24,17 par excès à moins d'un demi-centième près.

2ᵉ *Exemple*. On additionne les quatre nombres

$$
\begin{array}{r}
1\,2,4\;5\;8 \\
7,8\;7\;4 \\
0,2\;0\;9 \\
3,6\;2\;7 \\
\hline
2\,4,1\;6\;8
\end{array}
$$

approchés par défaut chacun à moins d'un millième. Ajoutons 4 millièmes, nous voyons que la somme est comprise entre 24,168 et 24,172. Le nombre 24,17 exprime donc la somme à moins d'un demi-centième près, mais on ne sait pas si ce nombre est approché par défaut ou par excès. Si l'on veut connaître le sens de l'erreur, on négligera les centièmes et on prendra 24,2 par excès à moins d'un demi-dixième près.

Soustraction.

338. L'erreur de la différence est égale à la somme des erreurs commises sur les deux nombres proposés, si ces deux nombres sont approchés l'un par défaut, l'autre par excès.

1er *Exemple.* Du nombre 28,742 approché par défaut à moins d'un millième, retrancher le nombre 16,587 approché par excès aussi à moins d'un millième;

$$
\begin{array}{r}
2\,8,7\,4\,2 \\
1\,6,5\,8\,7 \\
\hline
1\,2,1\,5\,5
\end{array}
$$

Le premier nombre étant trop petit et le second trop grand, pour ces deux raisons la différence est trop petite, mais l'erreur est au plus égale à 2 millièmes; la vraie différence est donc comprise entre 12,155 et 12,157; on prendra 12,16 par excès à moins d'un demi-centième près.

2e *Exemple.* Du nombre 45,632 approché par défaut à moins d'un millième, retrancher le nombre 18,458 approché aussi par défaut à moins d'un millième. En remplaçant le nombre 18,458 approché par défaut par le nombre 18,459 approché par excès, on retombe dans le cas précédent. La différence est 27,17 par défaut à moins d'un demi-centième.

Multiplication.

339. Nous étudierons d'abord le cas où un facteur est approché et l'autre exact; puis le cas où les deux facteurs sont approchés.

1er *Exemple.* Multiplier le nombre 5738 approché par défaut à moins d'une unité par le nombre exact 476.

$$
\begin{array}{r}
5\,7\,3\,8 \\
4\,7\,6 \\
\hline
3\,4\,4\,2\,8 \\
4\,0\,1\,6\,6 \\
2\,2\,9\,5\,2 \\
\hline
2\,7\,3\,1\,2\,8\,8
\end{array}
$$

L'erreur du produit est évidemment moindre que l'erreur du multiplicande répétée 476 fois, et par conséquent moindre que 476 unités. En ajoutant ces 476 unités au produit approché, nous voyons que le vrai produit est compris entre 2731288 et 2731764. Les trois derniers chiffres étant inexacts, on les néglige, et le produit se trouve exprimé par le nombre 2731000 approché par défaut à moins d'un mille.

2ᵉ *Exemple.* Calculer le produit des nombres 5637 et 842 approchés par défaut chacun à moins d'une unité.

$$
\begin{array}{r}
5\ 6\ 3\ 7 \\
8\ 4\ 2 \\
\hline
1\ 1\ 2\ 7\ 4 \\
2\ 2\ 5\ 4\ 8 \\
4\ 5\ 0\ 9\ 6 \\
\hline
4\ 7\ 4\ 6\ 3\ 5\ 4
\end{array}
$$

L'erreur commise sur le produit est évidemment plus petite que l'augmentation qu'éprouverait le produit si l'on augmentait d'une unité le multiplicande et le multiplicateur. Or, concevons que l'on augmente d'abord le multiplicande d'une unité sans changer le multiplicateur, le produit subit une augmentation de 842 unités; augmentons ensuite le multiplicateur d'une unité, en conservant le multiplicande modifié 5638, le produit subit une nouvelle augmentation de 5638 unités; l'augmentation totale du produit est donc égale à 842 plus 5638 ; soit 6480 unités. Ainsi :

Тнéокèме. *Quand les deux facteurs d'un produit sont entiers et approchés par défaut chacun à moins d'une unité, l'erreur du produit est moindre que la somme de ces deux facteurs plus un.*

L'erreur étant moindre que 6480 unités, ce vrai produit est compris entre 4746354 et 4752834 ; négligeant les quatre derniers chiffres qui sont inexacts, on prendra 4750000 à moins d'une demi-dizaine de mille, mais dans un sens inconnu. Si l'on voulait connaître le sens de l'approximation, on serait obligé d'effacer encore un chiffre, et de prendre 4700000 par défaut à moins d'une centaine de mille.

3e *Exemple.* Calculer le produit des deux nombres décimaux 12,5638 et 8,457 approchés par défaut, le premier à moins d'un dix-millième, le second à moins d'un millième.

$$
\begin{array}{r}
1\,2,5\,6\,3\,8 \\
8,4\,5\,7 \\
\hline
8\,7\,9\,4\,6\,6 \\
6\,2\,8\,1\,9\,0 \\
5\,0\,2\,5\,5\,2 \\
1\,0\,0\,5\,1\,0\,4 \\
\hline
1\,0\,6,2\,5\,2\,0\,5\,6\,6
\end{array}
$$

En faisant abstraction de la virgule, on ramène cette question à la précédente ; l'erreur est donc moindre que 134096 unités du septième ordre, et par conséquent le produit est compris entre 106,252..... et 106,265..... On prendra le nombre 106,26 approché à moins d'un centième dans un sens inconnu.

Si l'on voulait connaître le sens de l'approximation, on négligerait les centièmes, et l'on prendrait le nombre 106,3 approché par excès à moins d'un demi-dixième.

4e *Exemple.* Calculer le produit des deux nombres 12,5639 et 8,457 approchés, le premier par excès à moins d'un dix-millième, le second par défaut à moins d'un millième. En remplaçant le multiplicande par le nombre 12,5638 approché par défaut, on retombe dans le cas précédent.

5e *Exemple.* Calculer le produit des deux nombres 12,5639 et 8,458 approchés par excès, le premier à moins d'un dix-millième, le second à moins d'un millième. On remplacera de la même manière les deux nombres proposés par les deux nombres 12,5638 et 8,457 approchés par défaut.

Division.

340. Nous considérons trois cas, celui où le dividende est approché et le diviseur exact, celui où le dividende est exact et le diviseur approché, enfin celui où le dividende et le diviseur sont tous deux approchés.

1er *Exemple*. Soit à diviser le nombre 32546 approché par défaut à moins d'une unité par le nombre exact 235 :

$$\begin{array}{r|l} 32546 & 235 \\ 904 & \overline{138,493......,} \\ 1996 & \\ 1160 & \\ 2200 & \\ 850 & \end{array}$$

Si l'on ajoutait une unité au dividende, le quotient éprouverait une augmentation égale à la fraction $\frac{1}{235}$; l'erreur commise sur le quotient est donc moindre que $\frac{1}{235}$, soit en décimales moindre que 0,005 ; or le quotient approché est plus petit que 138,494 ; le quotient vrai est donc compris entre 138,493 et 138,499 ; on prendra 138,49 par défaut à moins d'un centième.

2e *Exemple*. Diviser le nombre exact 561 par le nombre 135 approché par excès à moins d'une unité.

$$\begin{array}{r|l} 561 & 135 \\ 210 & \overline{4,15} \\ 750 & \end{array}$$

Le diviseur étant trop grand, le quotient est trop petit ; diminuons d'une unité le diviseur, l'erreur commise sera moindre que l'augmentation correspondante du quotient. Or cette augmentation est la différence des nombres fractionnaires

$$\frac{561}{134} - \frac{561}{135} = \frac{561}{134 \times 135} = \frac{q}{134},$$

en désignant par q le quotient approché $\frac{561}{133}$. Ainsi *l'erreur du quotient est moindre que ce quotient divisé par le diviseur diminué d'une unité.* Ici le quotient étant plus petit que 5, l'erreur est moindre que $\frac{5}{134}$, soit en décimales moindres que 0,04 ; le quotient calculé étant moindre que 4,16, il s'ensuit que le vrai quotient est compris entre 4,15 et 4,20 ; on prendra 4,2 par excès à moins d'un demi-dixième.

3e *Exemple.* Diviser le nombre 28136 approché par défaut à moins d'une unité par le nombre 645 approché par excès à moins d'une unité.

$$
\begin{array}{r|l}
28136 & 645 \\
2336 & \overline{45,62\dots\ .} \\
4010 & \\
1400 &
\end{array}
$$

Le dividende étant trop petit et le diviseur trop grand, pour ces deux raisons le quotient est trop petit, et l'erreur commise sur le quotient est évidemment plus petite que l'augmentation qu'éprouverait le quotient si l'on diminuait le diviseur d'une unité et si l'on augmentait le dividende d'une unité. Or concevons d'abord que l'on diminue le diviseur d'une unité sans changer le dividende, le quotient subit une augmentation égale à $\frac{q}{644}$ (en désignant par q le quotient approché 43,62….) ; augmentons ensuite le dividende d'une unité en conservant le diviseur modifié 644, le quotient subit une nouvelle augmentation égale à $\frac{1}{644}$; il en résulte que l'augmentation totale du produit est égale à $\frac{q}{644} + \frac{1}{644} = \frac{q+1}{644}$. Ainsi :

THÉORÈME. *Lorsque le dividende et le diviseur sont entiers et approchés à moins d'une unité, le premier par défaut, le second par excès, l'erreur du quotient est moindre que ce quotient plus un divisé par le diviseur moins un.*

Dans l'exemple proposé, le quotient étant moindre que 44, l'erreur commise est plus petite que $\frac{45}{644}$, soit en décimale plus petite que 0,07; ainsi le vrai quotient est compris entre 45,62 et 45,63 + 0,07 ou 45,70; on prendra 45,6 par défaut à moins d'un dixième près.

4e *Exemple.* Diviser le nombre 2,6518 approché par défaut à moins d'un dix-millième par le nombre 12,45 approché par excès à moins d'un centième. En supprimant la virgule au dividende et au diviseur, nous retombons dans le cas précédent; mais nous aurons soin à la fin de diviser le quotient par 100.

$$\begin{array}{r|l} 26518 & 1245 \\ 1418 & \overline{21,13} \\ 1730 & \\ 4850 & \end{array}$$

L'erreur étant moindre que $\frac{23}{1244}$, soit 0,02, le quotient est compris entre 21,13 et 21,16; on prendra 21,1 par défaut à moins d'un dixième près. Comme on doit diviser par 100, nous aurons pour le quotient cherché 0,211 par défaut à moins d'un millième près.

5e *Exemple.* Diviser le nombre 45,54 approché par défaut à moins d'un centième par le nombre 1,6275 approché par excès à moins d'un dix-millième. Supprimons encore les virgules en nous rappelant qu'il faudra multiplier le quotient par 100.

$$\begin{array}{r|l} 4\ 5\ 5\ 4,0 & 16275 \\ 1\ 2,7\ 9\ 0\ 0 & \overline{0,27858} \\ 1\ 5\ 9\ 7\ 5\ 0 & \\ 9\ 5\ 5\ 0\ 0 & \\ 1\ 4\ 1\ 2\ 5 & \end{array}$$

L'erreur étant moindre que $\frac{0,3 + 1}{16274}$ ou 0,00008, le quotient est compris entre 0,27858 et 0,27867; on prendra 0,2786 à moins d'un dix-millième dans un sens inconnu. Si l'on veut connaître le sens de l'approximation, on prendra 0,279 par excès à moins d'un demi-millième. Comme on doit multiplier par 100, nous aurons pour le quotient cherché 27,9 par excès à moins d'un demi-dixième.

6ᵉ *Exemple*. Diviser le nombre 28137 approché par excès par le nombre 646 approché par défaut. On prendra pour dividende 28136 approché par défaut, et pour diviseur 647 approché par excès.

Formules générales.

341. PRODUIT D'UN NOMBRE INEXACT PAR UN NOMBRE EXACT. Appelons a la valeur approchée par défaut du multiplicande A, et désignons par α l'erreur A — a; appelons B le multiplicateur. En substituant au vrai produit A × B le produit approché a × B, nous commettons une erreur égale à la différence

$$AB - aB = (A - a)\,B = \alpha B.$$

Ainsi *l'erreur commise sur le produit est égale à l'erreur du facteur inexact multipliée par le facteur exact.*

On peut se demander avec quel degré d'approximation il faut prendre A, pour que l'erreur commise soit moindre qu'une quantité donnée e. Pour que l'erreur αB du produit soit moindre que e, il faut que l'erreur α du multiplicande soit moindre que $\frac{e}{B}$.

Exemple. Calculer, à moins d'un décimètre carré près, la surface du cercle dont le rayon est de 26 mètres.

En désignant par S la surface du cercle, par π le rapport de la circonférence au diamètre (ce rapport est un nombre incommensurable égal à 3,1415926535.......), et par r le rayon, on a $S = \pi r^2$; d'où

$$S = \pi \times 26^2 = \pi \times 676.$$

Pour obtenir ce produit à moins d'un centième, il faut que l'erreur α commise sur π soit moindre que $\dfrac{0,01}{676}$; cette condition sera remplie à plus forte raison si α est moindre que la quantité plus petite $\dfrac{0,01}{1000}$ ou $0,00001$; on prendra donc π par défaut avec cinq décimales $\pi = 3,14159$. La multiplication nous donnera pour la surface cherchée $2123^{mq},71$ par défaut à moins d'un décimètre carré.

342. PRODUIT DE DEUX NOMBRES INEXACTS. Appelons a et b les valeurs approchées par défaut des quantités A et B, et désignons par α et β les différences A — a et B — b. En substituant au vrai produit AB le produit approché ab, nous commettons une erreur égale à la différence AB — ab ; en considérant les deux différences partielles

$$Ab — ab = \alpha b$$
$$AB — Ab = \beta A$$

et faisant la somme, nous avons

$$AB — ab = \alpha b + \beta A < \alpha B + \beta A.$$

L'erreur du produit est moindre que la somme des produits obtenus en multipliant l'erreur de chaque facteur par l'autre facteur.

Exemple. Calculer à moins d'un millimètre la circonférence du cercle circonscrit au carré dont le côté est un mètre.

En désignant par C cette circonférence, on a $C = \pi \sqrt{2}$. Nous voulons que l'erreur du produit, $\alpha B + \beta A$, soit moindre qu'un millième ; or cette condition sera remplie si chacun des termes αB et βA est moindre qu'un demi-millième. La première partie αB de l'erreur sera moindre que $\dfrac{0,001}{2}$ si α est moindre que $\dfrac{0,001}{2\sqrt{2}}$ et, à plus forte raison, si α est moindre qu'une quantité plus petite $\frac{0,001}{10}$ ou $0,0001$; on prendra donc π avec quatre décimales, $\pi = 3,1415$. La seconde partie βA de l'erreur sera moindre que $\frac{0,001}{2}$ si β est moindre que $\frac{0,001}{2\pi}$, et à plus forte raison si β est moindre que $\frac{0,001}{10}$ ou $0,0001$; on calculera donc $\sqrt{2}$ à moins d'un dix-millième, ce qui donne $\sqrt{2} = 1,4142$. Le produit nous donne pour la circonférence cherchée $4,443$ par excès à moins d'un demi-millimètre.

343. Produit de plusieurs facteurs inexacts. La méthode que nous venons d'exposer peut s'étendre à un produit d'autant de facteurs que l'on veut. En effet appelons a, b, c, d, les valeurs approchées par défaut des quantités A, B, C, D, et désignons par α, β, γ, δ, les différences $A-a$, $B-b$, $C-c$, $D-d$. En substituant au produit vrai ABCD le produit approché $abcd$, nous commettons une erreur égale à la différence $ABCD-abcd$; cette différence est l'augmentation qu'éprouve le produit $abcd$ quand on augmente ses facteurs des quantités α, β, γ, δ; or, concevons que l'on augmente d'abord le premier facteur, puis le second, ensuite le troisième, etc., le produit éprouvera successivement les augmentations suivantes :

$$\text{A}bcd - abcd = \alpha bcd < \alpha\text{BCD},$$
$$\text{AB}cd - \text{A}bcd = \beta\text{A}cd < \beta\text{ACD},$$
$$\text{ABC}d - \text{AB}cd = \gamma\text{AB}d < \gamma\text{ABD},$$
$$\text{ABCD} - \text{ABC}d = \delta\text{ABC} = \delta\text{ABC}.$$

En faisant la somme de ces augmentations partielles, nous obtenons l'augmentation totale

$$\text{ABCD} - abcd < \alpha\text{BCD} + \beta\text{ACD} + \gamma\text{ABD} + \delta\text{ABC}.$$

L'erreur du produit est moindre que la somme des produits obtenus en multipliant l'erreur de chaque facteur par tous les autres facteurs.

344. Puissance d'un nombre inexact. Soit a la valeur approchée par défaut d'une quantité A que l'on élève à la m^e puissance. La puissance étant un produit de facteurs égaux, nous aurons l'erreur de la puissance

$$A^m - a^m < m\alpha A^{m-1}.$$

En particulier l'erreur du carré est moindre que $2\alpha A$, celle du cube moindre que $3\alpha A^2$.

345. Dividende inexact, diviseur exact. Appelons a la valeur approchée par défaut du dividende A, et désignons par α la différence $A - a$; appelons B le diviseur. En substituant au quotient vrai $\frac{A}{B}$ le quotient approché $\frac{a}{B}$, nous commettons une erreur égale à la différence $\frac{A}{B} - \frac{a}{B}$ ou $\frac{\alpha}{B}$. *L'erreur du quotient est égale à l'erreur du dividende divisée par le diviseur.*

Si l'on veut que l'erreur du quotient soit moindre que e, on prendra α plus petite que αB.

346. Dividende exact, diviseur inexact. Appelons A le dividende, b la valeur approchée par excès du diviseur B, et désignons par β la différence $b - B$. En substituant au quotient vrai $\frac{A}{B}$ le quotient approché $\frac{A}{b}$, nous commettons une erreur égale à la différence $\frac{A}{B} - \frac{A}{b} = \frac{A\beta}{Bb} < \frac{A\beta}{B^2}$. *L'erreur du quotient est moindre que l'erreur du diviseur multipliée par le dividende et divisée par le carré du diviseur vrai.*

Si l'on veut que l'erreur du quotient soit moindre que e, on prendra le diviseur avec un degré d'approximation tel que $\frac{A\beta}{B^2}$ soit plus petit que e, ou $\beta < \frac{B^2 e}{A}$.

Exemple. Calculer à moins d'un millimètre le rayon d'un cercle dont la circonférence est de 8 mètres.

On a

$$2\pi r = 8, \quad r = \frac{4}{\pi}.$$

Nous aurons le quotient à moins d'un millième si β est moindre que $\dfrac{0,001 \times \pi^2}{4}$ et à plus forte raison moindre que la quantité plus petite 0,001; on prendra donc π par excès avec trois décimales, $\pi = 3,142$; la division nous donne pour le rayon cherché $1^m,273$ par défaut à moins d'un millimètre près.

347. Dividende et diviseur inexacts. Appelons a la valeur approchée par défaut du dividende A, b la valeur approchée par excès du diviseur B, et désignons par α et β les différences A—a, et b—B. En substituant au quotient vrai $\dfrac{A}{B}$ le quotient approché $\dfrac{a}{b}$, nous commettons une erreur égale à la différence

$$\frac{A}{B} - \frac{a}{b} = \frac{Ab - aB}{Bb} = \frac{(a+\alpha)b - a(b-\beta)}{Bb} = \frac{\alpha b + \beta a}{Bb} < \frac{\alpha b + \beta a}{B^2}.$$

348. Racine carrée. Appelons a la valeur approchée par défaut de la quantité A dont on veut évaluer approximativement la racine carrée, et désignons par α la différence A $- a$. Posons $b = \sqrt{a}$, B $= \sqrt{A}$, et désignons par β la différence B $- b$. En élevant au carré la quantité B ou $b + \beta$, nous avons

$$b^2 + 2b\beta + \beta^2 = A = a + \alpha;$$

si nous retranchons de part et d'autre les quantités égales b^2 et a, il nous reste

$$2b\beta + \beta^2 = \alpha;$$

enfin, si du premier membre nous supprimons β^2, nous trouvons

$$2b\beta < \alpha, \qquad \beta < \frac{\alpha}{2b}.$$

L'erreur de la racine carrée est moindre que l'erreur commise sur le nombre proposé, divisée par deux fois la racine approchée.

Si l'on voulait la racine avec une erreur moindre que e, il faudrait prendre A avec une approximation telle que $\frac{\alpha}{2b}$ soit plus petit que e ou $\alpha < 2be$.

1er *Exemple.* Extraire la racine du nombre 232,485 approché par défaut à moins d'un millième.

```
2.3 2,4 8 5     | 15,24745
1 3.2           |   2 5    3 0 2     3 0 4 4 7
    7 4.8       |     5      2              4 7
    1 4 4 5 0.0 0    1 2 5    6 0 1     2 1 3 1 2 9
    1 4 3 1 0 0 9                       1 2 1 7 8 8
    ___________                         1 4 3 1 0 0 9
        1 3 9 9 1
```

Nous avons opéré d'après la méthode abréviative indiquée dans le livre IV; après avoir trouvé les trois premiers chiffres, une division nous a donné les deux suivants 47; une nouvelle division donnerait les quatre suivants, mais nous n'avons besoin que des deux premiers 45. Car l'erreur étant moindre que $\frac{0,001}{2\times15}$ soit 0,00004, la vraie racine est comprise entre 15,24745 et 15,24750; on prendra 15,2475 par excès à moins d'un demi-millième.

2e *Exemple.* Calculer à moins d'un millimètre près le rayon du cercle dont la surface est égale à un mètre carré.

Nous avons.

$$\pi r^2 = 1, \quad r = \sqrt{\frac{1}{\pi}}.$$

Cherchons d'abord avec quelle approximation nous devons calculer $\frac{1}{\pi}$ pour obtenir la racine à moins d'un millième; cette condition sera remplie si l'erreur de $\frac{1}{\pi}$ est moindre que $0{,}001 \times 2r$ et à plus forte raison si elle est moindre que la quantité plus petite $0{,}001$ (car r est plus grand que $\sqrt{\frac{1}{4}}$ ou $\frac{1}{2}$). Cherchons maintenant avec quelle approximation nous devons prendre π pour que l'erreur commise sur le quotient $\frac{1}{\pi}$ soit moindre que $0{,}001$; cette condition sera remplie si l'erreur de π est moindre que $\frac{0{,}001 \times \pi^2}{1}$, et à plus forte raison si elle est moindre que la quantité plus petite $0{,}001$. Ainsi nous prendrons π par excès avec trois décimales, $\pi = 3{,}142$; la division nous donne $\frac{1}{\pi} = 0{,}318$ et l'extraction de la racine carrée nous donne pour le rayon cherché $0{,}564$ à moins d'un millimètre.

349. Racine cubique. Si nous adoptons les mêmes notations que précédemment et si nous élevons au cube la vraie racine $b + \beta$, nous avons

$$b^3 + 3b^2\beta + 3b\beta^2 + \beta^3 = a + \alpha\,;$$

en retranchant de part et d'autre les quantités égales b^3 et a, et supprimant du premier membre les deux termes $3b\beta^2$ et β^3, il vient

$$3b^2\beta < \alpha, \qquad \beta < \frac{\alpha}{3b^2}.$$

L'erreur de la racine cubique est moindre que l'erreur commise sur le nombre proposé divisé par trois fois le carré de cette racine.

Si l'on veut que l'erreur commise sur la racine soit moindre que e, on prendra A avec une approximation telle que $\frac{\alpha}{3b^2}$ soit plus petit que e, ou $\alpha < 3b^2 e$.

Exemple. Calculer à moins d'un millimètre le rayon de la sphère dont le volume est égal à un mètre cube.

En désignant par r le rayon et par V le volume de la sphère, on a $V = \frac{4}{3}\pi r^3$; d'où

$$\frac{4}{3}\pi r^3 = 1, \quad r = \sqrt[3]{\frac{3}{4\pi}} = \sqrt[3]{\frac{0,75}{\pi}}.$$

L'erreur de la racine sera moindre que $0,001$, si celle du quotient $\frac{0,75}{\pi}$ est moindre que $0,001 \times 3r^2$ et à plus forte raison si elle est plus petite que $0,001$ (car $3r^2 = \sqrt[3]{\frac{3^2 \cdot 3^2}{4^2 \cdot \pi^2}}$ est évidemment plus grand que l'unité). On aura le quotient à moins d'un millième si l'erreur de π est moindre que $\frac{0,001 \times \pi^2}{0,75}$ et à plus forte raison si elle est moindre que la quantité plus petite $0,001$. Ainsi on prendra π par excès avec trois décimales.

Manière abrégée de faire la multiplication.

550. Il arrive souvent que les facteurs d'un produit étant exacts, on n'a besoin de connaître le produit qu'avec une certaine approximation. On demande, par exemple, à moins d'une unité près, le produit des deux nombres exacts $25678,32567328$ et $328,56721$. Si l'on effectuait la multiplication d'après la méthode ordinaire, on aurait le produit avec treize décimales; comme on ne veut conserver que les unités, on négligerait les décimales. On a dû chercher un procédé qui simplifiât l'opération et dispensât de calculer les chiffres décimaux qu'on devrait négliger ensuite. Voici le procédé : *on écrit au-dessous du multiplicande les chiffres du multiplicateur dans un ordre inverse, en plaçant le chiffre des unités du multiplicateur sous le chiffre des centièmes du multiplicande; puis on multiplie par chaque chiffre du multiplicateur la partie du multiplicande qui, en allant de droite à gauche, commence au chiffre du multiplicande placé au-dessus du chiffre du multiplicateur que l'on considère, et l'on écrit les produits partiels les uns au-dessous des autres, en mettant les premiers chiffres de droite dans une même colonne verticale.*

$$
\begin{array}{r}
2\ 5\ 6\ 7\ 8,3\ 2\ 5\ 6\ 7\ 3\ 2\ 8 \\
1\ 2\ 7\ 6\ 5,8\ 2\ 3 \\
\hline
7\ 7\ 0\ 3\ 4\ 9\ 7,6\ 8 \\
5\ 1\ 3\ 5\ 6\ 6,5\ 0 \\
2\ 0\ 3\ 4\ 2\ 6,5\ 6 \\
1\ 2\ 8\ 4\ 9,1\ 5 \\
1\ 5\ 4\ 0,6\ 8 \\
1\ 7\ 9,6\ 9 \\
5,1\ 2 \\
2\ 5 \\
\hline
8\ 4\ 3\ 7\ 0\ 6\ 5,6\ 3
\end{array}
$$

On multiplie d'abord la partie 25678,3256 du multiplicande par le chiffre 3 des centaines du multiplicateur, ce qui donne le premier produit partiel 7703497,68 ; on multiplie de même la partie 25678,325 du multiplicande par le chiffre 2 des dizaines du multiplicateur, ce qui donne le second produit partiel 513566,50, et ainsi de suite. On voit que les premiers chiffres des différents produits partiels, exprimant tous des centièmes, doivent être placés dans la même colonne verticale.

351. Évaluons maintenant l'erreur commise. En calculant le premier produit partiel, nous avons négligé la partie 0,00007328 du multiplicande, laquelle est moindre que 0,0001 ; nous avons donc commis sur le premier produit partiel une erreur moindre que 0,0001 × 300. soit 0,03. En calculant le second produit partiel, nous avons négligé de même la partie 0,00067328 du multiplicande, laquelle est moindre que 0,001, ce qui fait sur le second produit partiel une erreur moindre que 0,001 × 0,02 soit 0,02, et ainsi de suite. De sorte que *l'erreur commise sur le produit total est moindre qu'un nombre de centièmes marqué par la somme des chiffres du multiplicateur*. L'erreur commise est ici moindre que 34 centièmes ; ajoutons ces 34 centièmes, nous voyons que le produit vrai est compris entre 8437065,63 et 8437065,97 ; nous prendrons 8437066 par excès, à moins d'une demi-unité près.

Nous avons mis le chiffre des unités du multiplicateur sous le chiffre des centièmes du multiplicande, parce que la somme des chiffres du multiplicateur est ici supérieure à 10 et inférieure à 100. Si cette somme était inférieure à 10, on aurait placé le chiffre des unités du multiplicateur sous le chiffre des dixièmes du multiplicande ; l'erreur commise, étant moindre que 10 fois un dixième ou une unité, n'affecterait pas les unités. Si cette somme était supérieure à 100, mais inférieure à 1000, on placerait le chiffre des unités du multiplicateur sous le chiffre des millièmes du multiplicande ; l'erreur, étant moindre que 1000 fois un millième, n'affecterait pas les unités. Mais, dans la pratique, la somme des chiffres du multiplicateur est ordinairement comprise entre 10 et 100, de sorte qu'on mettra les unités sous les centièmes.

Remarquons que, dans l'application de ce procédé, il est bon de prendre pour multiplicateur le facteur dont les chiffres offrent la somme la plus petite.

552. Proposons-nous maintenant de calculer à moins d'un millième près le produit des deux facteurs exacts 256,7832567328 et 32,856721. Transportons la virgule après les millièmes dans le multiplicande, la question revient évidemment à calculer à moins d'une unité près le produit du nombre 256783,2567328 par 32,856721; on retournera le multiplicateur et on placera, comme nous l'avons dit, le chiffre 2 des unités sous le chiffre 5 des centièmes du nouveau multiplicande. En général, il faut placer le chiffre des unités du multiplicateur deux rangs après l'unité décimale à laquelle on s'arrête.

Reprenons le troisième exemple du nº 336; il s'agit de calculer le produit des deux nombres 12,5638 et 8,457 approchés par défaut, le premier à moins d'un dix-millième, le second à moins d'un millième; nous avons vu que les erreurs commises sur les deux facteurs produisent sur le produit une erreur moindre que 134096 unités du septième ordre, plus simplement, moindre que 2 centièmes, et que par conséquent on a le produit à moins d'un dixième près. Calculons donc ce produit à un dixième près par la méthode de la multiplication abrégée :

$$
\begin{array}{r}
1\,2{,}5\,6\,3\,8 \\
7\,5\,4{,}8 \\
\hline
1\,0\,0\,5\,0\,4 \\
5\,0\,2\,4 \\
6\,2\,5 \\
8\,4 \\
\hline
1\,0\,6{,}2\,3\,7
\end{array}
$$

Nous avons ici deux causes d'erreur; une première erreur, moindre que 2 centièmes, provient de l'approximation des nombres sur lesquels on opère; une seconde, moindre que 24 millièmes ou que 3 centièmes, provient de l'opération elle-même; l'erreur totale est donc moindre que 5 centièmes, et par conséquent nous aurons le produit 106,2 approché par défaut à moins d'un dixième près.

Note sur les diviseurs d'un nombre.

Supposons le nombre entier N décomposé en ses facteurs premiers, et soit $N = a^\alpha b^\beta c^\gamma$. Nous savons que les diviseurs de N sont composés des

mêmes facteurs premiers avec des exposants au plus égaux à ceux de N.
Or, si nous concevons que l'on ait effectué le produit

$$(1+a+a^2+\ldots\ldots+a^\alpha)\ (1+b+b^2+\ldots\ldots+b^\beta)\ (1+c+c^2+\ldots,\ldots+c^\gamma),$$

nous voyons que les différents termes de ce produit nous donnent tous les diviseurs de N ; car, d'une part, chaque terme du produit est un diviseur, puisqu'il ne renferme que les facteurs premiers a, b, c, avec des exposants au plus égaux à α, β, γ ; d'autre part, nous obtenons ainsi tous les diviseurs, puisque nous avons formé toutes les combinaisons possibles.

Il est aisé, d'après cela, d'évaluer le nombre des diviseurs. La première parenthèse renferme $\alpha+1$ termes, la seconde $\beta+1$ termes, la troisième $\gamma+1$ termes. En multipliant la première parenthèse par un terme quelconque de la seconde, on obtient $\alpha+1$ termes au produit ; donc le produit des deux premières parenthèses renfermera autant de fois $\alpha+1$ termes qu'il y en a dans la seconde, c'est-à-dire $(\alpha+1)(\beta+1)$. De même, en multipliant ce produit des deux premières parenthèses par un terme quelconque de la troisième, on obtient $(\alpha+1)(\beta+1)$ termes au produit ; donc le produit final contiendra autant de fois $(\alpha+1)(\beta+1)$ termes qu'il y en a dans la troisième parenthèse, c'est-à-dire $(\alpha+1)(\beta+1)(\gamma+1)$. Tel est le nombre des diviseurs du nombre N, en comprenant parmi ces diviseurs l'unité et le nombre N lui-même. Ainsi *le nombre des diviseurs d'un nombre est égal au produit des exposants de ses facteurs premiers, augmentés chacun d'une unité.*

Par exemple le nombre 360 ou $2^3\times3^2\times5$ admet en tout $(3+1)(2+1)(1+1)$ ou 24 diviseurs.

On peut même calculer facilement la somme de tous ces diviseurs ; c'est la valeur du produit des parenthèses. Or chacune d'elles est la somme de termes d'une progression géométrique croissante, commençant à l'unité et ayant pour raison, la première a, la seconde b, la troisième c ; en évaluant ces sommes d'après la règle connue, on trouve que la première est égale à $\dfrac{a^{\alpha+1}-1}{a-1}$, la seconde à $\dfrac{b^{\beta+1}-1}{b-1}$, et la troisième à $\dfrac{c^{\gamma+1}-1}{c-1}$; donc le produit final, ou la somme des diviseurs, est égal à

$$\frac{(a^{\alpha+1}-1)\ (b^{\beta+1}-1)\ (c^{\gamma+1}-1)}{(a-1)\quad(b-1)\quad(c-1)}\ .$$

En appliquant cette formule, on trouve que la somme des diviseurs de 360 est égale à 1170.

FIN

TABLE DES MATIÈRES

LIVRE I.

Des quatre opérations.

CHAPITRE I.—NUMÉRATION.

CHAPITRE II.—ADDITION.

CHAPITRE III.—SOUSTRACTION.

CHAPITRE IV.—MULTIPLICATION.

CHAPITRE V.—DIVISION.

LIVRE II

Propriétés des nombres.

CHAPITRE I.—PRODUIT DE PLUSIEURS FACTEURS.

CHAPITRE II.—DIVISIBILITÉ.

CHAPITRE III.—DU PLUS GRAND COMMUN DIVISEUR.

CHAPITRE IV.—DES NOMBRES PREMIERS.

LIVRE III

Des fractions.

CHAPITRE I.—DES FRACTIONS ORDINAIRES.

CHAPITRE II.—CALCUL DES FRACTIONS ORDINAIRES.

CHAPITRE III.—DES COMMUNES MESURES.

CHAPITRE IV.—DES FRACTIONS DÉCIMALES.

CHAPITRE V.—CONVERSION DES FRACTIONS ORDINAIRES EN DÉCIMALES.

CHAPITRE VI.—SYSTÈME MÉTRIQUE.

CHAPITRE VII.—PROBLÈMES.

LIVRE IV

Puissances et racines.

CHAPITRE I.—FORMATION DES CARRÉS.

CHAPITRE II.—DES RACINES CARRÉES.

CHAPITRE III.—FORMATION DES CUBES.

CHAPITRE IV.—DES RACINES CUBIQUES.

LIVRE V

Proportions et progressions.

CHAPITRE I.—PROPORTIONS.

CHAPITRE II.—APPLICATION DES PROPORTIONS.

CHAPITRE III.—PROGRESSIONS ARITHMÉTIQUES.

CHAPITRE IV.—PROGRESSIONS GÉOMÉTRIQUES.

LIVRE VI

Compléments.

FIN DE LA TABLE.

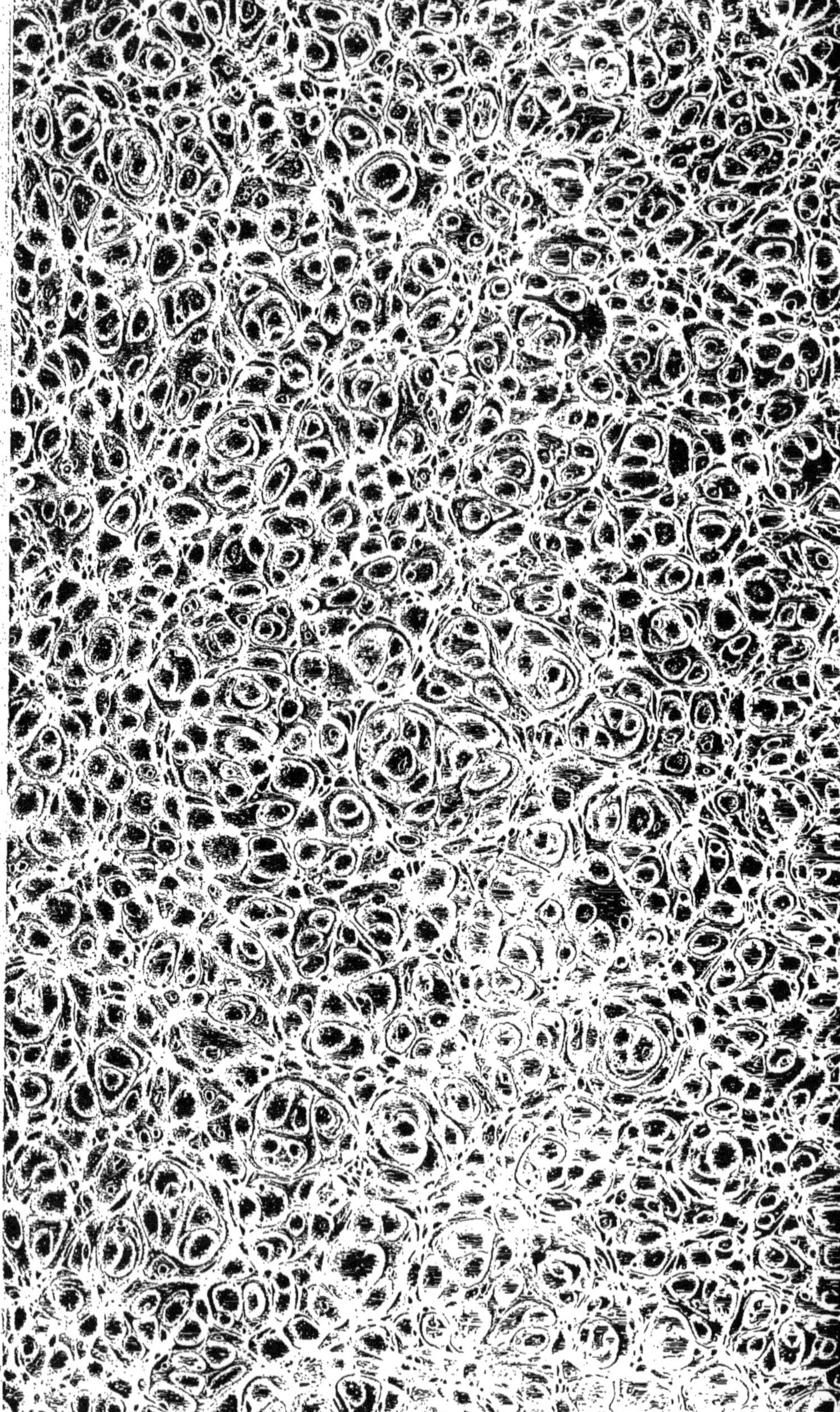

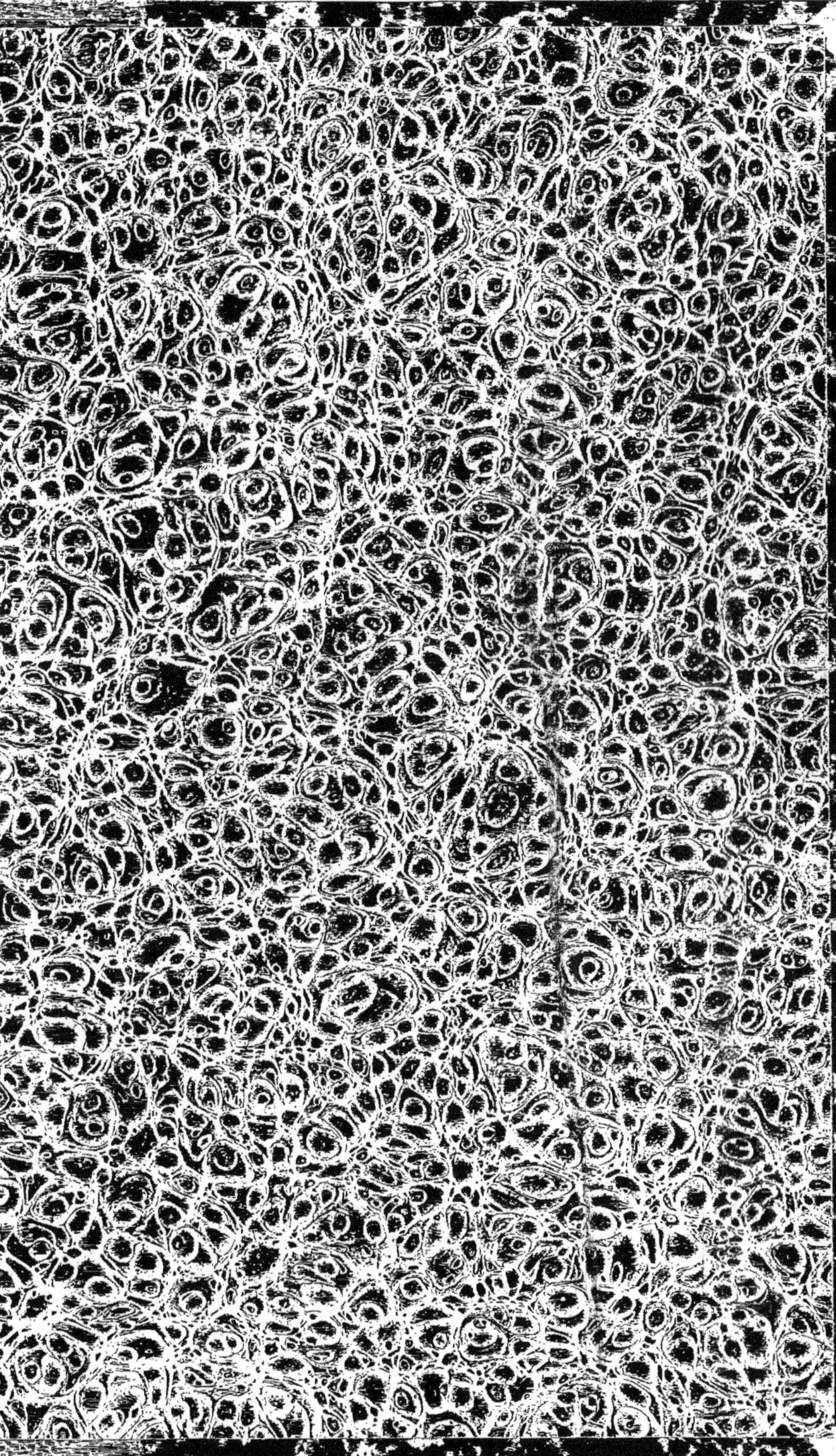

BIBLIOTHEQUE NATIONALE DE FRANCE
3 7502 016618433